张庆辉 著

城市沙壤土地区外源稀土分布规律研究方法

——以包头市为例

南京大学出版社

图书在版编目(CIP)数据

城市沙壤土地区外源稀土分布规律研究方法：以包
头市为例 / 张庆辉著. —— 南京：南京大学出版社，
2021.5
　　ISBN 978 - 7 - 305 - 24462 - 9

　　Ⅰ. ①城… Ⅱ. ①张… Ⅲ. ①城市－土壤污染－研究
方法 Ⅳ. ①X53

　　中国版本图书馆 CIP 数据核字(2021)第 086102 号

出版发行　南京大学出版社
社　　址　南京市汉口路 22 号　　　　　邮　编　210093
出 版 人　金鑫荣
书　　名　**城市沙壤土地区外源稀土分布规律研究方法——以包头市为例**
著　　者　张庆辉
责任编辑　田　甜　　　　　　　　　编辑热线　025 - 83593947
照　　排　南京南琳图文制作有限公司
印　　刷　南京玉河印刷厂
开　　本　718 mm×1000 mm　1/16　印张 20　字数 300 千
版　　次　2021 年 5 月第 1 版　2021 年 5 月第 1 次印刷
ISBN 978 - 7 - 305 - 24462 - 9
定　　价　98.00 元

网址：http://www.njupco.com
官方微博：http://weibo.com/njupco
官方微信号：njupress
销售咨询热线：(025) 83594756

前　言

稀土具有稀少、稀缺和稀奇三大突出特点！因为稀土的地球化学性质决定了地壳中达到工业地质储量的稀土矿产资源非常稀少；稀土的选冶分离化学性质决定了稀土的提取技术非常复杂，而且提取流程中伴随着对环境的严重污染，使稀土初级产品非常稀缺；稀土的物理化学性质决定了稀土成为"21世纪新材料的宝库"，全球应用稀土的海量案例说明，稀土非常稀奇。因此，稀土从开采到冶炼的整个过程中，所产生的"废液、废气、废渣"随意排放都伴随着严重污染，这些污染甚至直接威胁着地下水安全，危及人体健康，因而这本书以国家自然科学基金（41461074）为平台，针对城市沙壤土地区外源稀土分布规律展开研究，以包头市南郊农田及泄洪渠土壤稀土为研究实例，在空间方面，较为细致全面、科学客观地在水平方向上研究了包头市南郊及四道沙河流域农田土壤表层稀土元素分布规律，在垂直方向上重点研究了四道沙河支流泄洪渠表层土壤及其剖面稀土元素和部分毒性重金属元素、放射性元素的空间分布规律；在主要目标元素的研究方面，将17个稀土元素划分为La-Ce-Pr-Nd、Pm-Sm-Eu-Gd、Gd-Tb-Dy-Ho、Er-Tm-Yb-Lu和Sc-Y共5组，其中元素Pm（钷）最早是美国人马林斯基等从铀裂变产物的稀土元素中，用离子交换分离法获得的。过去认为自然界中不存在钷，直到1965年，芬兰有家磷酸盐厂处理磷灰石时发现了痕量钷；1972年从天然铀矿提取物中发现了 ^{147}Pm，除此以外，自然界再也没有发现钷元素含量的第三个实例。因此，与稀土元素有关的样品分析与研究中，都不考虑元素Pm，还将其他土壤重金属元素进一步划分为毒性重金属元素和放射性元素，便于评价其对土壤生态环境的复合污染等级；在评价方法方面，对通行使用的地质累积指数法在地质累积指数分级统计表的基础上，补充了污染等级乘积法，污染等级乘积法是专门针对某个元素或数个元素对土壤的最高污染级别及土壤质量的污染程度,在此基础上完成的地质累积指数污染等级乘积法曲线图,可直观对比土壤质量中各元素的污染程度,是对土壤质量污染程度准确、细致的表达。最后,确定土壤稀土铈(Ce)元素可以作为土壤稀土污染预警、评价稀土工业生产区土壤污染水平的标志性指示元素。

本研究成果为包头市四道沙河流域表层土壤稀土污染及其浅层地下水污染的预警预防及治理等方面提供了重要的参考价值,对包头市进行生态型城市建设具有重要的理论支撑意义;本研究成果对包头市及周边土壤、水系沉积物稀土元素和部分毒性重金属元素、放射性元素表层土壤及其剖面各层背景值等研究,以及继续深入地进行对比性研究等方面都具有重要的参照意义;本研究成果也可用于类似工业型城市沙壤土地区土壤环境等方面的研究中,具有重要的借鉴意义。

感谢本项目团队成员的辛勤劳动、无私奉献和对本项目实施过程中的全面支持!

本书在完成过程中,大量吸收了其他专家学者专题研究成果的精华,在此谨对已经取得辉煌成果的专题研究者及所有参考文献作者的知识贡献表示衷心感谢!

本专著是国家自然科学基金"污灌区农田土壤稀土元素空间分布规律及其对人体健康的影响——以包头市南郊为例"(项目编号 41461074)的研究成果,也是包头师范学院地理学一流学科建设(2016YLXK005)成果。感谢包头师范学院领导对本项目的关心、帮助和支持,同时也衷心感谢南京大学出版社编辑老师的辛勤劳动!

本书在成稿过程中,因时间仓促,不可避免地存在一些缺点或不足甚至错误,我们真诚欢迎批评、指正。

张庆辉

2020 年 9 月于包头师范学院

目 录

前言 ┄┄┄┄┄┄┄┄┄┄┄┄┄┄┄┄┄┄┄┄┄┄┄┄┄┄┄┄┄ 1

第1章 问题的提出 ┄┄┄┄┄┄┄┄┄┄┄┄┄┄┄┄┄┄┄┄┄┄ 1

第2章 稀土的特点及其应用历史 ┄┄┄┄┄┄┄┄┄┄┄┄ 6

2.1 稀土元素对生物体的影响 ┄┄┄┄┄┄┄┄┄┄┄┄┄ 7

2.2 稀土元素的分组 ┄┄┄┄┄┄┄┄┄┄┄┄┄┄┄┄┄┄ 10

2.3 人类对铜等有色金属与稀土的应用历史对比┄┄┄┄ 11

第3章 土壤稀土评价方法和背景值 ┄┄┄┄┄┄┄┄┄ 18

3.1 常用土壤稀土评价方法 ┄┄┄┄┄┄┄┄┄┄┄┄┄┄ 18

3.2 土壤稀土等重金属元素背景值 ┄┄┄┄┄┄┄┄┄┄ 24

第4章 农田土壤稀土分布规律 ┄┄┄┄┄┄┄┄┄┄┄┄ 31

4.1 K-S灌区农田土壤稀土含量特征 ┄┄┄┄┄┄┄┄┄ 31

4.2 农田土壤稀土分布规律 ┄┄┄┄┄┄┄┄┄┄┄┄┄┄ 55

第5章 农田土壤重金属元素分布规律 ┄┄┄┄┄┄┄ 75

5.1 K-S区农田表层土壤重金属元素含量 ┄┄┄┄┄┄┄ 75

5.2 K-S区农田表层土壤重金属元素分布规律 ┄┄┄┄ 80

第6章 泄洪渠土壤剖面结构特征 ┄┄┄┄┄┄┄┄┄┄ 97

6.1 土壤剖面发生层及物质成分 ┄┄┄┄┄┄┄┄┄┄┄ 98

6.2 土壤pH值和有机质含量 ┄┄┄┄┄┄┄┄┄┄┄┄┄ 105

第 7 章　土壤剖面稀土含量特征 ················· 113

　7.1　泄洪渠土壤剖面稀土含量特征 ················· 113

　7.2　泄洪渠土壤剖面 A、B、C 各层稀土含量特征 ········· 121

　7.3　泄洪渠土壤剖面与包头黄河水环境稀土分布规律对比 ······· 140

第 8 章　泄洪渠土壤稀土空间分布规律 ········· 150

　8.1　泄洪渠表层土壤稀土分布规律 ················· 150

　8.2　泄洪渠土壤剖面 A、B、C 各层稀土分布规律 ········· 161

第 9 章　泄洪渠土壤剖面重金属元素分布规律 ····· 191

　9.1　泄洪渠表层土壤及其剖面重金属元素分析结果 ········· 191

　9.2　泄洪渠表层土壤及其剖面重金属元素分布规律 ········· 194

第 10 章　稀土元素对生物的毒性作用 ·········· 222

　10.1　生物必需营养元素 ························· 223

　10.2　稀土的毒性 ··························· 227

　10.3　稀土元素对生物的毒性作用 ··············· 232

第 11 章　毒性重金属元素及放射性元素对生物的毒性作用 ··· 256

　11.1　毒性重金属元素 ························· 257

　11.2　放射性元素 ··························· 272

　11.3　缓变型地球化学灾害典型案例分析——美国拉夫运河事件 ··· 275

第 12 章　土壤稀土及重金属元素聚类分析和相关系数分析 ··· 285

　12.1　土壤稀土及重金属元素聚类分析 ··············· 285

　12.2　铈与其他元素的相关系数分析 ··············· 287

后记 ······························ 312

第1章　问题的提出

城市多位于平原地区,当地岩性主要为水动力地质作用形成的沉积砂岩,以沉积砂岩为母岩形成的土壤以沙壤土为主。沙壤土是指土壤颗粒组成中黏粒、粉粒、砂粒含量适中的土壤,其中含沙量一般在40%~80%,具有较高的土壤养分含量,有效土层厚度大于1.0米(包括沙土地),土壤结构疏松,透水性、透气性良好。本项目在包头市南郊研究区的土壤主要为沙壤土(地带性土壤为栗钙土)。

包头市在国家"十一五"(2006—2010年)期间,积极贯彻执行国家环境保护与治理政策,加大环境保护力度,取缔浪费资源、污染环境的违法排污企业700多家,其中对黄河包头段造成污染的稀土分离企业进行了搬迁(丁利冬和李俊伟,2010)。出于保护环境的需要,中国不断加强和完善对高能耗、高污染、资源性产品以及相关行业的管理,促进稀土开发利用与生态环境的协调发展(中华人民共和国国务院新闻办公室,2012)。

环境治理成为中国稀土产区的艰巨任务,重稀土生产大区江西赣州的矿山环境恢复性治理费用,初步测算就高达380亿元(姜拾荣和陈岩鹏,2012);轻稀土生产基地包头在稀土矿开采过程中,虽然对地表环境的破坏强度相对较小,但稀土矿石选冶过程仍不可避免对大气尤其是对当地土壤和地下水资源等环境造成污染,其中对地下水资源环境的治理与恢复,治理周期更长、难度更大,治理费用比赣州380亿元的矿山环境恢复性治理费低不了多少。

无论是轻稀土还是重稀土,对稀土产区生态环境都有不良影响。比如轻稀土产区包头市至少在1990—2005年期间,稀土行业散乱式发展、粗放式生产并对当地生态环境造成了严重影响,其中包头市东河区莎木佳镇的莎木佳村,2002年8—9月份,已成熟的葡萄成架地落果,难以成串,位于村东头的几株葡萄树完全枯死,致灾原因就是由当地以"湿法"工艺生产稀土的稀土萃取分离厂随意排污引起(傅昌波,2003)。另外,包钢尾矿坝渗水导致周边土壤和水环境受到污染使大片农田退耕(黎光寿,2010),当地居民中癌症患者增多(马骏,2014)。因此在"十一五"期间,包头钢铁集团公司和包头市政府花费巨额费用共同支持尾矿坝西边的打拉亥上村、打拉亥下村,尾矿坝东边的新光一村、新光三村、新光八村共5个村的5 000多名村民实施移民搬迁。中国重稀土生产区以江西省赣州市为例,从20世纪80年代中末期起,当地稀土资源陷入滥采滥挖、无序竞争的混乱局面,最高峰时有采矿证的矿山数量为1 035个。为了提高稀土资源利用率,赣州从2007年起全部采用回收率在80%以上的原地浸矿工艺。原地浸矿法是向山地表土赋矿层注入大量硫酸铵,再将浸取液中吸附的稀土离子置换出来,开采1吨稀土氧化物就需要注入7~8吨硫酸铵,浸出、酸沉等工序产生的大量废水富含氨氮、重金属等污染物,严重污染饮用水和农业灌溉用水,同时这些有毒溶液长期残留地下,通过渗透等方式缓慢扩散并污染地下水资源,原地浸矿使山体植被等生态环境遭受到难以修复的破坏。基于这些典型性、代表性的稀土污染案例,中国出于控制环境污染、保护生态环境的目的,采取了各项配套性政策措施限制稀土产量,由此影响到稀土出口量。

从全球层面而言,稀土生产过程中过高的资源环境成本,也成为稀土矿产资源丰富的美国、俄罗斯、澳大利亚等国全面停止开采利用本国稀土的主要原因。以2009年为例,当年中国稀土产量约为12万吨,约占世界总产量的97%;印度稀土产量为0.27万吨,约占世界2%;但是该年度美国、日本、澳大利亚、俄罗斯的稀土产量都为0(郑明贵和陈艳红,2012),其中美国、日本都是全球稀土进口大国。以美国为例,位于美国加利福尼亚州与内华达州交界处的芒廷帕斯稀土矿于1965年正式投产,产量一度占全世界稀土总产量的70%,但是1998年由于废水处理管道多次破损,导致60万加仑(美制1加仑等于3.785升,折合为227.1万升,即2 271立方米)含有放射性物质的废水外泄,因严重违反美国环保规定而停止生产。

为了保护本国生态环境而不生产稀土的同时,还为了保证本国各大行业对稀土的大量需求,美国联合日本和欧洲于2012年3月份通过WTO向中国施压的时候,马来西亚因为稀土生产过程中的环境保护问题,展开了一次针对关丹稀土生产厂的大规模抗议运动(陶慕剑,2012)。

2012年2月26日,聚集在马来西亚关丹市的5 000名抗议者,要求澳大利亚停止彭亨州关丹市莱纳斯公司稀土提炼厂的建设。该厂占地约20公顷,是世界上最大的稀土提炼厂(已于2013年2月下旬建成投产),每年生产的2.2万吨稀土可满足全球1/3的市场需求。然而,马来西亚并没有稀土矿,矿石原料全来自澳大利亚。西方一些国家高调主张大力发展环境经济的同时,将严重污染性企业向发展中国家转移,其中关丹市莱纳斯稀土提炼厂就是澳大利亚将重度污染的稀土生产隐患直接转移到马来西亚的典型案例。西澳大利亚州政府于2019年6月5日明确表示,拒绝回收存放在马来西亚稀土加工厂的45万吨放射性稀土废料(正耀网,2019)。

马来西亚关丹市居民针对稀土生产污染环境的示威抗议等保护环境的活动,更进一步证实了中国出于保护环境而限制稀土出口量的做法是完全科学、正确的。中国为了提高稀土行业生产中对生态环境的保护效果,2011—2012年间,环境保护部污染防治司分别发布两批基本符合环保要求的稀土企业共有56家,其中包头达到10家(中华人民共和国环境保护部,2011;2012)。

综上所述,至少在1990—2005年期间稀土行业的散乱差,使稀土生产企业在生产过程中将稀土污染物随意排放到环境中。那么,怎样才能确定包头市沙壤土地区稀土等重金属元素的空间分布规律?科学的研究方法之一就是在水平方向(污灌区农田)和垂直方向(重点研究区的土壤剖面)上采取土壤样品,分析土壤中稀土等重金属元素含量,通过综合分析,研究其在城市沙壤土地区的分布规律及其对生态环境的潜在影响。

根据包头山前冲积扇群形成的倾斜平原等地貌特点,包头市沙壤土分布的沉积岩地区可分为两个相对独立的水文地质单元,即大青山山前冲洪积扇群(由8个冲洪积扇组成)和南部的黄河冲积平原(邵景力等,2003)。

大青山山前各个冲洪积扇的厚度由山前各扇形地上部的30~40 m,向下部渐变为 5～10 m,黏性土厚度由 5～10 m 递减为 2～3 m。冲洪积扇中上部包气带主要是以砂卵砾石、粗砂、中砂为主(崔虎群等,2016),地层的粗粒土层和细粒土层在垂向上是成层分布的,饱和带潜水主要沿水平方向运移,其水平渗透能力主要取决于粗颗粒地层的渗透能力。在包头市北部地区包气带岩性较粗,渗透性能好,吸附能力较弱,水位埋深大,而在南部地区包气带岩性较细,渗透性弱,吸附能力较强,水位埋深浅,包气带水(特别是污水)的入渗主要是沿垂向下移,其垂向渗透能力主要取决于细颗粒地层的渗透能力,包头地区类似地层的垂向渗透系数大都约为 13.36 m/d,地层的孔隙度约为 0.27,当地潜水水位(埋深)在 0.47～56.49 m 之间。

大青山山前各个冲洪积扇向南延展到黄河冲积平原,包气带岩性逐渐向黏性土过渡。黄河冲积平原沉积岩层的岩性在 0～16.9 m 之间为含黏土质粉砂、粉砂、细砂,存在向上变细的沉积韵律(赵红梅等,2016)。16.9～84.2 m 之间的地层又分为上下两段,其中上段岩性主要为灰色浅灰色粉砂、粉细砂、中细砂、含砾粗砂,局部夹薄层粉砂质黏土和炭质淤泥层,沉积韵律不明显;下段以灰色深灰色细砂、中细砂为主。84.2～101.1 m 之间多为深灰色、灰褐色夹灰黑色黏土质粉砂或粉砂质黏土与粉砂互层,富含有机质,水平微层理发育。

包头市区类似的沉积岩层,在一般情况下污水入渗的地层饱和度在 60% 左右,污水点源渗入到潜水面的时间为 0.01～0.11 d(14～158 分钟),面源渗入到潜水面的时间为 0.2～0.41 d(4.8～9.84 小时)(崔虎群等,2016)。

基于此,本研究以包头市四道沙河流域农田等为例,确定了解和把握城市沙壤土地区外源稀土等重金属元素分布规律的研究方法,以便为重金属选冶型工业城市可持续发展及生态文明建设提供科学支撑。

参考文献

崔虎群,康卫东,李文鹏,等.2016.包头市潜水水质变化特征及成因分析[J].环境化学,35
    (6):1246-1252.
丁利冬,李俊伟.2010-11-20.包头市 5 年取缔环境违法排污企业 700 多家[N].北方新报

（呼和浩特），网易新闻网，http://news. 163. com/10/1120/10/6LU7A54K00014AED. html.

付强，金建文，李磊，等. 2017. 白云鄂博尾矿中稀土的赋存状态研究[J]. 稀土，38(5)：103-110.

傅昌波. 2003-04-07. 谁来帮莎木佳果农解忧？[N]. 人民日报，第五版.

姜拾荣，陈岩鹏. 2012-05-05. 赣州稀土开采致环境污染 治污费用高达380亿元[N]. 华夏时报. 和讯新闻网，http://news. hexun. com/2012-05-05/141099561. html.

黎光寿. 2010-12-02. 包头稀土湖调查：稀土冶炼成污染源 暗藏生态炸弹[N]. 每日经济新闻. 和讯新闻网，http://news. hexun. com/2010-12-02/125940181. html.

马骏. 2014. 多元利益冲突下的"癌症村"研究——以打拉亥村为例[C]. 呼和浩特：内蒙古师范大学，05.

邵景力，崔亚莉，李慈君. 2003. 包头市地下水-地表水联合调度多目标管理模型[J]. 资源科学，25(4)：49-55.

陶慕剑. 2012-03-19. 马来西亚大型稀土工厂被称为"剧毒"[EB/OL]. 凤凰军事，http://news. ifeng. com/mil/forum/detail_2012_03/19/13296982_0. shtml.

赵红梅，赵华，刘林敬，等. 2016. 包头地区晚第四纪沉积地层与环境演化[J]. 干旱区资源与环境，30(4)：165-171.

正耀网. 2019-06-08. 澳稀土巨头拒回收马来西亚工厂45万吨放射废料[EB/OL]. 正耀网，http://www. zhengyao88. com/post-6-98888-0. html.

郑明贵，陈艳红. 2012. 世界稀土资源供需现状与中国产业政策研究[J]. 有色金属科学与工程，3(4)：70-74.

中华人民共和国国务院新闻办公室. 2012-06-20. 中国的稀土状况与政策[EB/OL]. 国务院新闻办公室网站，http://www. scio. gov. cn/zfbps/ndhf/2012/Document/1175421/1175421_1. htm.

中华人民共和国环境保护部. 2011-11-24. 第一批符合环保要求的稀土企业名单[EB/OL]. 百度文库专业资料网，https://wenku. baidu. com/view/7b62ae2c4b73f242336c5f26. html.

中华人民共和国环境保护部. 2012-04-05. 关于基本符合环保要求的第二批稀土企业名单的公示[EB/OL]. 中国稀土网，http://www. cre. net/show. php? contentid=102842.

第 2 章　稀土的特点及其应用历史

根据近 50 年来新材料技术的高速发展以及稀土的广泛应用,全球各行各业对稀土成功应用的海量成果无可辩驳地证实,稀土具有稀少、稀缺和稀奇三大突出特点,这三大突出特点的内涵主要有如下内容。

稀土的第一个特点,稀少。原因是全球目前已探明的稀土资源工业储量约 9 261 万吨 REO,而稀土资源主要分布在中国、美国、俄罗斯、澳大利亚、巴西、越南、印度等极少数国家。由于稀土生产过程中对生态环境严重污染的特点,现在只有中国在重视环境保护的前提下进行适量生产,其他拥有稀土矿产资源的各个国家稀土产量都不高,其他国家的稀土产能并没有完全释放。因此,全球稀土应用领域尤其是欧美等发达国家对稀土原料的大量需求与有限供应量之间的矛盾非常突出。

稀土的第二个特点,稀缺。稀土元素与稀散元素(主要包括 Ga、Ge、In、Se、Te、Cd、Tl、Re)和稀有元素(主要包括 Zr、Hf、Ta、Nb、Bi、Li、Be 等)并列,成为全球发达国家公认的“三稀”资源之一,由于资源量严重短缺而成为全球极为稀缺战略资源争夺的焦点。故美国、欧盟、日本以及韩国等许多发达国家为了应对稀土资源的匮乏,均建立起稀土资源储备体系。

稀土的第三个特点,稀奇。稀土之所以稀奇,是因为全球发达国家公认稀土是现代工业的“维生素”和“21 世纪新材料的宝库”,比如稀土材料作为一种特殊功能材料,不仅广泛用于农林业、冶金、石油化工、玻璃陶瓷、毛纺、皮革等传统产业,而且在荧光、磁性、激光、光纤通信、贮氢能源、超导等材料领域有着不可缺少的作用。稀土材料直接影响着光学仪器、电子、风力发电、航空航天、核工业等低碳新兴高技术产业发展的速度和水平;在导弹、智能武器、喷气式发动机、导航仪、装甲用钢材料及其他相关现代军事、军工领域的广泛应用,极大地改变了现代战争的作战方式。

可以说,稀土的地球化学性质决定了地壳中达到工业地质储量的稀土矿产资源非常稀少;稀土的选冶分离化学性质决定了稀土的提取技术非常复杂,而且提取流程中伴随着对环境的严重污染,使稀土初级产品非常稀缺;稀土的物理化学性质决定了稀土成为"21 世纪新材料的宝库",全球应用稀土的海量案例说明,稀土非常稀奇。

稀土开发在造福人类的同时,稀土产区排放入环境中的稀土元素,形成的环境问题不断凸显。在稀土开发利用中,资源的合理利用和环境的有效保护是全世界面临的共同挑战(中华人民共和国国务院新闻办公室,2012)。

2.1 稀土元素对生物体的影响

稀土元素和其他重金属元素一样,低浓度时对生物生长发育有促进作用,高浓度时由于严重抑制生物的正常生长发育而表现出毒性作用。

在材料学领域,将密度大于 4.5 g/cm^3 的金属确定为重金属,包括原子序数从 23(V)至 92(U)之间,有 54 种天然金属元素的密度都大于 4.5 g/cm^3。但是,在进行元素分类时,出于研究或应用的方便,又进一步划分为稀土金属、难熔金属,其中稀土金属指的是原子序数在 58～71 之间的镧系元素,难熔金属指熔点高于 1 650 ℃并有一定储量的金属如钨、钽、钼、铌、铪、铬、钒、锆和钛等;还根据工业用途划入工业中最常用的 10 种重金属元素,即铜、铅、锌、锡、镍、钴、锑、汞、镉和铋。可见,稀土元素首先属于重金属元素。

在地球化学研究领域,根据岩石中微量元素的地球化学行为又进一步分为稀土元素和铂族元素,其中稀土元素(Rare Earth Element,缩写为 REE)指在地球化学上将原子序数 57～71 的镧系元素以及与镧系相关密切的钪(原子序数 21)和钇(原子序数 39)共 17 种称为稀土元素,包括:镧(La)、铈(Ce)、镨(Pr)、钕(Nd)、钷(Pm)、钐(Sm)、铕(Eu)、钆(Gd)、铽(Tb)、镝(Dy)、钬(Ho)、铒(Er)、铥

(Tm)、镱(Yb)、镥(Lu)，以及与镧系的 15 个元素密切相关的两个元素——钪(Sc)和钇(Y)，共 17 种元素，其中元素钷(Pm)最早是美国人马林斯基等从铀裂变产物的稀土元素中，用离子交换分离法获得的。过去认为自然界中不存在钷，直到 1965 年，芬兰有家磷酸盐厂处理磷灰石时发现了痕量钷；1972 年从天然铀矿提取物中发现了^{147}Pm，除此以外，自然界再也没有发现钷元素含量的第三个实例。因此，与稀土元素有关的样品分析与研究中，都不考虑钷(Pm)元素。

从生物学角度而言，人体中含有 50 多种元素。根据其人体内的含量不同，分为常量元素(或宏量元素)和微量元素。凡是占人体总重量 0.01％以上的元素，如碳、氢、氧、氮、磷、硫、钙、镁、钠、钾等，称为常量元素；凡是占人体总重量 0.01％以下的元素，如铁、锌、铜、锰、铬、硒、钼、钴、氟等，称为微量元素(铁又称半微量元素，只有 0.006％)。

1990 年联合国粮食及农业组织、国际原子能机构、世界卫生组织专家委员会联合重新界定必需微量元素的定义，并按其生物学作用将其分为三类：(1) 人体必需微量元素，共 8 种，除碘、硒外，还包括重金属元素锌、铜、钼、铬、钴、铁；(2) 人体可能必需的元素，共 5 种，除了硅、硼外，还包括重金属元素锰、钒、镍；(3) 虽然具有潜在的毒性，但在低剂量时，可能具有人体必需功能的元素，共 7 种，除了氟、铝、锡以外，还包括重金属元素铅、镉、汞、砷(划分在毒性重金属元素系列)。

对人体而言，无论是必需的微量元素，还是可能必需的元素，在人体中的含量都要保持在合适、稳定的浓度内，无论大于或小于这个浓度范围，都会影响人体健康。这个合适、稳定的浓度，就是生命必需元素的最适宜营养浓度。实际上，最适宜营养浓度对所有生物体都具有有效的影响。生物体如果缺乏某个必需元素，就表现出某种特有的疾病；如果生物体过量摄取某个必需元素，就会出现这种元素的中毒病症。比如人们非常熟悉的碘元素，其在人体中的最适宜营养浓度是 60 μg/d，这也就是正常人对碘的最低生理需要量。尽管铜、锌、锰等重金属是生命活动所需要的微量元素，但在人体中一旦过量，就会产生毒性。而大部分重金属如汞、铅、镉等并非生命活动所必需，所以包括生命活动所需要的微量元素在内的所有重金属元素,超过一定浓度就对人体都有毒性。

因此,稀土元素也类似于碘、铜、锌、锰等元素,在生物体中超过最适宜营养浓度时,就对生物体产生毒性。

人类过度的非理性活动,如采矿、选矿与冶金等各种工业活动中随意排放"三废"(即废气、废液和废渣),致使环境受到严重污染。由于进入环境中的重金属元素难以被生物降解,同时,还通过食物链的生物富集、放大作用,最后进入人体造成人体重金属中毒(或属于对某个元素的中毒),从而严重危害人体健康。生态、环境等学科还将重金属元素称为毒性重金属元素。毒性重金属元素被许多国家在保护自然环境中列为优先控制的污染物。由于化学污染物种类繁多,世界各国都筛选出一些毒性强、难降解、残留时间长、在环境中分布广的污染物优先进行控制。环境监测中经过优先监测原则选择的污染物,属于致突变、致癌和致畸的遗传毒理"三致"效应物质,毒害性较强。

早在 1975 年,当时的欧洲经济共同体就在"关于水质的排放标准"中,列出了优先控制污染物的"黑名单"和"灰名单"。美国在 20 世纪 70 年代中期,在《清洁水法》中明确规定了 10 大类 129 种环境优先控制的污染物,其中 13 种毒性重金属依次是锑、砷、铍、镉、铬、铜、铅、汞、镍、硒、银、铊和锌。既要求工厂对优先控制的污染物采用最佳可利用技术,加强控制点源污染的排放,也制定环境质量标准,对各水域(包括流域)实施优先监测(美国环境保护署,2005)。

中国完成环境优先监测研究后,提出了"中国环境优先控制的污染物黑名单"(周文敏等,1991),包括 14 个化学类别共 68 种有毒化学物质,其中有机物占58 种。第 14 类"重金属及其化合物"中详细列出了砷及其化合物、铍及其化合物、镉及其化合物、铬(包括六价铬及三价铬)及其化合物、铜及其化合物、铅及其化合物、汞及其化合物、镍及其化合物、铊及其化合物共 9 种。目前,在此基础上针对土壤环境基准(葛峰等,2018)等专题,相关专业部门及专家学者还在持续进行详细的研究。

所以,本书主要研究稀土选冶生产过程中,排放入自然环境的稀土工业污水携带的大量稀土元素及与之伴随的重金属元素如 Cr、Ni、Cu、Zn、Cd、Pb 和放射性元素 Th、U 等,在农田土壤和泄洪渠土壤及水系沉积物环境中的分布规律及其对人体健康的潜在影响。为了便于研究,下面结合稀土元素的"四分组效应"对稀土元素重新分组。

2.2 稀土元素的分组

稀土元素的地球化学性质呈现出"四分组效应"。四分组效应是以 Nd/Pm,Gd,Ho/Er 为分界点(其中 Gd 为公共点),每四个元素为一组,即 La-Ce-Pr-Nd,Pm-Sm-Eu-Gd,Gd-Tb-Dy-Ho 和 Er-Tm-Yb-Lu,Gd 为第二段和第三段曲线所共用。稀土元素如 Nd/Pm,Gd 和 Ho/Er 都位于 $4f$ 电子层的 1/4、1/2 和 3/4 至完全充满状态,其化学性质的差异性变化造成了稀土元素离子半径的四分组效应,使稀土元素各组在化学过程呈现出更相似的性质。所以,四分组效应是化学元素周期表 f 区元素的共同特性。本项目为了研究的方便,结合稀土元素的四分组效应和电子构型,将化学元素周期表中 d 区ⅢB 副族元素 Sc、Y 分为同一组,则 17 个稀土元素共有 5 组:即 La-Ce-Pr-Nd,Pm-Sm-Eu-Gd,Gd-Tb-Dy-Ho,Er-Tm-Yb-Lu 和 Sc-Y,见表 2-1。

表 2-1 稀土元素 5 分组表

稀土分组	各组稀土元素	杂化轨道分区
第一组(REE1)	La、Ce、Pr、Nd	f 区
第二组(REE2)	Pm、Sm、Eu、Gd	f 区
第三组(REE3)	Gd、Tb、Dy、Ho	f 区
第四组(REE4)	Er、Tm、Yb、Lu	f 区
第五组(REE5)	Sc、Y	d 区

本研究中对农田表层土壤或土壤剖面进行稀土污染负荷指数计算时,都采用上述 5 个分组进行评价。

稀土元素在地壳中的丰度以铈、钇、钕最高,均超过 20 g/t,铈、钇、钕在火成岩和地壳上部的丰度均比钨、钼、钴、铅大；其次镧、铈、钪丰度也较高，均在 10 g/t 以上；铥和镥丰度最少，均小于 1 g/t（李振和胡家祯，2017）。稀土元素在地壳中的含量与铜、铅、锌不相上下，比锡、钴、银、汞等元素还多。

2.3　人类对铜等有色金属与稀土的应用历史对比

在人类发展历史上，铜、锡、铅、锌、银、汞、钴等部分有色金属先后被人类提取利用，在人类文明发展史上扮演着重要角色。同时，在现代生态环境中大量外源铜、铅、锌、银、汞等，都属于毒性重金属元素系列，严重威胁着当地居民的身体健康。下面仅以铜、锡、铅、锌、银、汞、钴等矿产资源为例，通过分析其全球储量及人类提取利用的历史，来对比分析稀土元素的稀缺性。

2.3.1　铜等有色金属资源储量及其应用历史概述

本小节主要分析铜、锡、铅、锌、银、汞、钴等矿产资源在全球主要的储量、产量以及这几种有色金属资源被人类开发利用的历史。

1. 铜

铜在地壳中的丰度虽然仅为 0.01%，但在个别铜矿床中，矿石中铜的含量可以达到 3%～5%。而且铜矿石易于冶炼，人类历史上最早冶炼、利用的金属就是铜及青铜。青铜是铜中加入锡或铅的合金，其中锡含量为 25%、铅含量为 5%～25%。青铜合金的强度高于纯铜（紫铜），且冶炼熔点低（当铜中含锡 25% 时，熔点降低到 800 ℃，而纯铜的熔点为 1 083 ℃）、铸造性好、耐磨且化学性质稳定。伴随着人类对铜金属的提炼和利用，人类历史也率先进入辉煌的青铜时代。

自然界中的铜，多数以化合物存在。常见铜矿石包括自然铜、黄铜矿、辉铜矿、黝铜矿、蓝铜矿、孔雀石等（中国开采的主要是黄铜矿，其次是辉铜矿和斑铜矿)。世界著名的自然铜产地有美国的上湖、俄罗斯图林斯克和意大利的蒙特卡蒂尼;中国的湖北大冶、云南东川、江西德兴、安徽铜陵、四川会理以及长江中下游等地的铜矿床氧化带中皆有产出。截至 2017 年底,全球铜储量达到 7.9 亿吨。铜矿资源主要分布在南美洲秘鲁和智利、北美洲美国西部和加拿大、非洲中部的刚果(金)和赞比亚、亚洲的哈萨克斯坦和蒙古国。其中智利铜储量 1.7 亿吨,占全球总储量的 21.52%;其次是澳大利亚,铜储量 8 800 万吨,占全球总储量的 11.14%。近 10 年来全球铜矿企业年均精炼铜金属量为 1 945 万吨。

中国历史上距今 4 500 年~4 000 年(约新石器时代晚期)黄河中下游地区以山东省济南市历城县龙山镇为典型代表、铜石并用的龙山文化时代人们已开始冶铸青铜器。在世界范围内,即使在美洲考古发现铜的应用时代最晚到公元 11 世纪,距现在的最短时间也达千年之久。

2. 锡

目前全球锡资源储量约 470 万吨(截至 2016 年底)。其中,中国锡资源储量占全球总量的 23.7%,约为 110 万吨,其次为印度尼西亚、巴西、玻利维亚和澳大利亚等国家,前 5 大资源国储量合计占比在 70% 以上。全球精炼锡生产地主要是亚洲的中国、印度尼西亚和马来西亚,南美洲的玻利维亚和秘鲁,产量合计约占世界总产量的 88%,精锡供应量约为 35.25 万吨(2017 年)(中国产业信息,2018)。人类历史上对锡金属的利用,至少是伴随着青铜(含锡 25%)的利用一起开始。

3. 铅

全球铅储量总计 8 700 万吨,铅储量排名前 10 位的国家分别是澳大利亚、中国、俄罗斯、秘鲁、墨西哥、美国、印度、哈萨克斯坦、玻利维亚、瑞典。澳大利亚是铅储量最大的国家,储量达 3 500 万吨,占世界铅储量的 40.23%;中国居全球第二位,铅储量 1 400 万吨,占全球铅储量的 16.09%;俄罗斯储量 921 万吨(10.59%);秘鲁储量 700 万吨(8.05%);墨西哥储量 560 万吨(6.44%);此外美国、哈萨克斯坦、印度、玻利维亚、瑞典的铅资源也较为丰富,储量均达 100 万吨以上;全球年均铅产量为 10 850 万吨(顾佳妮等,2017)。铅是早在 7 000 年前人类就已经认识并使用的金属之一。埃及阿拜多斯清真寺发现公元前 3 000 年的铅金属塑像;公元前 1792 年—公元前 1750 年巴比伦皇帝汉穆拉比时期,就大规模地生产铅;公元前 1735 年—公元前 1530 年间,中国二里头文化的青铜器中,铅、锡和铜构成了中国古代青铜器的青铜合金。

4. 锌

截至 2015 年,全球已查明锌资源量为 2 亿吨(金属量),锌资源储量居于全球前 3 位的国家分别为澳大利亚、中国和秘鲁,锌储量占全球总储量的比例分别为 31.50%、19.00% 和 12.50%,这 3 个国家的储量之和约占全球的 63%。生产金属锌的主要国家有欧洲的俄罗斯、爱尔兰和瑞典,非洲的纳米比亚,亚洲的中国、土耳其和印度,大洋洲的澳大利亚,美洲的美国和秘鲁、墨西哥、玻利维亚等。近 10 年全球金属锌的总产量稳定在 1 200 万吨以上(刘红召等,2017)。锌是人类自远古时就知道的锌矿物的元素之一,锌也是随着人类利用黄铜而开始应用的金属。黄铜是铜锌(Cu-Zn)合金,含锌量在 35%~46% 之间。目前世界上最早冶炼的黄铜制品,是 1973 年在陕西临潼姜寨文化遗址中,出土的一块半圆形黄铜片和一块黄铜管状物,年代测定为距今 4 700 年左右(比青铜的应用历史早 200 年)。

5. 银

目前世界银矿资源主要集中在秘鲁、澳大利亚、波兰、智利、中国、墨西哥等国家。截至 2015 年底,全球银储量居于前 3 位的国家为秘鲁、澳大利亚和波兰,中国储量占比为 7.54%,排名第五。2015 年全球银产量为 2.73 万吨,产量居于前 3 位的国家为墨西哥、中国和秘鲁,这 3 个国家白银产量约占全球各国白银总产量 50%。近年来全球银年均产量为 1.60 万吨(张亮等,2016)。银是人类在使用铜之前就开始使用的金属之一,公元前 4000 年的迦勒底、美索不达米亚、埃及及希腊的古墓中均发现了最早的银制品餐具和装饰品;公元前 3000 年的安纳托利亚(现在的土耳其)地区被认为是人类首个规模化开采白银的地区。

6. 汞

汞(也叫水银)是常温、常压条件下唯一存在的液态金属。目前,全球汞资源主要分布在中国、吉尔吉斯斯坦、墨西哥、秘鲁、俄罗斯、斯洛文尼亚、西班牙和乌克兰,这些国家拥有世界上大部分的汞资源,约为60万吨,全球年均汞产量为1 870吨(金属百科,2014)。

人类利用汞的历史也非常悠久,中国是世界上发现和利用汞矿最早的国家。中国历史上术士们"烧丹炼汞",其中的"丹"是指丹砂(亦名"朱砂"),矿物丹砂的化学成分是HgS,对其加热分解后可得到水银。所以,"烧丹炼汞"是化学分解反应,其方程式如下:

$$HgS(丹砂) \xm(\triangle) Hg\downarrow(水银) + S\downarrow(硫磺)$$

另外,曾在公元前1600年—公元前1500年间的埃及古墓中发现过一小管水银。

7. 钴

1753年,瑞典化学家格·布兰特从辉钴矿中分离出纯度较高的金属钴,而成为钴元素的发现者。钴是生产电池材料、高温合金、硬质合金、磁性材料和色釉料等材料的重要原料,它在民用、国防和航空航天工业发展中是必不可少的金属。全球钴储量大国有刚果(金)、澳大利亚和古巴,仅这3个国家的钴储量就占全球总储量的83%。年产量超过5万吨的国家有刚果(金)、澳大利亚、古巴、菲律宾、赞比亚等。近年来全球钴金属年均产量为11.23万吨,处于供过于求状态(金属百科,2014)。

古代希腊(公元前800年—公元前146年)和古代罗马(公元前753—公元前509年),当时的人曾利用钴化合物制造出深蓝色玻璃;中国唐朝彩色瓷器上有蓝色的钴化合物;公元前1361—公元前1352年期间的埃及统治者法老图坦卡蒙墓中,有一件钴化合物的深蓝色玻璃物品。

2.3.2　稀土的发现与应用历史概述

人类提取和利用稀土的历史,从 1839 年人类真正分离、提纯出来第一个稀土元素镧,到 1947 年找到最后一个稀土元素钷,整整经历了 108 年。

早在 1794 年人类就发现了稀土钇族元素。1803 年,瑞典化学家伯采利乌斯(J. J. Berzelius)及其老师黑新格尔(W. Hisingerr)发现"铈土"并将其命名为 Cerium(铈)。其实,这个"铈"当初也不是比较纯的氧化铈,而只是"铈组稀土"的混合氧化物(包括镧镨钕)。1839 年,瑞典化学家卡尔·古斯塔法·莫桑德尔(Carl Gustav Mosander)发现了镧,两年后的 1841 年,莫桑德尔又从"铈土"中发现了镨钕化合物。1947 年,马林斯基(J. A. Marinsky)、格伦丹宁(L. E. Glendenin)和科里尔(C. E. Coryell)从铀的裂变产物中发现了 17 个稀土元素中的最后一个元素,即 61 号元素钷(Promethium)。到了 1972 年,从天然铀矿提取物中发现了 ^{147}Pm(半衰期 2.64 年)。另外,截至目前在自然界中没有发现任何单质元素的稀土。稀土元素的发现和利用,即使从 1794 年算起,到 2019 年,应用历史也不过是很短暂的 215 年,其原因主要是提纯稀土的技术难度太大了。

目前全球稀土主产国及其储量(以稀土氧化物 REO 计算)见表 2-2(金属百科,2015)。

表 2-2　全球稀土主产国及其资源量

国家	中国	巴西	澳大利亚	印度	美国
储量/万吨(2015 年度)	5 500	2 200	320	310	180
产量/吨(2014 年度)	95 000	—	2 500	3 000	7 000
国家	马来西亚	泰国	越南	其他国家	世界总量
储量/万吨(2015 年度)	3	—	—	4 100	12 613
产量/吨(2014 年度)	200	1 100	200	—	109 000

在以稀土氧化物 REO 计算的情况下,全年稀土产量近几年持续增长,其中 2017 年度为 13 万吨(REO)、2018 年度达到 19 万吨(REO)。若按 La、Ce、Pr、

Nd、Sm、Eu、Gd、Tb、Dy、Ho、Er、Tm、Yb、Lu、Sc、Y 共 16 个稀土元素平均计算，则每种稀土元素氧化物的年最高产量（2018 年度）为 1.19 万吨。

综合上面各节讨论的铜、锡、铅、锌、银、汞、钴等元素中，只有钴金属被欧美等发达国家列入战略金属目录，也只有纯度较高的钴金属被提炼成功的时间比较晚，其他 6 种金属都和人类文明史一样的古老、一样的悠久。钴的应用虽然比前 6 种金属晚多了，但考古文物证实，公元前 800 年的古希腊已经有钴化合物制造的深蓝色玻璃，这与 1839 年发现第一个稀土元素镧的时间相距达到 2 639 年。再退一步而言，从 1753 年提炼出纯度较高的钴到 1839 年发现稀土镧，钴比稀土镧早发现了 86 年。详细内容见表 2-3。

表 2-3　有色金属与稀土元素的产量与应用比较

金属元素	年均 * 金属产量（万吨）	历史应用时间（年）	备注
铜	1 954	4 500	
锡	35.25	4 500	
铅	10 850	3 000	
锌	1 200	4 500	
银	1.60	4 000	
汞	0.19	2 500	
钴	11.23	266	
稀土	11.00（REO）	180	包括 16 个稀土元素（REO）

* 年均金属产量的年限范围主要在 2005 年—2017 年之间。

从上表简略地对比可见，稀土的年平均产量除了比汞、银金属高以外，比其他金属的年均产量都低。虽然稀土元素在地壳中的含量与铜、铅、锌不相上下，甚至比锡、钴、银、汞等元素还多，但由于稀土元素在地壳成矿过程中的富集度很低，且稀土元素之间地球化学性质的极端相似性，将单一稀土元素提纯的技术非常复杂，难度很大，所以人类利用稀土的历史与铜、锡、铅、锌、银、汞相比都极为短暂。而且稀土元素作为现代工业的"维生素"，其战略价值远远高于铜、锡、铅、锌、银、汞、钴等金属元素，再加之稀土元素在选冶过程中对环境的污染极大，因此决定了稀土具有稀少、稀缺和稀奇三大突出特点。

参考文献

葛峰,徐坷坷,云晶晶,等.2018.我国土壤环境基准优先污染物的筛选及清单研究[J].中国环境科学,38(11):4228-4235.

顾佳妮,张新元,韩九曦,等.2017.全球铅矿资源形势及中国铅资源发展[J].中国矿业,26(2):16-44.

金属百科.2014.汞资源分布及产量情况[EB/OL].亚洲金属网有色版,http://baike.asianmetal.cn/metal/hg/resources&production.shtml.

金属百科.2014.钴资源储量和矿产产量[EB/OL].亚洲金属网有色版,http://baike.asianmetal.cn/metal/co/resources&production.shtml.

金属百科.2015.稀土资源储量分布和稀土矿物产量情况[EB/OL].亚洲金属网有色版,http://baike.asianmetal.cn/metal/re/resources&production.shtml.

李振,胡家祯.2017.世界稀土资源概况及开发利用趋势[J].现代矿业,48(2):97-101,105.

联合国数据统计中心.2019.全球铜资源概况及废铜回收市场分析[EB/OL].有色金属,中国产业信息网.http://www.chyxx.com/industry/201901/708880.html.

刘红召,杨卉芃,冯安生.2017.全球锌矿资源分布及开发利用[J].中国矿业,26(1):113-118.

美国环境保护署.2005-10-06.水环境中129种优先控制的污染物的名单、归宿与分类[S].百度网.http://www.qs100.com/news/NewFile/2005106141614.htm.

张亮,杨卉芃,冯安生,等.2016.全球银矿资源概况及供需分析[J].矿产保护与利用,(5):44-48.

中国产业信息.2018.2018年全球锡行业集中度及产量发展趋势分析[EB/OL].有色金属.中国产业信息网.http://www.chyxx.com/industry/201804/630564.html.

中华人民共和国国务院新闻办公室.2012-06-20.中国的稀土状况与政策[EB/OL].国务院新闻办公室网站,http://www.scio.gov.cn/zfbps/ndhf/2012/Document/1175421/1175421_1.htm.

周文敏,傅德黔,孙宗光.1991.中国水中优先控制污染物黑名单的确定[J].环境科学研究,4(06):9-12.

第3章 土壤稀土评价方法和背景值

因为稀土元素属于重金属元素,所以,土壤重金属元素常用的评价方法完全适用于土壤稀土的评价。本研究采用的方法包括单因子污染指数法、Hakanson潜在生态风险指数法、地质累积指数法、污染负荷指数法、箱形图分析法、聚类分析法、相关系数分析法,本研究还大量使用土壤稀土元素、毒性重金属元素和放射性元素等背景值。

3.1 常用土壤稀土评价方法

下面详细介绍各个方法的计算公式、指标要求等。

3.1.1 单因子污染指数法

单因子污染指数的计算公式:$Pi=Ci/Si$

式中:Pi 为污染物 i 的单项污染指数;Ci 为污染物 i 的实测浓度(mg/kg);Si 为污染物 i 的评价标准。

评价土壤污染分级标准(Tomlinson D. L. , et al. , 1980):

$Pi \leqslant 1$ 为无污染(Ⅰ),$1 < Pi \leqslant 2$ 为轻度污染(Ⅱ),$2 < Pi \leqslant 3$ 为中度污染(Ⅲ),$Pi > 3$ 为重度污染(Ⅳ)。

3.1.2　Hakanson 潜在生态风险指数法

Hakanson 潜在生态风险指数(Lars Hakanson,1980)计算包括如下项目:

① 单项污染指数:$C_f^i = C_{表层}/C_n^i$;② 潜在生态风险单项指数:$E_r^i = T_r^i \times C_f^i$;

③ 潜在生态风险综合指数:$Ei = \Sigma E_r^i$。

式中:C_f^i 为单项污染系数;$C_{表层}$ 为土壤重金属元素的实测浓度(mg/kg);C_n^i 为计算所需的参比值,即研究区域的背景值;T_r^i 为单个污染物的毒性响应参数;E_r^i 为单项潜在生态风险指数;Ei 为潜在生态风险综合指数。单个污染物的毒性响应参数 Ti=Mn=Zn=1,V=Cr=2,Cu=Pb=Ni=Co=5,As=10,Cd=30,Hg=40(徐争启等,2008)。土壤重金属元素的潜在生态风险分级标准如表 3-1。

表 3-1　土壤重金属元素潜在生态风险分级标准

单项潜在生态风险指数(E_r^i)	单个污染物生态风险程度	综合潜在生态风险指数(Ei)	综合潜在生态风险程度
<40	轻度	<90	轻度
40~80	中等	90~180	中等
80~160	强	180~360	强
160~320	很强	360~720	很强
≥320	极强	≥720	极强

3.1.3　地质累积指数法

地质累积指数法是 1979 年德国海德堡大学沉积物研究所科学家 Müller (1969)提出的定量评价沉积物中重金属污染程度的一种方法,还规定了相应的污染程度级别划分标准。地质累积指数(Igeo)计算公式:

$$Igeo = \log_2(C_n/1.5B_n)$$

其中 C_n 为重金属元素 n 的实测浓度（mg/kg），B_n 为重金属元素在研究区土壤中的地球化学背景值（mg/kg）。

地质累积指数分成 7 个等级，见表 3 - 2。

表 3 - 2　地质累积指数分级

等级	范围值	土壤质量	等级	范围值	土壤质量
0	Igeo≤0	无污染	4	3＜Igeo≤4	强污染
1	0＜Igeo≤1	无污染到中度污染	5	4＜Igeo≤5	强污染到极强污染
2	1＜Igeo≤2	中度污染	6	5＜Igeo	极强污染
3	2＜Igeo≤3	中度污染到强污染			

为了更加细致、直观地分析地质累积指数的评价结果，本研究在上述评价方法的基础上，进一步补充了污染等级乘积法，其详细内容见第 8 章（8.1.2 地质累积指数法）。

3.1.4　污染负荷指数法

污染负荷指数（Pollution Load Index，PLI）法由 Tomlinson 等（1980）提出。以研究的一级区域作为评价单元，通过计算污染负荷指数，在进行区域土壤重金属污染评价的同时，定量分析几种重金属元素在区域土壤重金属污染评价结果中的贡献。首先计算各元素的污染系数，再计算各统计单元（二级区域）的污染负荷指数，最后计算各评价单元（一级区域）的污染负荷指数。计算方法如下：

$$F_{max,i} = w_i / w_{0,i} \tag{1}$$

其中，w_i 为元素 i 的实测值（mg/kg），$w_{0,i}$ 为元素 i 的背景值（mg/kg），$F_{max,i}$ 为元素 i 的最高污染系数。

$$I_{PL} = (F_{max,1} \times F_{max,2} \times \cdots F_{max,n})^{1/n} \tag{2}$$

（2）式中，n 为评价元素个数，即重金属元素的种类。

$$I_{PL,z} = (F_{PL,1} \times F_{PL,2} \times \cdots F_{PL,n})^{1/n} \tag{3}$$

（3）式中，n 为评价样点（二级区域）个数，I_{PL},n 为第 n 个样点（二级区域）的污染负荷指数。

污染负荷指数一般分为四个等级，见表 3-3。

表 3-3　污染负荷指数等级表

I_{PL} 值	污染等级	污染程度
<1	0	无污染
1~2	I	中度污染
2~3	II	强污染
≥3	III	极强污染

对土壤重金属污染程度的实际研究与评价中，经常综合应用上述数种方法进行土壤重金属污染程度的对比分析，以提高评价结果的准确性和客观性。

3.1.5　箱形图分析法

箱形图于 1977 年由美国统计学家约翰·图基（John Tukey）发明，又称为箱线图、盒须图或盒式图，因形状如箱子而得名（见图 3-1）。箱形图能够直观明了地显示一组数据的最大值、最小值、平均数（箱形图结构中的"×"）、中位数以及上下四分位数，不受异常值的影响是箱形图的最大优点。箱形图主要用于反映原始数据分布的特征，还可以进行多组数据分布特征的比较。绘制箱形图的方法：先找出一组数据的最大值、最小值、中位数和两个四分位数；接着连接两个四分位数画出箱子；再将最大值和最小值与箱子相连接，中位数在箱子中间。构成箱形图的详细指标见图 3-1。

使用箱形图分析研究土壤重金属污染状况如刘晓媛等的研究成果指出，贵州某废弃铅锌矿区周边农田土壤 Cd、Zn、Hg、Pb、Cu、As、Cr 的地质累积指数分别介于 3.54~6.79、3.66~5.75、0.28~4.68、2.44~4.04、−0.66~0.39、

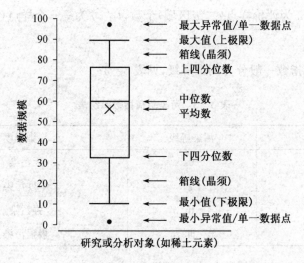

图 3-1　箱形图的结构

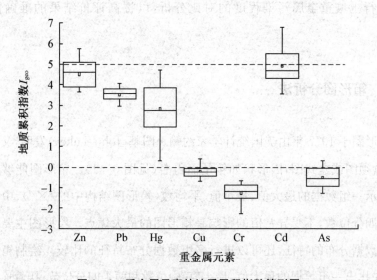

图 3-2　重金属元素的地质累积指数箱形图

$-1.24\sim0.29$ 和 $-2.25\sim0.70$ 之间,各元素的地质累积指数平均值依次为
Cd(4.91)、Zn(4.53)、Pb(3.53)、Hg(2.81)、Cu(-0.22)、As(-0.52)、
Cr(-1.32)。各个重金属元素的地质累积指数箱形图见图 3-2。根据地质累积
指数的评判标准,Cu、Cr、As 均值小于 0,处于无污染水平;各采样点土壤 Cd 地

质累积指数值均大于 4,污染程度属于重度到极重度以上;土壤 Zn 污染程度在重度污染以上,总体污染走势与 Cd 相似,表明 Cd 和 Zn 之间存在一定的相关性和伴生关系,且表现出点源污染特征;土壤 Pb 属于重度污染;土壤 Hg 属于中度到重度污染以上。通过箱形图的综合对比分析结果表明,Cd 的外源污染最严重,Zn、Pb、Hg 次之,Cu、Cr、As 是无污染(刘晓媛等,2019)。

3.1.6　聚类分析法

聚类分析是多元统计分析方法中研究样品或指标分类问题的总称,根据聚类过程又分为凝聚法和分解法(许文来等,2008)。凝聚法是从聚类分析开始把参与聚类的每个个体当成一类,根据两类之间的距离或相似性逐步合并,直到合并为一个大类为止;分解法是从聚类分析开始就把所有个体都当成一个大类,之后根据距离和相似性逐层分解,直到参与聚类的每个个体自成为一类为止。指标间的距离,采用 Pearson 相关系数为距离标准,距离越近,两者相关性越高。聚类分析法是土壤环境评价中最常用的方法之一。

3.1.7　相关系数分析法

相关系数分析(Pearson Correlation Coefficient)是用来衡量两个数据集合是否在一条线上面,它用来衡量定距变量间的线性关系。

相关分析就是对总体中确实具有联系的标志进行分析,其主体是对总体中具有因果关系标志的分析,是描述客观事物相互间关系的密切程度并用适当的统计指标表示出来的过程。为了确定相关变量之间的关系,在直角坐标系上描绘土壤重金属含量数据分布的散点图。根据散点图,当自变量取某一值时,因变量对应为一概率分布,如果对于所有的自变量取值的概率分布都相同,则说明因变量和自变量是没有相关关系的。反之,如果自变量的取值不同,因变量的分布也不同,则说明两者是存在相关关系的。

两个变量之间的相关程度通过相关系数 r 来表示,且 $-1 < r < 1$,相关系数 r 可以是此范围内的任何值。当 $0 < r < 1$ 时,散点图是斜向上的,当一个变量增加时,另一个变量也随之增加,这种关系属于正相关;当 $-1 < r < 0$ 时,散点图是斜向下的,当一个变量增加,另一个变量将减少,这种关系属于负相关;当 r 的绝对值越接近 1 即 $|r| \rightarrow 1$ 时,两个变量之间关联程度越强;r 的绝对值越接近 0 即 $|r| \rightarrow 0$ 时,两个变量之间关联程度越弱。

当样品数量较少时,根据下列标准确定相关性:

当 $|r| \geqslant 0.8$,视为高度相关;$0.5 \leqslant |r| < 0.8$ 时,视为中度相关;$0.3 \leqslant |r| < 0.5$ 时,视为低度相关;$|r| < 0.3$ 时,说明变量之间的相关程度极弱,可视为不相关。

本书根据研究内容的需要,分别在不同章节,对上述方法中的某一种方法单独使用或对数种方法结合使用,详细分析农田土壤、泄洪渠表层及其土壤剖面稀土元素、毒性重金属元素及放射性元素的分布特征。

3.2 土壤稀土等重金属元素背景值

土壤稀土元素、毒性重金属元素和放射性元素背景值数据,包括表层土壤背景值数据和土壤剖面 A、B、C 各层的几何平均值数据。

3.2.1 土壤稀土元素背景值

本小节内容主要包括表层土壤稀土元素背景值、土壤剖面稀土元素含量值或背景值。

1. 表层土壤稀土元素背景值

通常以一个国家或一个地区的土壤中稀土元素的平均含量作为背景值(单

位表示为 10^{-6} 或 mg/kg），以便与污染区土壤中同一元素的平均含量进行参照性对比。本研究采用国家及内蒙古河套地区土壤稀土元素背景值，数据详见表 3-4。

表 3-4　土壤稀土元素背景值及球粒陨石稀土含量(mg/kg)

元素	国家 土壤 A 层	国家土壤 背景值	内蒙古 河套地区	世界 土壤	博因顿 球粒陨石
La	40.000	37.40	30.04	40.00	0.310
Ce	68.000	68.40	58.29	50.00	0.808
Pr	7.200	7.17	8.20	7.00	0.122
Nd	26.000	26.40	32.00	35.00	0.600
Sm	5.200	5.22	5.80	4.50	0.195
Eu	1.000	1.03	1.20	1.00	0.073 5
Gd	4.600	4.60	5.10	4.00	0.259
Tb	0.630	0.63	0.80	0.70	0.047 4
Dy	4.100	4.13	4.70	5.00	0.322
Ho	0.870	0.87	1.00	0.60	0.071 8
Er	2.500	2.54	2.80	2.00	0.210
Tm	0.370	0.37	0.300	0.60	0.032 4
Yb	2.400	2.44	1.970	3.00	0.209
Lu	0.360	0.36	0.280	0.40	0.033 2
ΣREE	163.23	161.56	152.48	153.80	3.293 3
LREE	147.40	145.62	135.53	137.50	2.108 5
HREE	15.83	15.94	16.95	16.30	1.184 8
L/H	9.311	9.136	7.996	8.44	1.780
Sc	11.10	11.00	9.14	—	—
Y	22.90	22.90	19.92	40.00	
Sc+Y	34.000	33.900	29.060		
ΣREE*	197.23	195.46	181.54	—	—

说明：上表最后一行中的 ΣREE*，其中"*"表示稀土总含量中包括 Sc、Y 共 16 个稀土元素的含量。

表中的国家土壤 A 层背景值 La—Lu 来自徐清等(2011),Sc 和 Y 来自高红霞等(2017);国家土壤背景值 La—Lu 来自张庆辉(2018a),Sc 和 Y 来自高红霞等(2017);内蒙古河套地区土壤背景值来自徐清等(2011),由于缺乏 Tm—Lu,故用中国土壤几何平均值代替(张庆辉,2018a);博因顿球粒陨石数据和世界土壤背景值均来自张庆辉专著(2018b)。

2. 土壤剖面稀土元素含量值或背景值

用于参照对比的土壤剖面样品采自于包头市北郊长期使用地下水灌溉的北沙梁农田中,土壤剖面结构及土壤稀土含量、内蒙古土壤 A 层等几何平均值(或称加权平均值)等详细数据见表 3-5。

表 3-5 土壤对比剖面各层及内蒙古土壤 A 层稀土元素背景值(mg/kg)

样号	土壤剖面(CK)			CK 剖面整体	内蒙古土壤 A 层 (NA)	CK 剖面 A 层 与 B、C 及 NA 比值		
剖面分层	A	B	C			A/B	A/C	A/NA
分层位置 (cm)	98—144	33—98	0—33					
样品厚度 (cm)	46	65	33					
La	38.259	37.104	36.460	37.325	32.800	1.031	1.049	1.166
Ce	77.803	75.479	73.230	75.706	49.100	1.031	1.062	1.585
Pr	9.269	9.041	9.037	9.113	5.680	1.025	1.026	1.632
Nd	35.198	34.107	34.680	34.587	19.200	1.032	1.015	1.833
Sm	5.874	5.923	6.017	5.929	3.810	0.992	0.976	1.542
Eu	1.137	1.064	1.075	1.090	0.810	1.069	1.058	1.404
Gd	4.964	5.094	5.177	5.071	4.060	0.974	0.959	1.223
Tb	0.728	0.715	0.726	0.722	0.470	1.018	1.003	1.549
Dy	4.177	4.079	4.024	4.098	3.050	1.024	1.038	1.370
Ho	0.852	0.798	0.824	0.821	0.660	1.068	1.034	1.291
Er	2.245	2.176	2.137	2.189	1.820	1.032	1.051	1.234
Tm	0.352	0.336	0.336	0.341	0.270	1.048	1.048	1.304
Yb	2.226	2.218	2.183	2.213	1.790	1.004	1.020	1.244

(续表)

样号	土壤剖面(CK)			CK 剖面整体	内蒙古土壤 A 层 (NA)	CK 剖面 A 层与 B,C 及 NA 比值		
剖面分层	A	B	C			A/B	A/C	A/NA
分层位置 (cm)	98—144	33—98	0—33					
样品厚度 (cm)	46	65	33					
Lu	0.347	0.347	0.329	0.343	0.270	1.000	1.055	1.285
ΣREE	229.431	243.481	209.235	179.548	123.790	1.028	1.041	1.482
LREE	213.540	227.718	193.499	163.750	111.400	1.030	1.044	1.504
HREE	15.891	15.763	15.736	15.798	12.390	1.008	1.010	1.283
L/H	13.438	14.446	12.297	10.365	8.991	1.021	1.034	1.173
Sc	11.604	11.112	10.380	11.101	7.780	1.044	1.118	1.492
Y	23.739	21.966	22.560	22.669	17.000	1.081	1.052	1.396
Sc+Y	35.343	33.078	32.940	213.317	24.780	1.068	1.073	1.426
ΣREE*	264.774	276.559	242.175	33.770	148.570	1.034	1.046	1.473

说明:上表最后一行中的 ΣREE*,其中"*"表示稀土总含量中包括 Sc、Y 共 16 个稀土元素的含量。

表 3-5 中剖面(CK)原详细分层中各层的物质成分,A1 层为黄褐色土壤耕作层,其中有零星煤炭渣(3~5 mm),这种煤炭渣是农民生活烧煤过程中将煤灰直接混入农家肥料中而带入农田;A2 层为黄褐色土层,煤炭渣(3~5 mm)比上层减少,A1 和 A2 合并为 A 层。B1 层为土黄色石英粉砂,见零星农作物根系如小麦、玉米等;B2 层为土黄色石英粉砂,B1 和 B2 合并为 B 层。C 层为土黄色石英粉砂。对合并后的 A、B、C 各层稀土含量进行加权平均,同时进行剖面整体稀土含量的加权计算。对比剖面的稀土元素总量无论是 ΣREE 还是 ΣREE* 都基本上是内蒙古土壤 A 层背景值的 1.5 倍。在这种情况下,以对比剖面 A、B、C 各层土壤稀土含量为基础值,对泄洪渠土壤剖面 A、B、C 各层进行污染负荷指数、地质累积指数等计算评价土壤稀土污染水平时,对污染等级的评价结果要比国家级、内蒙古地区或河套地区土壤剖面 A、B、C 各层背景值基础上计算的评价结果要低,也就是说,土壤的污染程度要低。

对比剖面(CK)中稀土总量 ΣREE 在 176.004～224.427 mg/kg 之间，ΣREE 的平均值为 206.234 mg/kg，其中 LREE 含量在 158.732～208.628 mg/kg 之间，LREE 的平均值为 190.389 mg/kg，HREE 含量在 15.207～16.273 mg/kg 之间，HREE 的平均值为 15.845 mg/kg，且 LREE/HREE 在 9.816～13.205 之间，平均值为 12.031，表现为常见的轻稀土元素高度富集。

本项目研究时采用的土壤稀土元素背景值基础数据，主要是内蒙古河套表层土壤稀土元素背景值、内蒙古土壤 A 层几何平均值[见表 3-5(中国环境监测总站,1990)]和对比土壤剖面(CK)A、B、C 各层稀土元素含量值。因此，将对比土壤剖面 A 层稀土含量值与 B、C 层及内蒙古土壤 A 层几何平均值进行比值计算，可以了解对比剖面值与本地区土壤稀土的标准背景值之间的差别(详见表 3-5右侧 3 列)。

从表 3-5 对比数据可见，对比剖面 A 层稀土元素含量值都比内蒙古土壤 A 层背景值要高一些，含量最高的稀土元素 Ce、Pr、Nd、Sm、Eu 和 Tb、Dy 约为内蒙古土壤 A 层背景值的 1.5 倍左右，其他稀土元素都是内蒙古土壤 A 层背景值的 1.1—1.3 倍。对比剖面的稀土元素总量无论是 ΣREE 还是 ΣREE* 都基本上是内蒙古土壤 A 层背景值的 1.5 倍。

3.2.2　土壤重金属元素背景值

内蒙古土壤及其剖面 A、B、C 各层毒性重金属元素 Cr、Ni、Cu、Zn、Cd、Pb 和放射性元素 Th、U 背景值数据见表 3-6(内蒙古环境监测中心站,1992)。

由于在土壤剖面评价计算中，内蒙古土壤剖面 B、C 层的放射性元素 Th 和 U 没有对应的背景数据，故用内蒙古土壤剖面 A 层 Th 和 U 的背景值代替土壤剖面 B、C 层的背景值。以上各节稀土元素地球化学指标、常用土壤重金属元素评价方法、土壤稀土等重金属元素背景值都根据研究内容的需要，应用于后面各个不同的章节。

表 3 - 6　内蒙古土壤及其剖面各层重金属元素背景值数据(mg/kg)

项目	土壤背景值	土壤 A 层	土壤 B 层	土壤 C 层
Cr	39.30	36.50	35.20	30.90
Ni	18.70	17.30	17.11	15.30
Cu	14.20	12.90	12.42	11.10
Zn	53.80	48.60	44.72	44.10
Cd	0.045	0.037	0.036	0.032
Pb	13.90	15.00	14.44	14.70
Th	8.78	8.41	8.41	8.41
U	2.21	2.05	2.05	2.05

说明:上表中土壤剖面各层背景值数据都是几何平均值,或称之为加权平均值。

参考文献

高红霞,王喜宽,张青,等.2017.内蒙古河套地区土壤背景值特征[J].地质与资源,16(3):
　　209 - 212.

刘晓媛,刘品祯,杜启露,等.2019.地质高背景区铅锌矿废弃地土壤重金属污染评价[J].有色
　　金属(冶炼部分),(2):76 - 82.

内蒙古环境监测中心站.1992.内蒙古土壤环境背景值研究[M].呼和浩特:科印技术服务部,
　　190 - 192.

徐清,刘晓端,汤奇峰,等.2011.包头市表层土壤多元素分布特征及土壤污染现状分析[J].干
　　旱区地理,34(1):91 - 99.

徐争启,倪师军,庹先国,等.2008.潜在生态危害指数法评价中重金属毒性系数计算[J].环境
　　科学与技术,31(2):113

许文来,张建强,赵红颖,等.2008.基于指数法和聚类法的土壤重金属污染评价[C].中国环
　　境科学学会学术年会优秀论文集,1078 - 1083.

张庆辉.2018a.稀土的应用与影响——以包头市为例[M].北京:科学出版社,01:101.

张庆辉.2018b.稀土的应用与影响——以包头市为例[M].北京:科学出版社,01:97 - 98.

周艳,陈樯,邓绍坡,等.2018.西南某铅锌矿区农田土壤重金属空间主成分分析及生态风险评

价[J]. 环境科学,39(6):2884 - 2892.

中国环境监测总站. 1990. 中国土壤元素背景值[M]. 中国环境科学出版社,87 - 90.

Lars Hakanson. 1980. An ecological risk index for aquatic pollution control a sediment logical approach[J]. Water Research, 14(8): 975 - 1001.

Müller G. 1969. Index of geoaccumulation in sediments of the Rhinc river[J]. Geojournal, 2 (3): 108 - 118.

Tomlinson D. L. , Wilson J. G. , Harris C. R. , et al. 1980. Problems in the assessment of heavy-metal levels in estuaries and the formation of a pollution index [J]. Helgoländer Meeresuntersuchungen, 33(1/2/3/4): 566 - 575.

第4章 农田土壤稀土分布规律

本章和第5章是在水平方向上分别对城市沙壤土地区农田土壤稀土和毒性重金属元素、放射性元素分布规律的研究。研究区的土壤是以沉积砂岩为母岩发育的沙壤土,径流水在其中的扩散、下渗效果都很好。本章研究的目标元素为稀土元素,包括镧(La)、铈(Ce)、镨(Pr)、钕(Nd)、钐(Sm)、铕(Eu)、钆(Gd)、铽(Tb)、镝(Dy)、钬(Ho)、铒(Er)、铥(Tm)、镱(Yb)、镥(Lu)及钪(Sc)、钇(Y)共16个。为了在水平方向上对包头市南郊农田灌溉区进行详细的研究,将其进一步分为昆都仑河灌溉区(K区)、四道沙河灌溉区(S区)。

4.1 K-S灌区农田土壤稀土含量特征

在研究区农田表层土壤中采集样品时,使用的地图为比例尺1∶50 000的包头市地图。在1∶50 000的包头市地图上确定专门用于采样、具有统一编号的采样工程线。研究区范围北起包哈公路(希望工业园至万水泉车站之间),南至黄河北岸自然界限的农田,西起昆都仑河东岸自然界限的农田,东至四道沙河支流泄洪渠及其干流以西的农田。该区基本上以从小白河西进水闸到黄河乳牛场之间的连线为界,东部S区为四道沙河污灌区,以自流灌溉为主;西南部K区为昆都仑河污灌区农田(主要在西召咀子东西走向的山梁以南),该农田以小型水泵提灌为主。整个研究区海拔高度在1 003~1 011 m之间。污灌区土质多为沙壤土、砂土和灌淤土,渗透力强。

K区表层土(0~25 cm)pH平均值为8.28,S区表层土(0~25 cm)pH平均值为7.90,两个区的表层土(0~25 cm)pH平均值为8.14,总体上都偏碱性。研究区内种植农作物的灌溉用水都是污水渠的污水,种植的粮食作物主要有玉米、小麦等。根据研究的需要,在研究区分别采集了表层土壤样品和粮食蔬菜样品。

4.1.1 农田土壤与粮食样品稀土含量分析成果

在研究区的第一期采样中,按照 500 m×500 m 网格,先对污水灌溉区采取重点样品 36 个(表 4-1 中带 * 号的样品,如 4*、8* 等),作为后续采取加密样品和粮食、蔬菜样品的基础性工作。研究区细分为昆都仑河(K)、四道沙河(S)污灌区,并在不同阶段采取了农田土壤样品和粮食-蔬菜样品(样品代号为 LS),其中 1—40 号样品采自于昆都仑河灌溉区,41—100 号采自于四道沙河灌溉区。农田土壤稀土元素分析成果见表 4-1。

表 4-1　农田土壤样品稀土元素含量分析成果(mg/kg)

样号	1 LS1—3	2	3	4* LS4	5	6 LS5	7	8*	9	10*
La	67.570	49.470	34.390	45.560	53.670	38.650	45.030	41.470	50.900	29.970
Ce	140.600	102.300	68.510	91.300	109.700	75.040	91.790	88.470	104.000	60.750
Pr	16.410	11.800	8.193	10.750	12.550	8.981	10.780	10.500	12.240	7.344
Nd	59.120	42.510	30.060	39.780	45.690	33.260	39.480	39.800	44.670	28.000
Sm	8.077	6.582	5.198	6.625	7.508	5.931	7.001	6.709	7.630	5.197
Eu	1.517	1.281	1.097	1.187	1.332	1.134	1.194	1.160	1.305	1.030
Gd	6.406	5.522	4.645	5.315	6.607	5.148	5.979	5.196	6.411	4.440
Tb	0.798	0.758	0.717	0.747	1.001	0.765	0.826	0.711	0.936	0.678
Dy	4.263	4.287	4.145	4.311	5.967	4.364	4.439	3.853	5.305	3.916
Ho	0.857	0.876	0.861	0.877	1.275	0.908	0.884	0.753	1.112	0.836
Er	2.356	2.395	2.416	2.377	3.579	2.547	2.348	1.962	3.157	2.315
Tm	0.350	0.357	0.359	0.348	0.540	0.389	0.340	0.284	0.490	0.354
Yb	2.350	2.324	2.321	2.308	3.558	2.604	2.198	1.822	3.390	2.360

（续表）

样号	1	2	3	4*	5	6	7	8*	9	10*
	LS1—3			LS4		LS5				
Lu	0.372	0.363	0.362	0.365	0.566	0.415	0.338	0.271	0.555	0.381
ΣREE	311.046	230.825	163.274	211.850	253.543	180.136	212.627	202.961	242.101	147.571
LREE	293.294	213.943	147.448	195.202	230.450	162.996	195.275	188.109	220.745	132.291
HREE	17.752	16.882	15.826	16.648	23.093	17.140	17.352	14.852	21.356	15.280
L/H	16.522	12.673	9.317	11.725	9.979	9.510	11.254	12.666	10.336	8.658
Sc	10.250	10.580	9.705	10.560	11.670	10.280	10.160	10.300	11.320	10.120
Y	21.930	22.250	21.770	23.870	33.190	22.970	21.490	20.080	27.730	22.240
Sc+Y	32.180	32.830	31.475	34.430	44.860	33.250	31.650	30.380	39.050	32.360
ΣREE*	343.226	263.655	194.749	246.280	298.403	213.386	244.277	233.341	281.151	179.931

样号	11	12*	13	14	15	16*	17	18*	19	20
										LS6
La	36.130	31.580	32.130	32.460	35.440	50.410	31.360	46.630	34.550	35.800
Ce	72.450	65.870	65.110	63.710	69.710	103.600	61.560	95.130	69.350	74.010
Pr	8.759	7.806	7.954	7.724	8.580	12.220	7.532	11.110	8.445	8.759
Nd	32.830	29.520	29.650	28.790	31.520	44.450	27.850	41.050	31.380	32.190
Sm	5.986	4.884	5.533	5.252	5.411	6.404	4.800	6.442	5.708	5.618
Eu	1.112	0.983	1.001	1.030	1.094	1.228	0.993	1.230	1.080	1.049
Gd	5.197	4.147	4.825	4.605	4.719	5.019	4.132	5.340	4.793	4.672
Tb	0.775	0.613	0.752	0.725	0.694	0.665	0.619	0.746	0.713	0.675
Dy	4.380	3.516	4.322	4.249	3.876	3.611	3.534	4.208	4.009	3.840
Ho	0.921	0.733	0.885	0.902	0.802	0.708	0.733	0.880	0.810	0.793
Er	2.578	2.014	2.422	2.528	2.181	1.876	2.002	2.441	2.286	2.210
Tm	0.392	0.304	0.361	0.384	0.326	0.273	0.301	0.366	0.341	0.331
Yb	2.654	1.987	2.390	2.533	2.176	1.768	1.967	2.443	2.287	2.201
Lu	0.419	0.321	0.382	0.395	0.344	0.267	0.306	0.390	0.357	0.346
ΣREE	174.583	154.278	157.717	155.287	166.873	232.499	147.689	218.406	166.109	172.494

（续表）

样号	11	12*	13	14	15	16*	17	18* LS6	19	20
LREE	157.267	140.643	141.378	138.966	151.755	218.312	134.095	201.592	150.513	157.426
HREE	17.316	13.635	16.339	16.321	15.118	14.187	13.594	16.814	15.596	15.068
L/H	9.082	10.315	8.653	8.515	10.038	15.388	9.864	11.990	9.651	10.448
Sc	10.160	9.729	9.210	9.776	9.301	9.881	8.657	11.660	9.516	9.379
Y	23.760	19.940	22.330	22.850	19.590	19.000	18.530	24.100	20.640	20.050
Sc＋Y	33.920	29.669	31.540	32.626	28.891	28.881	27.187	35.760	30.156	29.429
ΣREE*	208.503	183.947	189.257	187.913	195.764	261.380	174.876	254.166	196.265	201.923

样号	21 LS7—8	22	23 LS9	24	25	26*	27 LS10	28	29 LS 11—12	30
La	50.130	40.140	58.460	57.080	38.550	37.330	38.250	46.280	54.340	47.860
Ce	103.300	78.710	120.800	115.200	78.090	80.270	77.410	96.600	110.800	95.860
Pr	11.870	9.408	14.150	13.660	9.282	9.620	9.313	11.250	12.750	10.970
Nd	42.830	34.180	51.970	48.460	34.490	35.960	35.130	41.250	45.680	40.540
Sm	6.542	5.812	7.866	7.281	5.940	5.395	6.310	6.838	7.156	6.277
Eu	1.235	1.178	1.375	1.315	1.148	1.007	1.195	1.349	1.191	1.214
Gd	5.558	4.942	6.321	6.007	4.995	4.351	5.506	5.721	5.987	5.297
Tb	0.774	0.712	0.842	0.799	0.741	0.610	0.844	0.808	0.817	0.728
Dy	4.426	3.988	4.596	4.483	4.120	3.392	4.844	4.342	4.484	4.045
Ho	0.903	0.825	0.921	0.924	0.832	0.700	1.022	0.881	0.904	0.830
Er	2.540	2.276	2.489	2.594	2.267	1.929	2.886	2.361	2.495	2.321
Tm	0.383	0.338	0.357	0.391	0.327	0.290	0.442	0.344	0.372	0.348
Yb	2.541	2.318	2.334	2.615	2.157	1.969	2.971	2.231	2.495	2.280
Lu	0.398	0.359	0.370	0.408	0.335	0.322	0.481	0.345	0.394	0.359
ΣREE	233.430	185.186	272.851	261.217	183.274	183.145	186.604	220.600	249.865	218.929
LREE	215.907	169.428	254.621	242.996	167.500	169.582	167.608	203.567	231.917	202.721
HREE	17.523	15.758	18.230	18.221	15.774	13.563	18.996	17.033	17.948	16.208

（续表）

样号	21	22	23	24	25	26*	27	28	29	30
	LS7—8		LS9				LS10		LS 11—12	
L/H	12.321	10.752	13.967	13.336	10.619	12.503	8.823	11.951	12.922	12.507
Sc	9.584	9.832	10.050	9.652	10.120	8.870	10.980	10.260	9.462	10.060
Y	23.220	20.650	22.840	23.310	21.140	18.820	25.860	22.150	22.550	21.430
Sc+Y	32.804	30.482	32.890	32.962	31.260	27.690	36.840	32.410	32.012	31.490
ΣREE*	266.234	215.668	305.741	294.179	214.534	210.835	223.444	253.010	281.877	250.419

样号	31	32*	33	34	35	36	37	38	39*	40
	LS13	LS14			LS15	LS 16—17			LS18	LS19
La	42.690	39.090	44.630	38.260	50.790	46.310	38.600	41.170	40.280	48.690
Ce	85.750	79.840	90.310	75.750	104.700	97.020	74.340	83.110	83.410	97.500
Pr	10.110	9.432	10.390	9.241	12.270	11.050	8.899	9.485	9.596	11.180
Nd	36.720	35.550	37.720	34.230	44.510	40.920	32.530	34.400	35.240	40.270
Sm	6.022	5.891	6.003	5.830	6.983	6.409	5.128	5.631	5.748	6.452
Eu	1.141	1.088	1.131	1.135	1.296	1.215	0.993	1.075	1.138	1.186
Gd	5.050	4.834	5.321	4.984	6.029	5.325	4.318	4.743	4.967	5.310
Tb	0.751	0.702	0.787	0.717	0.910	0.738	0.596	0.673	0.763	0.737
Dy	4.310	4.108	4.749	4.084	5.414	4.142	3.389	3.685	4.548	4.017
Ho	0.880	0.872	1.039	0.827	1.160	0.864	0.685	0.761	0.987	0.820
Er	2.421	2.416	3.001	2.289	3.225	2.396	1.942	2.125	2.832	2.213
Tm	0.354	0.366	0.460	0.336	0.466	0.365	0.287	0.319	0.442	0.330
Yb	2.393	2.423	3.060	2.263	3.034	2.442	1.931	2.139	2.998	2.189
Lu	0.371	0.385	0.478	0.356	0.453	0.387	0.300	0.334	0.482	0.354
ΣREE	198.963	186.997	209.079	180.302	241.240	219.583	173.938	189.650	193.431	221.248
LREE	182.433	170.891	190.184	164.446	220.549	202.924	160.490	174.871	175.412	205.278
HREE	16.530	16.106	18.895	15.856	20.691	16.659	13.448	14.779	18.019	15.970
L/H	11.036	10.610	10.065	10.371	10.659	12.181	11.934	11.832	9.735	12.854
Sc	9.703	9.144	9.613	9.494	9.764	9.649	8.981	9.403	9.896	9.301

（续表）

样号	31	32*	33	34	35	36	37	38	39*	40
	LS13	LS14			LS15	LS 16—17			LS18	LS19
Y	22.690	23.540	26.940	20.880	29.910	21.470	17.330	19.210	27.300	20.060
Sc+Y	32.393	32.684	36.553	30.374	39.674	31.119	26.311	28.613	37.196	29.361
ΣREE*	231.356	219.681	245.632	210.676	280.914	250.702	200.249	218.263	230.627	250.609

样号	41	42	43*	44*	45	46	47*	48	49	50
				LS20	LS21	LS22	LS23			LS24
La	40.600	36.660	36.150	41.930	50.360	45.170	36.370	34.730	37.250	49.830
Ce	82.650	70.380	74.740	86.810	101.300	90.920	76.920	73.580	73.570	102.900
Pr	9.989	8.391	8.675	10.090	11.870	10.600	9.209	9.799	8.737	11.700
Nd	36.670	30.520	32.260	37.710	42.990	38.630	35.230	38.840	31.860	42.560
Sm	5.969	5.004	5.170	6.215	6.958	6.248	5.979	5.650	5.206	6.740
Eu	1.156	0.998	1.027	1.103	1.148	1.150	1.067	1.089	1.033	1.178
Gd	5.158	4.289	4.399	5.073	5.822	5.314	5.019	4.389	4.560	5.454
Tb	0.765	0.632	0.642	0.703	0.826	0.766	0.792	0.607	0.660	0.745
Dy	4.513	3.614	3.693	3.960	4.636	4.355	4.923	3.455	3.826	4.081
Ho	0.951	0.759	0.784	0.824	0.948	0.880	1.120	0.724	0.806	0.826
Er	2.717	2.124	2.149	2.265	2.666	2.438	3.369	2.008	2.251	2.300
Tm	0.409	0.324	0.322	0.342	0.406	0.364	0.543	0.309	0.344	0.342
Yb	2.756	2.163	2.132	2.252	2.740	2.462	3.674	2.097	2.254	2.339
Lu	0.435	0.343	0.342	0.367	0.439	0.381	0.597	0.348	0.362	0.379
ΣREE	194.738	166.201	172.485	199.644	233.109	209.678	184.812	177.625	172.719	231.374
LREE	177.034	151.953	158.022	183.858	214.626	192.718	164.775	163.688	157.656	214.908
HREE	17.704	14.248	14.463	15.786	18.483	16.960	20.037	13.937	15.063	16.466
L/H	10.000	10.665	10.926	11.647	11.612	11.363	8.224	11.745	10.466	13.052
Sc	9.423	8.796	9.455	10.070	9.846	9.697	9.903	9.863	9.216	9.902

（续表）

样号	41	42	43*	44* LS20	45 LS21	46 LS22	47* LS23	48	49	50 LS24
Y	24.460	19.440	21.200	22.190	24.350	22.000	30.580	19.590	20.320	20.640
Sc+Y	33.883	28.236	30.655	32.260	34.196	31.697	40.483	29.453	29.536	30.542
ΣREE*	228.621	194.437	203.140	231.904	267.305	241.375	225.295	207.078	202.255	261.916

样号	51* LS25	52 LS26	53 LS27—28	54* LS29	55 LS30	56* LS31	57* LS32	58 LS33	59* LS34	60 LS35—36
La	43.010	57.750	59.410	40.150	55.840	36.550	34.730	38.370	36.960	52.580
Ce	88.410	115.300	121.100	82.180	112.800	79.330	73.580	75.430	78.070	107.700
Pr	10.360	13.290	13.890	9.486	13.040	9.557	9.799	9.052	9.487	12.100
Nd	38.180	47.590	49.620	35.370	47.280	36.540	38.840	33.410	36.670	44.400
Sm	5.870	7.166	7.299	5.738	7.225	6.099	5.650	5.459	6.252	6.843
Eu	1.118	1.273	1.397	1.048	1.313	1.142	1.089	1.068	1.059	1.208
Gd	4.924	6.032	6.078	4.679	5.892	5.109	4.389	4.536	5.034	5.734
Tb	0.695	0.837	0.822	0.682	0.824	0.751	0.607	0.640	0.720	0.778
Dy	3.955	4.705	4.612	3.944	4.656	4.372	3.455	3.615	3.975	4.295
Ho	0.830	0.971	0.961	0.836	0.955	0.929	0.724	0.739	0.813	0.862
Er	2.298	2.691	2.666	2.288	2.650	2.613	2.008	2.047	2.214	2.388
Tm	0.342	0.396	0.407	0.338	0.390	0.395	0.309	0.313	0.327	0.352
Yb	2.301	2.602	2.728	2.232	2.667	2.648	2.097	2.113	2.195	2.341
Lu	0.380	0.408	0.446	0.347	0.435	0.431	0.348	0.337	0.351	0.371
ΣREE	202.673	261.011	271.436	189.318	255.967	186.466	177.625	177.129	184.127	241.952
LREE	186.948	242.369	252.716	173.972	237.498	169.218	163.688	162.789	168.498	224.831
HREE	15.725	18.642	18.720	15.346	18.469	17.248	13.937	14.340	15.629	17.121
L/H	11.889	13.001	13.500	11.337	12.859	9.811	11.745	11.352	10.781	13.132
Sc	9.700	9.993	10.570	9.616	10.140	10.180	9.863	9.124	9.732	9.832
Y	22.630	24.880	24.300	22.440	24.420	25.270	19.590	18.680	22.120	21.530
Sc+Y	32.330	34.873	34.870	32.056	34.560	35.450	29.453	27.804	31.852	31.362
ΣREE*	235.003	295.884	306.306	221.374	290.527	221.916	207.078	204.933	215.979	273.314

(续表)

样号	61	62*	63*	64*	65	66*	67*	68	69*	70
	LS37	LS38	LS39			LS40	LS41	LS42		LS43
La	56.750	45.080	50.820	31.380	51.430	48.970	55.680	58.560	36.620	51.220
Ce	112.500	93.780	107.800	64.070	104.200	105.400	117.600	118.400	81.800	106.800
Pr	12.760	11.030	12.240	7.577	12.110	12.270	12.800	13.890	9.289	12.210
Nd	45.640	41.140	45.150	28.260	44.410	45.560	46.730	49.670	35.460	44.230
Sm	6.704	6.468	7.141	4.814	7.096	6.852	7.240	7.437	5.964	7.283
Eu	1.237	1.216	1.215	1.005	1.233	1.359	1.358	1.387	1.171	1.241
Gd	5.479	5.344	6.001	4.507	5.912	5.705	5.820	6.172	5.207	6.034
Tb	0.700	0.738	0.895	0.744	0.813	0.843	0.753	0.868	0.784	0.841
Dy	3.665	4.168	5.234	4.614	4.606	5.010	4.275	4.893	4.610	4.579
Ho	0.706	0.869	1.057	1.005	0.950	1.069	0.890	1.009	0.967	0.938
Er	1.894	2.409	2.826	2.896	2.677	2.926	2.427	2.756	2.667	2.611
Tm	0.272	0.360	0.420	0.444	0.403	0.426	0.356	0.398	0.394	0.392
Yb	1.776	2.343	2.690	2.990	2.711	2.779	2.344	2.599	2.579	2.628
Lu	0.269	0.369	0.420	0.482	0.434	0.437	0.368	0.411	0.408	0.422
ΣREE	250.352	215.314	243.909	154.788	238.985	239.606	258.641	268.450	187.920	241.429
LREE	235.591	198.714	224.366	137.106	220.479	220.411	241.408	249.344	170.304	222.984
HREE	14.761	16.600	19.543	17.682	18.506	19.195	17.233	19.106	17.616	18.445
L/H	15.960	11.971	11.481	7.754	11.914	11.483	14.008	13.051	9.668	12.089
Sc	9.984	10.860	8.661	9.665	10.170	10.130	7.135	10.510	8.737	10.100
Y	17.810	24.440	29.290	28.340	24.750	29.070	24.360	26.150	27.020	24.130
Sc+Y	27.794	35.300	37.951	38.005	34.920	39.200	31.495	36.660	35.757	34.230
ΣREE*	278.146	250.614	281.860	192.793	273.905	278.806	290.136	305.110	223.677	275.659

样号	71*	72*	73	74	75*	76*	77*	78	79*	80
	LS44	LS45	LS46		LS47	LS48	LS49			LS50—51
La	48.720	45.860	45.370	48.890	46.900	49.550	51.140	46.540	36.140	49.630
Ce	100.300	97.030	90.610	97.660	96.310	100.300	102.500	95.670	74.200	98.890

（续表）

样号	71*	72*	73	74	75*	76*	77*	78	79*	80
	LS44	LS45	LS46		LS47	LS48	LS49			LS50—51
Pr	11.530	11.160	10.400	11.560	11.240	11.570	12.590	11.220	8.723	11.520
Nd	42.010	40.300	37.680	42.280	41.640	42.340	42.290	42.330	32.260	42.030
Sm	6.685	6.190	6.268	6.993	6.818	6.456	6.636	7.147	5.294	6.462
Eu	1.245	1.158	1.160	1.192	1.292	1.198	1.192	1.245	1.049	1.218
Gd	5.427	5.320	5.313	6.004	5.654	5.255	5.389	6.016	4.515	5.328
Tb	0.770	0.775	0.791	0.857	0.790	0.743	0.761	0.873	0.652	0.743
Dy	4.429	4.580	4.429	4.681	4.482	4.197	4.407	4.930	3.783	4.161
Ho	0.914	0.972	0.913	0.945	0.918	0.870	0.916	0.994	0.797	0.866
Er	2.510	2.666	2.545	2.581	2.453	2.375	2.529	2.780	2.212	2.385
Tm	0.373	0.390	0.384	0.393	0.370	0.351	0.374	0.424	0.332	0.355
Yb	2.419	2.547	2.566	2.589	2.370	2.301	2.422	2.837	2.193	2.308
Lu	0.380	0.404	0.409	0.410	0.371	0.361	0.385	0.456	0.349	0.358
ΣREE	227.712	219.352	208.838	227.035	221.608	227.867	233.531	223.462	172.499	226.254
LREE	210.490	201.698	191.488	208.575	204.200	211.414	216.348	204.152	157.666	209.750
HREE	17.222	17.654	17.350	18.460	17.408	16.453	17.183	19.310	14.833	16.504
L/H	12.222	11.425	11.037	11.299	11.730	12.850	12.591	10.572	10.629	12.709
Sc	11.110	6.961	10.420	9.901	9.920	10.130	10.030	9.729	9.719	9.942
Y	25.290	27.610	23.070	23.470	25.410	24.250	25.140	25.380	21.650	22.440
Sc+Y	36.400	34.571	33.490	33.371	35.330	34.380	35.170	35.109	31.369	32.382
ΣREE*	264.112	253.923	242.328	260.406	256.938	262.247	268.701	258.571	203.868	258.636

样号	81	82*	83*	84	85*	86	87*	88*	89	90*
	LS52	LS53			LS54	LS55				
La	64.070	39.860	49.230	39.500	38.160	56.850	31.340	35.730	49.790	39.420
Ce	129.300	80.410	101.300	76.900	80.700	113.900	63.340	71.230	98.390	82.080
Pr	14.980	9.282	11.850	9.195	9.491	13.620	7.605	8.400	11.340	9.860
Nd	53.250	34.400	43.790	33.570	35.570	49.280	28.490	31.350	40.690	36.350
Sm	7.848	5.551	6.348	6.027	5.898	7.376	4.884	5.081	6.196	5.896

(续表)

样号	81	82*	83*	84	85*	86	87*	88*	89	90*
	LS52	LS53			LS54	LS55				
Eu	1.482	1.132	1.158	1.076	1.138	1.330	0.980	1.143	1.193	1.171
Gd	6.458	4.579	5.106	4.970	4.737	6.128	4.206	4.005	5.195	5.021
Tb	0.866	0.660	0.697	0.741	0.677	0.830	0.648	0.569	0.727	0.723
Dy	4.732	3.835	4.011	4.159	3.904	4.571	3.930	3.258	4.107	4.141
Ho	0.957	0.817	0.844	0.873	0.817	0.912	0.845	0.685	0.849	0.860
Er	2.648	2.241	2.312	2.424	2.288	2.521	2.390	1.923	2.368	2.332
Tm	0.389	0.341	0.349	0.372	0.351	0.378	0.357	0.292	0.353	0.345
Yb	2.584	2.231	2.278	2.512	2.353	2.489	2.318	1.981	2.346	2.264
Lu	0.409	0.360	0.360	0.405	0.381	0.386	0.364	0.318	0.369	0.356
ΣREE	289.973	185.699	229.633	182.724	186.465	260.571	151.697	165.965	223.913	190.819
LREE	270.930	170.635	213.676	166.268	170.957	242.356	136.639	152.934	207.599	174.777
HREE	19.043	15.064	15.957	16.456	15.508	18.215	15.058	13.031	16.314	16.042
L/H	14.227	11.327	13.391	10.104	11.024	13.305	9.074	11.736	12.725	10.895
Sc	10.870	9.711	9.791	9.851	8.946	10.650	9.733	9.150	10.120	10.410
Y	24.960	21.550	22.860	21.920	21.940	23.570	23.320	18.360	21.920	22.990
Sc+Y	35.830	31.261	32.651	31.771	30.886	34.220	33.053	27.510	32.040	33.400
ΣREE*	325.803	216.960	262.284	214.495	217.351	294.791	184.750	193.475	255.953	224.219

样号	91*	92	93	94	95	96	97	98	99	100
	LS56 —57	LS58								
La	50.060	61.100	45.200	42.940	41.390	42.990	45.280	38.200	48.500	55.030
Ce	98.150	121.000	83.310	82.490	79.560	90.990	73.170	77.890	108.600	132.600
Pr	10.940	14.060	10.060	9.588	9.452	10.090	8.732	8.965	11.480	12.020
Nd	38.920	51.390	36.940	34.830	34.510	36.960	31.230	32.490	40.990	42.930
Sm	5.829	7.745	6.084	5.718	5.786	5.875	5.000	5.411	6.274	6.696
Eu	1.087	1.491	1.327	1.212	1.112	1.183	1.096	1.178	1.207	1.249
Gd	4.795	6.397	4.862	4.777	4.856	4.863	4.049	4.411	4.979	5.428
Tb	0.655	0.846	0.681	0.703	0.699	0.700	0.591	0.643	0.685	0.760
Dy	3.657	4.651	3.794	4.001	3.965	3.932	3.465	3.650	3.923	4.371

（续表）

样号	91* LS56—57	92 LS58	93	94	95	96	97	98	99	100
Ho	0.768	0.935	0.745	0.827	0.793	0.801	0.728	0.748	0.785	0.906
Er	2.164	2.580	2.042	2.366	2.218	2.218	2.039	2.085	2.245	2.540
Tm	0.328	0.375	0.303	0.361	0.323	0.336	0.313	0.307	0.336	0.382
Yb	2.188	2.508	1.997	2.438	2.156	2.277	2.094	2.044	2.234	2.525
Lu	0.357	0.399	0.308	0.372	0.343	0.360	0.325	0.324	0.351	0.403
ΣREE	219.898	275.477	197.653	192.623	187.163	203.575	178.112	178.346	232.589	267.840
LREE	204.986	256.786	182.921	176.778	171.810	188.088	164.508	164.134	217.051	250.525
HREE	14.912	18.691	14.732	15.845	15.353	15.487	13.604	14.212	15.538	17.315
L/H	13.746	13.738	12.417	11.157	11.191	12.145	12.093	11.549	13.969	14.469
Sc	9.033	11.150	13.50	12.96	12.27	12.34	12.08	12.72	12.30	12.35
Y	20.420	23.630	21.020	22.700	21.740	21.640	20.040	20.610	22.160	24.690
Sc＋Y	29.453	34.780	34.520	35.660	34.010	33.980	32.120	33.330	34.460	37.040
ΣREE*	249.351	310.257	232.173	228.283	221.173	237.555	210.232	211.676	267.049	304.880

根据上表计算稀土元素特征指数见表4-2。

表4-2 K-S区稀土元素特征指数值与包头市表层土壤稀土含量对比

元素	K区1—40号样			S区41—100号样			徐清
	最小值	最大值	平均值	最小值	最大值	平均值	平均值
La	29.970	67.570	43.053	31.340	64.070	45.572	16.950
Ce	60.750	140.600	87.543	63.340	132.600	92.980	59.540
Pr	7.344	16.410	10.309	7.577	14.980	10.797	121.490
Nd	27.850	59.120	37.855	28.260	53.250	39.575	13.130
Sm	4.800	8.077	6.200	4.814	7.848	6.270	46.580
Eu	0.983	1.517	1.166	0.980	1.491	1.183	6.670
Gd	4.132	6.607	5.217	4.005	6.458	5.202	1.420

（续表）

元素	K区1—40号样			S区41—100号样			徐清
	最小值	最大值	平均值	最小值	最大值	平均值	平均值
Tb	0.596	1.001	0.749	0.569	0.895	0.739	6.080
Dy	3.389	5.967	4.239	3.258	5.234	4.207	0.710
Ho	0.685	1.275	0.876	0.685	1.120	0.872	3.630
Er	1.876	3.579	2.425	1.894	3.369	2.420	0.690
Tm	0.273	0.540	0.363	0.272	0.543	0.363	—
Yb	1.768	3.558	2.411	1.776	3.674	2.410	—
Lu	0.267	0.566	0.380	0.269	0.597	0.383	—
ΣREE	147.571	311.046	202.785	151.697	289.973	212.973	—
LREE	132.291	293.294	186.126	136.639	270.930	196.377	—
HREE	13.448	23.093	16.659	13.031	20.037	16.596	—
L/H	8.515	16.522	11.189	7.754	15.960	11.831	—
Sc	8.657	11.670	9.901	6.961	13.500	10.145	—
Y	17.330	33.190	22.490	17.810	30.580	23.196	16.950
Sc+Y	26.311	44.860	32.391	27.510	40.483	33.340	—
ΣREE*	174.876	343.226	235.176	184.750	325.803	246.313	—

表4-2中包头市土壤表层平均值是徐清等（2011）的研究成果（上表最右一列），本研究S区是其研究区域范围的南半部分。从以上数据对比可明显看出，K区、S区稀土元素的同步变化契合性较好，但与徐清的研究成果差距比较悬殊，这可能与其取样范围、取样密度和取样点位等有一定的关系。

根据表4-2完成K-S区农田稀土元素含量平均值分布曲线，见图4-1。

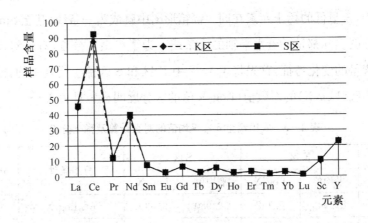

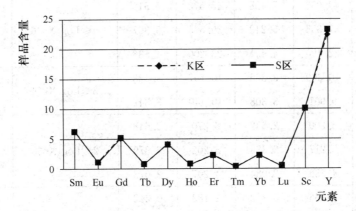

图 4 - 1　研究区农田土壤稀土元素含量平均值变化曲线

　　从图 4 - 1 明显看出,土壤稀土元素含量平均值都遵循奥多-哈金斯法则,也说明农田土壤所有样品稀土元素含量都遵循奥多-哈金斯法则,即从原子序数 57 号元素 La 到 71 号元素 Lu,各稀土元素含量表现出偶数元素高于相邻奇数元素的含量,并呈折线式逐渐降低的趋势。图 4 - 1 中,上图是所有稀土元素含量变化呈折线式逐渐降低趋势的总体曲线,由于稀土元素 Sm—Lu 之间所有元素的含量值低,在总体曲线图中的折线起伏度不太明显,故再将 Sm—Lu 元素含量另作曲线图(下图),使 Sm—Lu 元素含量的折线起伏变化更加明显。

　　使用箱形图可直观明显地对比体现研究区农田土壤稀土元素平均含量的变化特征,但如果将 16 个稀土元素都放在同一幅箱形图中对比,由于遵循奥多-哈金斯法则,含量低的稀土元素在同一幅箱形图中就成为一条线,甚至 Sm—Lu 元素的箱形图实际都是贴近水平轴的一条线。为了提高区分度,有效对比各个稀土元素含量的变化特征,首先将表 4-2 中 K 区和 S 区稀土元素平均含量值,计算以 2 为底($Log_2 X$)的对数值($Log_2 X$ 值的区分度明显),见表 4-3。

表 4-3 农田稀土元素平均值的对数计算及稀土分组

序号	元素	K 区		S 区		分组条件	分组编号
		平均值	$Log_2 X$	平均值	$Log_2 X$		
1	Ce	87.543	6.452	92.980	6.539	$6 \leqslant Log_2 X$	11
2	La	43.053	5.428	45.572	5.510		21
3	Nd	37.855	5.242	39.575	5.307	$4 \leqslant Log_2 X < 6$	22
4	Y	22.490	4.491	23.200	4.536		23
5	Pr	10.309	3.366	10.797	3.433	$3 \leqslant Log_2 X < 4$	31
6	Sc	9.901	3.308	10.140	3.342		32
7	Sm	6.200	2.632	6.270	2.648		41
8	Gd	5.217	2.383	5.202	2.379	$2 \leqslant Log_2 X < 3$	42
9	Dy	4.239	2.084	4.207	2.073		43
10	Eu	1.166	0.222	1.183	0.242		51
11	Er	2.425	1.278	2.420	1.275	$0 \leqslant Log_2 X < 2$	52
12	Yb	2.411	1.270	2.410	1.269		53
13	Tb	0.749	−0.417	0.739	−0.436		61
14	Ho	0.876	−0.191	0.872	−0.198		62
15	Tm	0.363	−1.462	0.363	−1.462	$Log_2 X < 0$	63
16	Lu	0.380	−1.396	0.383	−1.385		64

上表的分组编号,第 1 个数字表示组号,第 2 个数字表示同一组内依据原子序号的先后次序编排的组内序号,比如 Lu 元素的分组编号 64,表示 Lu 元素属于第 6 组内的第 4 个元素。根据表 4-3 中稀土元素分组,采用表 4-2 中的稀土元素含量特征指数值作农田土壤稀土元素含量变化特征的箱形图,结果见图 4-2 组图。

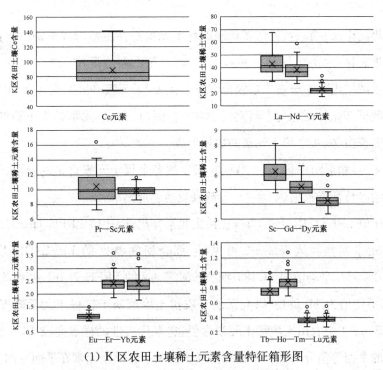

（1）K 区农田土壤稀土元素含量特征箱形图

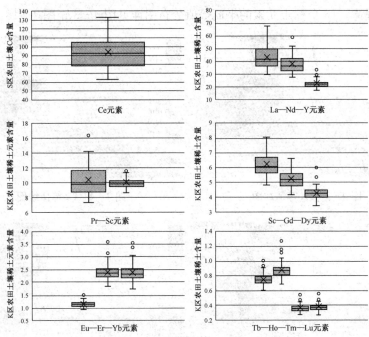

（2）S 区农田土壤稀土元素含量特征箱形图

图 4 - 2　K-S 区农田土壤稀土元素含量特征箱形图

　　每幅图中从左到右,箱形图代表的稀土元素都在图幅内水平轴方向标注了稀土元素名称(水平坐标轴名称),如图 4-2 第一行右图中的"La—Nd—Y 元素",表示图幅内从左至右 3 幅箱形图分别代表 La 元素、Nd 元素和 Y 元素的样品含量数据变化特征。每个研究区中有 6 幅图,只有 Ce 元素是 1 个箱形图,其他箱形图都由 2—4 个稀土元素的数据形成。

　　图 4-2 箱形图中将 K 区、S 区农田土壤各个稀土元素含量的极值、平均值及中位线等特征指数值(如表 4-2)都直观地表现出来。

　　当比值 LREE/HREE>1 时,轻稀土元素富集;当比值 LREE/HREE<1 时,重稀土元素富集。从表 4-2 可见,昆都仑河灌溉区的 LREE/HREE 值在 8.515~16.522,平均值为 11.189;四道沙河灌溉区的 LREE/HREE 值在 7.754~15.960,平均值为 11.831。研究区所有农田土壤都属于轻稀土元素高度富集。再根据表 4-1 中农田土壤稀土元素含量,选取代表性的样点完成 16 个稀土元素含量的平面等值分布图。平面等值线图反映了各稀土元素在平面空间上的总体变化规律。16 个稀土元素的平面等值分布图详见图 4-3 至图 4-18。

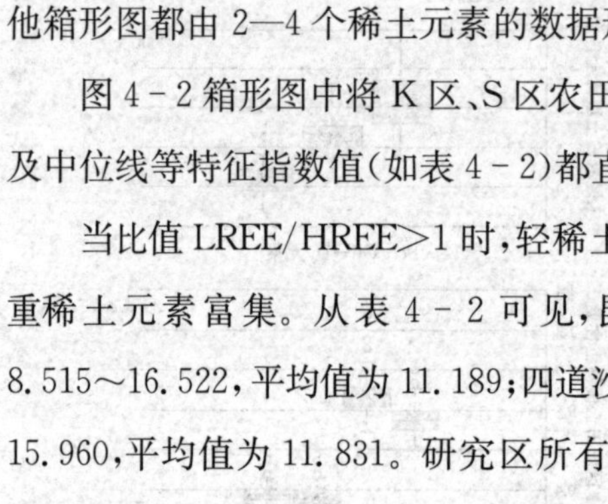

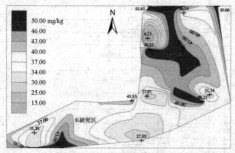

图 4-3　La 等值线图

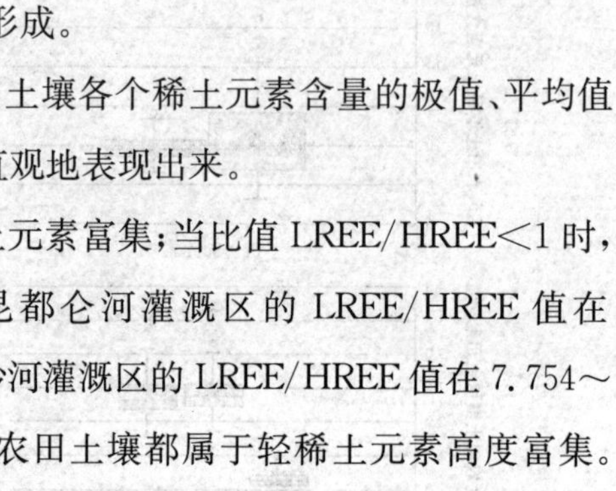

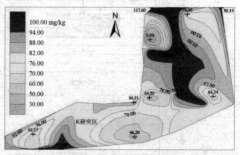

图 4-4　Ce 等值线图

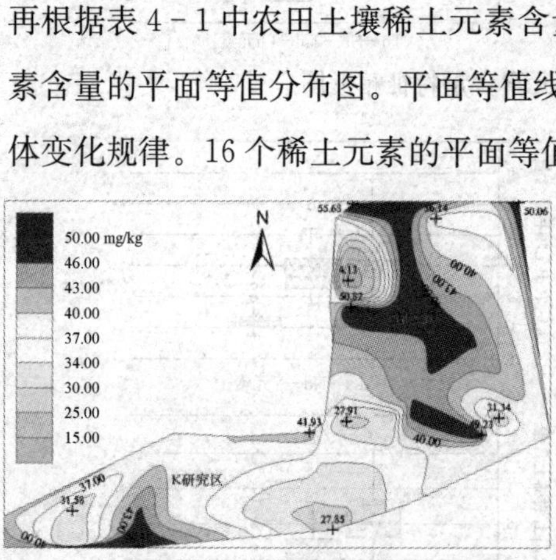

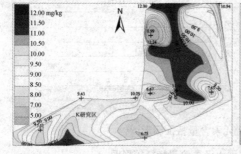

图 4-5　Pr 等值线图

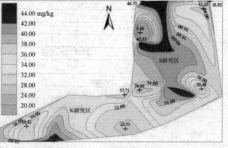

图 4-6　Nd 等值线图

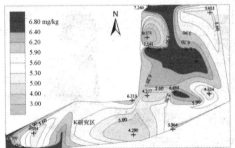

图 4 - 7　Sm 等值线图

图 4 - 8　Eu 等值线图

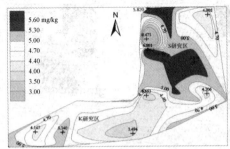

图 4 - 9　Gd 等值线图

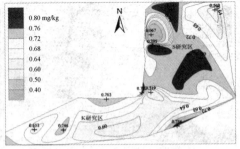

图 4 - 10　Tb 等值线图

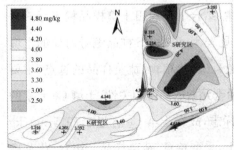

图 4 - 11　Dy 等值线图

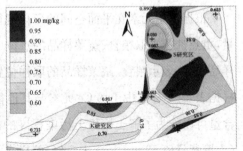

图 4 - 12　Ho 等值线图

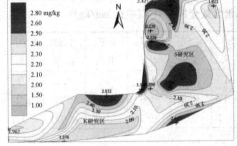

图 4 - 13　Er 等值线图

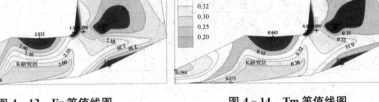

图 4 - 14　Tm 等值线图

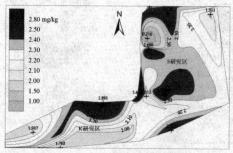

图 4-15　Yb 等值线图　　　　　　　　　图 4-16　Lu 等值线图

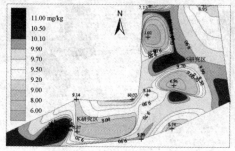
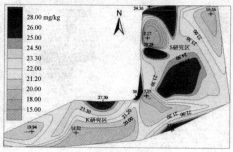

图 4-17　Sc 等值线图　　　　　　　　　图 4-18　Y 等值线图

　　根据稀土元素在平面空间的变化规律,结合上述农田土壤样品稀土元素含量,重点选择采取粮食、蔬菜样品的点位(见表 4-1 中 LS 样品编号对应的土壤样品编号,表示粮食、蔬菜样品的取样位置)。采集粮食、蔬菜样品的选点,主要根据表 4-1 样品中土壤 Ce 元素与其他稀土元素的高度相关性,土壤 Ce 元素的含量可以作为了解土壤稀土污染程度的标志,故在土壤 Ce 含量≥79.5 mg/kg(土壤背景值 53 mg/kg×1.5 倍)的样点上,采取粮食、蔬菜样品。粮食、蔬菜稀土元素含量分析结果见表 4-4。

表 4-4　粮食—蔬菜样品稀土元素含量分析结果表(单位 mg/kg)

样号 品种	LS1 白菜	LS2 芥菜	LS3 玉米	LS4 玉米	LS5 玉米	LS6 玉米	LS7 谷子	LS8 玉米	LS9 白菜	LS10 玉米
La	1.3	0.2	0.2	0.1	0.1	0.1	0.3	0.2	0.2	0.1
Ce	2.3	0.3	0.3	0.2	0.4	0.2	0.6	0.4	0.3	0.2
Pr	0.2	<0.1	<0.1	<0.1	<0.1	<0.1	0.1	<0.1	<0.1	<0.1

（续表）

样号	LS1	LS2	LS3	LS4	LS5	LS6	LS7	LS8	LS9	LS10
品种	白菜	芥菜	玉米	玉米	玉米	玉米	谷子	玉米	白菜	玉米
Nd	0.8	0.1	0.1	0.2	0.1	0.1	0.3	0.2	0.1	0.1
Sc	<0.1	<0.1	<0.1	<0.1	<0.1	<0.1	0.2	<0.1	<0.1	<0.1

样号	LS11	LS12	LS13	LS14	LS15	LS16	LS17	LS18	LS19	LS20
品种	白萝卜根	白萝卜叶	黄萝卜	玉米	玉米	胡萝卜	圆白菜	玉米	玉米	芥菜根
La	0.4	1.2	0.2	0.1	0.2	0.2	0.6	0.2	0.1	0.2
Ce	0.4	1.6	0.2	0.2	0.4	0.2	0.7	0.3	0.3	0.5
Pr	<0.1	0.2	<0.1	<0.1	<0.1	<0.1	<0.1	<0.1	<0.1	<0.1
Nd	0.2	0.6	<0.1	0.1	0.2	0.1	0.2	0.1	0.1	0.1
Sc	0.1	0.3	0.1	<0.1	<0.1	0.1	0.1	<0.1	<0.1	0.1

样号	LS21	LS22	LS23	LS24	LS25	LS26	LS27	LS28	LS29	LS30
品种	白萝卜根	白萝卜叶	黄萝卜	玉米	玉米	胡萝卜	圆白菜	玉米	玉米	芥菜根
La	0.2	0.2	1.2	0.1	1	0.3	0.5	0.1	0.3	0.2
Ce	0.2	0.3	1.8	0.2	1.4	0.4	0.5	0.2	0.6	0.4
Pr	<0.1	<0.1	0.2	<0.1	0.2	<0.1	<0.1	<0.1	<0.1	<0.1
Nd	0.2	0.1	0.6	0.1	0.4	0.2	0.2	<0.1	<0.1	<0.1
Sc	<0.1	<0.1	0.4	<0.1	0.1	<0.1	0.2	<0.1	0.2	<0.1

样号	LS31	LS32	LS33	LS34	LS35	LS36	LS37	LS38	LS39	LS40
品种	玉米	玉米	苴莲	红心萝卜	白菜	香菜	玉米	玉米	西兰花	细椒
La	0.1	0.1	0.1	0.4	1.1	0.8	0.1	0.2	0.8	0.1
Ce	0.3	0.3	0.2	0.3	1.6	1.3	0.4	0.2	1.2	0.2
Pr	<0.1	<0.1	<0.1	<0.1	0.2	0.1	<0.1	<0.1	0.1	<0.1
Nd	<0.1	0.2	<0.1	0.1	0.6	0.4	<0.1	<0.1	0.3	<0.1
Sc	<0.1	<0.1	<0.1	0.1	0.2	0.2	<0.1	<0.1	0.1	0.2

样号	LS41	LS42	LS43	LS44	LS45	LS46	LS47	LS48	LS49	LS50
品种	圆白菜	玉米	苴莲	玉米	玉米	玉米	玉米	玉米	玉米	芥菜叶
La	0.3	0.1	0.1	0.2	0.1	0.1	0.2	0.1	<0.1	0.9
Ce	0.3	0.3	0.2	0.2	0.2	0.3	0.2	0.2	0.3	1.4
Pr	<0.1	<0.1	<0.1	<0.1	<0.1	<0.1	<0.1	<0.1	<0.1	0.2
Nd	0.2	0.1	<0.1	0.1	<0.1	0.1	0.1	<0.1	0.1	0.6
Sc	<0.1	<0.1	<0.1	<0.1	<0.1	<0.1	<0.1	<0.1	0.1	0.2

(续表)

样号	LS51	LS52	LS53	LS54	LS55	LS56	LS57	LS58		
品种	芥菜根	芋头	玉米	玉米	菜花	蕹菜	芥菜	圆白菜		
La	0.1	0.1	0.1	0.1	0.1	1.3	1.8	0.2		
Ce	0.2	0.2	0.2	0.3	0.3	2.2	2.6	0.2		
Pr	<0.1	<0.1	<0.1	<0.1	<0.1	0.3	0.4	<0.1		
Nd	0.1	<0.1	0.1	<0.1	0.1	1.0	1.6	0.1		
Sc	0.2	<0.1	<0.1	<0.1	0.2	0.1	0.4	<0.1		

注:上表样品中未列出稀土元素 Sm、Eu、Gd、Tb、Dy、Ho、Er、Tm、Yb、Lu、Y,其含量均<0.1。

根据粮食、蔬菜样品含量可知,稀土元素含量较高的主要是轻稀土元素 La、Ce、Pr、Nd 和 Sc,与土壤中轻稀土元素高度富集的结果是一致的。

表 4-4 中,27 个玉米样品中的 Pr 和 Sc 含量都<0.1。谷子样品 1 个。其他样品为蔬菜类共 30 个,其中地下根菜类 10 个,地上叶、茎、果实类蔬菜中白菜类样品 20 个。下表 4-5 中进行极值和平均值计算时,将<0.1 取值为 0。

表 4-5　粮食—蔬菜样品稀土元素含量参数表(mg/kg)

样品类型	极　值	La	Ce	Pr	Nd	Sc
全部样品	最小值	<0.1	0.2	<0.1	<0.1	<0.1
	最大值	1.8	2.6	0.4	1.6	0.4
	平均值	0.345	0.548	0.038	0.202	0.064
玉米	最小值	<0.1	0.2	<0.1	<0.1	<0.1
	最大值	0.2	0.4	<0.1	0.2	<0.1
	平均值	0.1	0.3	<0.1	0.1	<0.1
根菜类	最小值	0.1	0.2	<0.1	<0.1	<0.1
	最大值	0.4	0.5	<0.1	0.2	0.2
	平均值	0.19	0.26	<0.1	0.06	0.05
白菜类	最小值	0.2	0.2	0	0	0
	最大值	1.3	2.3	0.2	0.8	0.4
	平均值	0.689	1.022	0.089	0.333	0.111

（续表）

样品类型	极　值	La	Ce	Pr	Nd	Sc
其他	最小值	0.1	0.2	0	0	0
	最大值	1.8	2.6	0.4	1.6	0.4
	平均值	0.471	0.695	0.062	0.271	0.119

虽然目前研究中采取的粮食、蔬菜样品稀土元素含量较低，不足以很严重地引起人体健康问题，但是在稀土含量较高的农田中种植农作物或蔬菜时，应该重视农产品种植种类的选择。

4.1.2　土壤环境 $\delta(Ce)$ 和 $\delta(Eu)$ 及轻、重稀土元素富集程度

先对土壤稀土元素含量值进行标准化计算，以 La 为例，计算公式如下：

$$(La)N = lg(样品中 La 的含量/球粒陨石中 La 的含量)$$

其中 lg 是以 10 为底的对数即常用对数，球粒陨石值采用表 3-4 中"博因顿球粒陨石"含量数据。其他稀土元素用球粒陨石标准化的计算依次类推。计算结果见表 4-6。

表 4-6　K-S 区土壤稀土元素球粒陨石标准化计算

样号	La	Ce	Pr	Nd	Sm	Eu	Gd	Tb	Dy	Ho	Er	Tm	Yb	Lu
1	2.338	2.241	2.129	1.994	1.617	1.315	1.393	1.226	1.122	1.077	1.050	1.034	1.051	1.049
2	2.203	2.102	1.986	1.850	1.528	1.241	1.329	1.204	1.124	1.086	1.057	1.042	1.046	1.039
3	2.045	1.928	1.827	1.700	1.426	1.174	1.254	1.180	1.110	1.079	1.061	1.045	1.046	1.038
4	2.167	2.053	1.945	1.822	1.531	1.208	1.312	1.198	1.127	1.087	1.054	1.031	1.043	1.041
5	2.238	2.133	2.012	1.882	1.585	1.258	1.407	1.325	1.268	1.249	1.232	1.222	1.231	1.232
6	2.096	1.968	1.867	1.744	1.483	1.188	1.298	1.208	1.132	1.102	1.084	1.079	1.095	1.097
7	2.162	2.055	1.946	1.818	1.555	1.211	1.363	1.241	1.139	1.090	1.048	1.021	1.022	1.008
8	2.126	2.039	1.935	1.822	1.537	1.198	1.302	1.176	1.078	1.021	0.970	0.943	0.940	0.912
9	2.215	2.110	2.001	1.872	1.592	1.249	1.394	1.295	1.217	1.190	1.177	1.180	1.210	1.223

（续表）

样号	La	Ce	Pr	Nd	Sm	Eu	Gd	Tb	Dy	Ho	Er	Tm	Yb	Lu
10	1.985	1.876	1.780	1.669	1.426	1.147	1.234	1.155	1.085	1.066	1.042	1.038	1.053	1.060
11	2.067	1.953	1.856	1.738	1.487	1.180	1.302	1.214	1.134	1.108	1.089	1.083	1.104	1.101
12	2.008	1.911	1.806	1.692	1.399	1.126	1.204	1.112	1.038	1.009	0.982	0.972	0.978	0.985
13	2.016	1.906	1.814	1.694	1.453	1.134	1.270	1.200	1.128	1.091	1.062	1.047	1.058	1.061
14	2.020	1.897	1.801	1.681	1.430	1.147	1.250	1.185	1.120	1.099	1.081	1.074	1.083	1.075
15	2.058	1.936	1.847	1.720	1.443	1.173	1.261	1.166	1.081	1.048	1.016	1.003	1.018	1.015
16	2.211	2.108	2.001	1.870	1.516	1.223	1.287	1.147	1.050	0.994	0.951	0.926	0.927	0.905
17	2.005	1.882	1.791	1.667	1.391	1.131	1.203	1.116	1.040	1.009	0.979	0.968	0.974	0.965
18	2.177	2.071	1.959	1.835	1.519	1.224	1.314	1.197	1.116	1.088	1.065	1.053	1.068	1.070
19	2.047	1.934	1.840	1.719	1.466	1.167	1.267	1.177	1.095	1.052	1.037	1.022	1.039	1.032
20	2.063	1.962	1.856	1.730	1.460	1.154	1.256	1.154	1.076	1.043	1.022	1.009	1.022	1.018
21	2.209	2.107	1.988	1.854	1.526	1.225	1.332	1.213	1.138	1.100	1.083	1.073	1.085	1.079
22	2.112	1.989	1.887	1.756	1.474	1.205	1.281	1.177	1.093	1.060	1.035	1.018	1.045	1.034
23	2.275	2.175	2.064	1.938	1.606	1.272	1.387	1.250	1.155	1.108	1.074	1.042	1.048	1.047
24	2.265	2.154	2.049	1.907	1.572	1.253	1.365	1.227	1.144	1.110	1.092	1.082	1.097	1.090
25	2.095	1.985	1.881	1.760	1.484	1.194	1.285	1.194	1.107	1.064	1.033	1.004	1.014	1.004
26	2.081	1.997	1.897	1.778	1.442	1.137	1.225	1.110	1.023	0.989	0.963	0.952	0.974	0.987
27	2.091	1.981	1.883	1.768	1.510	1.211	1.328	1.251	1.177	1.153	1.138	1.135	1.153	1.161
28	2.174	2.078	1.965	1.837	1.545	1.264	1.344	1.232	1.130	1.089	1.051	1.026	1.028	1.017
29	2.244	2.137	2.019	1.882	1.565	1.210	1.364	1.236	1.144	1.100	1.075	1.060	1.077	1.074
30	2.189	2.074	1.954	1.830	1.508	1.218	1.311	1.186	1.099	1.063	1.043	1.031	1.038	1.034
31	2.139	2.026	1.918	1.787	1.490	1.191	1.290	1.200	1.127	1.088	1.062	1.038	1.059	1.048
32	2.101	1.995	1.888	1.773	1.480	1.170	1.271	1.171	1.106	1.084	1.061	1.053	1.064	1.064
33	2.158	2.048	1.930	1.798	1.488	1.187	1.313	1.220	1.169	1.160	1.155	1.152	1.166	1.158
34	2.091	1.972	1.879	1.756	1.476	1.189	1.284	1.180	1.103	1.061	1.037	1.016	1.035	1.030
35	2.214	2.113	2.002	1.870	1.554	1.246	1.367	1.283	1.226	1.208	1.186	1.158	1.162	1.135
36	2.174	2.079	1.957	1.834	1.517	1.218	1.313	1.192	1.109	1.080	1.057	1.052	1.068	1.067
37	2.095	1.964	1.863	1.734	1.420	1.131	1.222	1.099	1.022	0.980	0.966	0.947	0.966	0.956
38	2.123	2.012	1.891	1.758	1.461	1.165	1.263	1.152	1.059	1.025	1.005	0.993	1.010	1.003
39	2.114	2.014	1.896	1.769	1.469	1.190	1.283	1.207	1.150	1.138	1.130	1.135	1.157	1.162

（续表）

样号	La	Ce	Pr	Nd	Sm	Eu	Gd	Tb	Dy	Ho	Er	Tm	Yb	Lu
40	2.196	2.082	1.962	1.827	1.520	1.208	1.312	1.192	1.096	1.058	1.023	1.008	1.020	1.028
41	2.117	2.010	1.913	1.786	1.486	1.197	1.299	1.208	1.147	1.122	1.112	1.101	1.120	1.117
42	2.073	1.940	1.837	1.706	1.409	1.133	1.219	1.125	1.050	1.024	1.005	1.000	1.015	1.014
43	2.067	1.966	1.852	1.731	1.423	1.145	1.230	1.132	1.060	1.038	1.010	0.997	1.009	1.013
44	2.131	2.031	1.918	1.798	1.503	1.176	1.292	1.171	1.090	1.060	1.033	1.023	1.032	1.044
45	2.211	2.098	1.988	1.855	1.552	1.194	1.352	1.241	1.158	1.121	1.104	1.098	1.118	1.121
46	2.163	2.051	1.939	1.809	1.506	1.194	1.312	1.208	1.131	1.088	1.065	1.051	1.071	1.060
47	2.069	1.979	1.878	1.769	1.487	1.162	1.287	1.223	1.184	1.193	1.205	1.224	1.245	1.255
48	2.049	1.959	1.905	1.811	1.462	1.171	1.229	1.107	1.031	1.004	0.981	0.979	1.001	1.020
49	2.080	1.959	1.855	1.725	1.426	1.148	1.246	1.144	1.075	1.050	1.030	1.026	1.033	1.038
50	2.206	2.105	1.982	1.851	1.539	1.205	1.323	1.196	1.103	1.061	1.040	1.023	1.049	1.058
51	2.142	2.039	1.929	1.804	1.479	1.182	1.279	1.166	1.089	1.063	1.039	1.023	1.042	1.059
52	2.270	2.154	2.037	1.899	1.565	1.239	1.367	1.247	1.165	1.131	1.108	1.087	1.095	1.090
53	2.282	2.176	2.056	1.918	1.573	1.279	1.370	1.239	1.156	1.127	1.104	1.099	1.116	1.128
54	2.112	2.007	1.891	1.770	1.469	1.154	1.257	1.158	1.088	1.066	1.037	1.018	1.029	1.019
55	2.256	2.145	2.029	1.897	1.569	1.252	1.357	1.240	1.160	1.124	1.101	1.081	1.106	1.117
56	2.072	1.992	1.894	1.785	1.495	1.191	1.295	1.200	1.133	1.112	1.095	1.086	1.103	1.113
57	2.049	1.959	1.905	1.811	1.462	1.171	1.229	1.107	1.031	1.004	0.981	0.979	1.001	1.020
58	2.093	1.970	1.870	1.746	1.447	1.162	1.243	1.130	1.050	1.013	0.989	0.985	1.005	1.006
59	2.076	1.985	1.891	1.786	1.506	1.159	1.289	1.182	1.091	1.054	1.023	1.004	1.021	1.024
60	2.229	2.125	1.996	1.869	1.545	1.216	1.345	1.215	1.125	1.079	1.056	1.036	1.049	1.048
61	2.263	2.144	2.019	1.881	1.536	1.226	1.325	1.169	1.056	0.993	0.955	0.924	0.929	0.909
62	2.163	2.065	1.956	1.836	1.521	1.219	1.315	1.192	1.112	1.083	1.060	1.046	1.050	1.046
63	2.215	2.125	2.001	1.877	1.564	1.218	1.365	1.276	1.211	1.168	1.129	1.113	1.110	1.102
64	2.005	1.899	1.793	1.673	1.392	1.136	1.241	1.196	1.156	1.146	1.140	1.137	1.156	1.162
65	2.220	2.110	1.997	1.869	1.561	1.225	1.358	1.234	1.155	1.122	1.105	1.095	1.113	1.116
66	2.199	2.115	2.002	1.880	1.546	1.267	1.343	1.250	1.192	1.173	1.144	1.119	1.124	1.119
67	2.254	2.163	2.021	1.891	1.570	1.267	1.352	1.201	1.123	1.093	1.063	1.041	1.050	1.045
68	2.276	2.166	2.056	1.918	1.581	1.276	1.377	1.263	1.182	1.148	1.118	1.089	1.095	1.093
69	2.072	2.005	1.882	1.772	1.486	1.202	1.303	1.219	1.156	1.129	1.104	1.085	1.091	1.090
70	2.218	2.121	2.000	1.868	1.572	1.227	1.367	1.249	1.153	1.116	1.095	1.083	1.099	1.104
71	2.196	2.094	1.975	1.845	1.535	1.229	1.321	1.211	1.138	1.105	1.077	1.061	1.063	1.059
72	2.170	2.079	1.961	1.827	1.502	1.197	1.313	1.214	1.153	1.132	1.104	1.081	1.086	1.085
73	2.165	2.050	1.931	1.798	1.507	1.198	1.312	1.222	1.138	1.104	1.083	1.074	1.089	1.091

(续表)

样号	La	Ce	Pr	Nd	Sm	Eu	Gd	Tb	Dy	Ho	Er	Tm	Yb	Lu
74	2.198	2.082	1.977	1.848	1.555	1.210	1.365	1.257	1.162	1.119	1.090	1.084	1.093	1.092
75	2.180	2.076	1.964	1.841	1.544	1.245	1.339	1.222	1.144	1.107	1.067	1.058	1.055	1.048
76	2.204	2.094	1.977	1.849	1.520	1.212	1.307	1.195	1.115	1.083	1.053	1.035	1.042	1.036
77	2.217	2.103	2.014	1.848	1.532	1.210	1.318	1.206	1.136	1.106	1.081	1.062	1.064	1.064
78	2.176	2.073	1.964	1.848	1.564	1.229	1.366	1.265	1.185	1.141	1.122	1.117	1.133	1.138
79	2.067	1.963	1.854	1.731	1.434	1.154	1.241	1.138	1.070	1.045	1.023	1.011	1.021	1.022
80	2.204	2.088	1.975	1.845	1.520	1.219	1.313	1.195	1.111	1.081	1.055	1.040	1.043	1.033
81	2.315	2.204	2.089	1.948	1.605	1.305	1.397	1.262	1.167	1.125	1.101	1.079	1.092	1.091
82	2.109	1.998	1.881	1.758	1.454	1.188	1.247	1.144	1.076	1.056	1.028	1.022	1.028	1.035
83	2.201	2.098	1.987	1.863	1.513	1.197	1.295	1.167	1.095	1.070	1.042	1.032	1.037	1.035
84	2.105	1.979	1.877	1.748	1.490	1.166	1.283	1.194	1.111	1.085	1.062	1.060	1.080	1.086
85	2.090	1.999	1.891	1.773	1.481	1.190	1.262	1.155	1.084	1.056	1.037	1.035	1.051	1.060
86	2.263	2.149	2.048	1.915	1.578	1.258	1.374	1.243	1.152	1.104	1.079	1.067	1.076	1.065
87	2.005	1.894	1.795	1.677	1.399	1.125	1.211	1.136	1.087	1.071	1.056	1.042	1.045	1.040
88	2.062	1.945	1.838	1.718	1.416	1.192	1.189	1.079	1.005	0.980	0.962	0.955	0.977	0.981
89	2.206	2.086	1.968	1.831	1.502	1.210	1.302	1.186	1.106	1.073	1.052	1.037	1.050	1.046
90	2.104	2.007	1.908	1.782	1.481	1.202	1.287	1.183	1.109	1.078	1.046	1.027	1.035	1.030
91	2.208	2.084	1.953	1.812	1.476	1.170	1.267	1.140	1.055	1.029	1.013	1.005	1.020	1.032
92	2.295	2.175	2.062	1.933	1.599	1.307	1.393	1.252	1.160	1.115	1.089	1.063	1.079	1.080
93	2.164	2.013	1.916	1.789	1.494	1.257	1.274	1.157	1.071	1.016	0.988	0.971	0.980	0.967
94	2.142	2.009	1.895	1.764	1.467	1.217	1.266	1.171	1.094	1.061	1.052	1.047	1.067	1.049
95	2.126	1.993	1.889	1.760	1.472	1.180	1.273	1.169	1.090	1.043	1.024	0.999	1.014	1.014
96	2.142	2.052	1.918	1.790	1.479	1.207	1.274	1.169	1.087	1.048	1.024	1.016	1.037	1.035
97	2.165	1.957	1.855	1.716	1.409	1.174	1.194	1.096	1.032	1.006	0.987	0.985	1.001	0.991
98	2.091	1.984	1.866	1.734	1.443	1.205	1.231	1.132	1.054	1.018	0.997	0.977	0.990	0.989
99	2.194	2.128	1.974	1.835	1.508	1.215	1.284	1.160	1.086	1.039	1.029	1.016	1.029	1.024
100	2.249	2.215	1.994	1.855	1.536	1.230	1.321	1.205	1.133	1.101	1.083	1.072	1.082	1.084
K区均值	2.143	2.035	1.927	1.800	1.502	1.200	1.304	1.199	1.119	1.086	1.062	1.049	1.062	1.059
S区均值	2.167	2.061	1.947	1.819	1.507	1.207	1.303	1.193	1.116	1.084	1.062	1.049	1.062	1.062
全区均值	2.158	2.051	1.939	1.812	1.505	1.204	1.303	1.195	1.117	1.085	1.062	1.049	1.062	1.061

根据表 4-6 计算土壤环境表土层中 $\delta(Ce)$ 和 $\delta(Eu)$。

计算公式:

$$\delta(Ce) = (Ce)_N / [(La)_N \times (Pr)_N]^{1/2};$$

$$\delta(Eu) = (Eu)_N / [(Sm)_N \times (Gd)_N]^{1/2}.$$

式中,Ce_N、La_N、Pr_N、Eu_N、Sm_N、Gd_N 为球粒陨石标准化值。

在稀土元素特征指数中,右下角标"N"就是用球粒陨石标准化后计算。计算结果见表 4-7。

表 4-7　K-S 区土壤环境表土层 $\delta(Ce)$ 和 $\delta(Eu)$ 值综合表

参数	昆都仑河灌溉区(K 区)			四道沙河灌溉区(S 区)			K-S 全区		
	最小值	最大值	平均值	最小值	最大值	平均值	最小值	最大值	平均值
$\delta(Ce)$	0.993	1.008	1.001	0.977	1.046	1.003	0.977	1.046	1.002
$\delta(Eu)$	0.828	0.878	0.858	0.824	0.919	0.862	0.824	0.919	0.861

从上表可见,在整个 K-S 研究区农田表层土壤 $\delta(Ce)$ 值的区间是 $0.95 \leqslant \delta(Ce) \leqslant 1.05$,故没有 Ce 异常;而在整个研究地区 $\delta(Eu) < 0.95$,故 Eu 属于负异常。

4.2　农田土壤稀土分布规律

下面通过地质累积指数和污染负荷指数的计算和评价,研究农田土壤稀土分布规律及土壤质量(污染程度)。

4.2.1　地质累积指数法

计算地质累积指数,结果见表 4-8。

表 4-8　K-S 区地质累积指数

样号	1	2	3	4	5	6	7	8	9	10
La	0.585	0.135	−0.390	0.016	0.252	−0.221	−0.001	−0.120	0.176	−0.588
Ce	0.685	0.226	−0.352	0.062	0.327	−0.221	0.070	0.017	0.250	−0.525
Pr	0.416	−0.060	−0.586	−0.194	0.029	−0.454	−0.190	−0.228	−0.007	−0.744
Nd	0.301	−0.175	−0.675	−0.271	−0.071	−0.529	−0.282	−0.270	−0.104	−0.778
Sm	−0.107	−0.402	−0.743	−0.393	−0.213	−0.553	−0.313	−0.375	−0.189	−0.743
Eu	−0.247	−0.491	−0.714	−0.601	−0.434	−0.667	−0.592	−0.634	−0.464	−0.805
Gd	−0.256	−0.470	−0.720	−0.525	−0.211	−0.571	−0.356	−0.558	−0.255	−0.785
Tb	−0.589	−0.663	−0.743	−0.684	−0.262	−0.650	−0.539	−0.755	−0.358	−0.824
Dy	−0.726	−0.718	−0.766	−0.710	−0.241	−0.692	−0.667	−0.872	−0.410	−0.848
Ho	−0.808	−0.776	−0.801	−0.774	−0.234	−0.724	−0.763	−0.994	−0.432	−0.843
Er	−0.834	−0.810	−0.798	−0.821	−0.231	−0.722	−0.839	−1.098	−0.412	−0.859
Tm	−0.363	−0.334	−0.326	−0.371	0.263	−0.210	−0.404	−0.664	0.123	−0.346
Yb	−0.333	−0.349	−0.351	−0.359	0.265	−0.185	−0.429	−0.700	0.196	−0.327
Lu	−0.175	−0.210	−0.214	−0.202	0.430	−0.017	−0.313	−0.632	0.402	−0.141
Sc	−0.420	−0.374	−0.498	−0.377	−0.232	−0.415	−0.432	−0.413	−0.276	−0.438
Y	−0.446	−0.425	−0.457	−0.324	0.152	−0.379	−0.476	−0.573	−0.108	−0.426

样号	11	12	13	14	15	16	17	18	19	20
La	−0.319	−0.513	−0.488	−0.473	−0.346	0.162	−0.523	0.049	−0.383	−0.332
Ce	−0.271	−0.409	−0.425	−0.457	−0.327	0.245	−0.506	0.122	−0.334	−0.241
Pr	−0.490	−0.656	−0.629	−0.671	−0.520	−0.009	−0.708	−0.147	−0.542	−0.490
Nd	−0.548	−0.701	−0.695	−0.737	−0.607	−0.111	−0.785	−0.226	−0.613	−0.576
Sm	−0.539	−0.833	−0.653	−0.728	−0.685	−0.442	−0.858	−0.434	−0.608	−0.631
Eu	−0.695	−0.873	−0.847	−0.805	−0.718	−0.552	−0.858	−0.549	−0.737	−0.779
Gd	−0.558	−0.883	−0.665	−0.732	−0.697	−0.608	−0.889	−0.519	−0.675	−0.711
Tb	−0.631	−0.969	−0.674	−0.727	−0.790	−0.852	−0.955	−0.686	−0.751	−0.830
Dy	−0.687	−1.004	−0.706	−0.730	−0.863	−0.965	−0.996	−0.744	−0.814	−0.877
Ho	−0.704	−1.033	−0.761	−0.734	−0.903	−1.083	−1.033	−0.769	−0.889	−0.920
Er	−0.704	−1.060	−0.794	−0.732	−0.945	−1.163	−1.069	−0.783	−0.878	−0.926
Tm	−0.199	−0.566	−0.318	−0.229	−0.465	−0.721	−0.580	−0.298	−0.400	−0.443

（续表）

样号	11	12	13	14	15	16	17	18	19	20
Yb	−0.157	−0.575	−0.309	−0.225	−0.444	−0.743	−0.59	−0.277	−0.372	−0.427
Lu	−0.003	−0.388	−0.137	−0.089	−0.288	−0.654	−0.457	−0.107	−0.234	−0.280
Sc	−0.432	−0.495	−0.574	−0.488	−0.560	−0.472	−0.663	−0.234	−0.527	−0.548
Y	−0.331	−0.584	−0.420	−0.387	−0.609	−0.653	−0.689	−0.310	−0.534	−0.576

样号	21	22	23	24	25	26	27	28	29	30
La	0.154	−0.167	0.376	0.341	−0.225	−0.272	−0.236	0.039	0.270	0.087
Ce	0.240	−0.152	0.466	0.398	−0.163	−0.123	−0.176	0.144	0.342	0.133
Pr	−0.051	−0.387	0.202	0.151	−0.406	−0.355	−0.401	−0.129	0.052	−0.165
Nd	−0.164	−0.490	0.115	0.014	−0.477	−0.417	−0.45	−0.219	−0.071	−0.244
Sm	−0.411	−0.582	−0.145	−0.257	−0.551	−0.689	−0.463	−0.347	−0.282	−0.471
Eu	−0.543	−0.612	−0.389	−0.453	−0.649	−0.838	−0.591	−0.416	−0.596	−0.568
Gd	−0.461	−0.630	−0.275	−0.349	−0.615	−0.814	−0.474	−0.419	−0.354	−0.530
Tb	−0.633	−0.753	−0.511	−0.587	−0.695	−0.976	−0.508	−0.571	−0.555	−0.721
Dy	−0.672	−0.822	−0.617	−0.653	−0.775	−1.055	−0.541	−0.699	−0.653	−0.801
Ho	−0.732	−0.862	−0.704	−0.699	−0.850	−1.100	−0.554	−0.768	−0.731	−0.854
Er	−0.726	−0.884	−0.755	−0.695	−0.890	−1.123	−0.541	−0.831	−0.751	−0.856
Tm	−0.233	−0.413	−0.334	−0.203	−0.461	−0.634	−0.026	−0.388	−0.275	−0.371
Yb	−0.220	−0.353	−0.343	−0.179	−0.457	−0.588	0.005	−0.408	−0.247	−0.377
Lu	−0.078	−0.226	−0.183	−0.042	−0.326	−0.383	0.196	−0.284	−0.092	−0.226
Sc	−0.517	−0.48	−0.448	−0.506	−0.438	−0.628	−0.320	−0.418	−0.535	−0.447
Y	−0.364	−0.533	−0.388	−0.358	−0.499	−0.667	−0.208	−0.432	−0.406	−0.480

样号	31	32	33	34	35	36	37	38	39	40
La	−0.078	−0.205	−0.014	−0.236	0.173	0.039	−0.223	−0.130	−0.162	0.112
Ce	−0.028	−0.131	0.047	−0.207	0.260	0.150	−0.234	−0.073	−0.068	0.157
Pr	−0.283	−0.383	−0.243	−0.413	−0.004	−0.155	−0.467	−0.375	−0.358	−0.138
Nd	−0.386	−0.433	−0.348	−0.488	−0.109	−0.230	−0.561	−0.481	−0.446	−0.253
Sm	−0.531	−0.563	−0.535	−0.578	−0.317	−0.441	−0.763	−0.628	−0.598	−0.431
Eu	−0.658	−0.726	−0.670	−0.665	−0.474	−0.567	−0.858	−0.744	−0.661	−0.602
Gd	−0.599	−0.662	−0.524	−0.618	−0.344	−0.523	−0.825	−0.690	−0.623	−0.527
Tb	−0.676	−0.773	−0.609	−0.743	−0.399	−0.701	−1.010	−0.834	−0.653	−0.703

（续表）

样号	31	32	33	34	35	36	37	38	39	40
Dy	−0.710	−0.779	−0.57	−0.788	−0.381	−0.767	−1.057	−0.936	−0.632	−0.812
Ho	−0.769	−0.783	−0.53	−0.859	−0.371	−0.796	−1.131	−0.979	−0.604	−0.871
Er	−0.795	−0.798	−0.485	−0.876	−0.381	−0.810	−1.113	−0.983	−0.569	−0.924
Tm	−0.346	−0.298	0.032	−0.421	0.050	−0.302	−0.649	−0.496	−0.026	−0.447
Yb	−0.307	−0.289	0.048	−0.387	0.036	−0.278	−0.616	−0.469	0.018	−0.435
Lu	−0.179	−0.126	0.187	−0.239	0.109	−0.118	−0.485	−0.331	0.199	−0.247
Sc	−0.499	−0.584	−0.512	−0.530	−0.490	−0.507	−0.610	−0.544	−0.470	−0.560
Y	−0.397	−0.344	−0.149	−0.517	0.001	−0.477	−0.786	−0.637	−0.130	−0.575

样号	41	42	43	44	45	46	47	48	49	50
La	−0.150	−0.298	−0.318	−0.104	0.160	0.004	−0.309	−0.376	−0.275	0.145
Ce	−0.081	−0.313	−0.226	−0.010	0.212	0.056	−0.185	−0.249	−0.249	0.235
Pr	−0.300	−0.552	−0.504	−0.286	−0.051	−0.215	−0.418	−0.328	−0.493	−0.072
Nd	−0.388	−0.653	−0.573	−0.348	−0.159	−0.313	−0.446	−0.305	−0.591	−0.174
Sm	−0.544	−0.798	−0.751	−0.485	−0.322	−0.478	−0.541	−0.623	−0.741	−0.368
Eu	−0.639	−0.851	−0.810	−0.707	−0.649	−0.646	−0.754	−0.725	−0.801	−0.612
Gd	−0.569	−0.835	−0.798	−0.593	−0.394	−0.526	−0.608	−0.802	−0.746	−0.488
Tb	−0.650	−0.925	−0.902	−0.771	−0.539	−0.648	−0.599	−0.983	−0.862	−0.688
Dy	−0.644	−0.964	−0.933	−0.832	−0.605	−0.695	−0.518	−1.029	−0.882	−0.789
Ho	−0.657	−0.983	−0.936	−0.864	−0.662	−0.769	−0.421	−1.051	−0.896	−0.861
Er	−0.628	−0.984	−0.967	−0.891	−0.656	−0.785	−0.318	−1.065	−0.900	−0.869
Tm	−0.138	−0.474	−0.483	−0.396	−0.148	−0.306	0.271	−0.542	−0.388	−0.396
Yb	−0.103	−0.453	−0.473	−0.394	−0.111	−0.266	0.312	−0.497	−0.393	−0.340
Lu	0.051	−0.292	−0.296	−0.195	0.064	−0.141	0.507	−0.271	−0.214	−0.148
Sc	−0.541	−0.640	−0.536	−0.445	−0.478	−0.500	−0.469	−0.475	−0.573	−0.469
Y	−0.289	−0.620	−0.495	−0.429	−0.295	−0.442	0.033	−0.609	−0.556	−0.534

样号	51	52	53	54	55	56	57	58	59	60
La	−0.067	0.358	0.399	−0.166	0.309	−0.302	−0.376	−0.232	−0.286	0.223
Ce	0.016	0.399	0.47	−0.090	0.367	−0.140	−0.249	−0.213	−0.164	0.301
Pr	−0.248	0.112	0.175	−0.375	0.084	−0.364	−0.328	−0.442	−0.375	−0.024
Nd	−0.330	−0.012	0.048	−0.441	−0.022	−0.394	−0.305	−0.523	−0.388	−0.112

（续表）

样号	51	52	53	54	55	56	57	58	59	60
Sm	-0.568	-0.280	-0.253	-0.600	-0.268	-0.512	-0.623	-0.672	-0.477	-0.346
Eu	-0.687	-0.500	-0.366	-0.780	-0.455	-0.656	-0.725	-0.753	-0.765	-0.575
Gd	-0.636	-0.343	-0.332	-0.709	-0.377	-0.582	-0.802	-0.754	-0.604	-0.416
Tb	-0.788	-0.520	-0.546	-0.815	-0.542	-0.676	-0.983	-0.907	-0.737	-0.625
Dy	-0.834	-0.583	-0.612	-0.838	-0.599	-0.689	-1.029	-0.964	-0.827	-0.715
Ho	-0.854	-0.627	-0.642	-0.843	-0.651	-0.691	-1.051	-1.021	-0.884	-0.799
Er	-0.870	-0.642	-0.656	-0.876	-0.664	-0.685	-1.065	-1.037	-0.924	-0.815
Tm	-0.396	-0.184	-0.145	-0.413	-0.206	-0.188	-0.542	-0.524	-0.461	-0.354
Yb	-0.363	-0.186	-0.118	-0.407	-0.15	-0.161	-0.497	-0.486	-0.431	-0.338
Lu	-0.144	-0.042	0.087	-0.275	0.051	0.037	-0.271	-0.318	-0.259	-0.179
Sc	-0.499	-0.456	-0.375	-0.512	-0.435	-0.429	-0.475	-0.587	-0.494	-0.480
Y	-0.401	-0.264	-0.298	-0.413	-0.291	-0.242	-0.609	-0.678	-0.434	-0.473

样号	61	62	63	64	65	66	67	68	69	70
La	0.333	0.001	0.174	-0.522	0.191	0.120	0.305	0.378	-0.299	0.185
Ce	0.364	0.101	0.302	-0.449	0.253	0.270	0.428	0.437	-0.096	0.289
Pr	0.053	-0.157	-0.007	-0.699	-0.022	-0.004	0.057	0.175	-0.405	-0.011
Nd	-0.073	-0.222	-0.088	-0.764	-0.112	-0.075	-0.039	0.049	-0.437	-0.118
Sm	-0.376	-0.428	-0.285	-0.854	-0.294	-0.344	-0.265	-0.226	-0.545	-0.256
Eu	-0.541	-0.566	-0.567	-0.841	-0.546	-0.405	-0.407	-0.376	-0.620	-0.536
Gd	-0.482	-0.518	-0.350	-0.763	-0.372	-0.423	-0.394	-0.310	-0.555	-0.342
Tb	-0.778	-0.701	-0.423	-0.690	-0.562	-0.509	-0.672	-0.467	-0.614	-0.513
Dy	-0.944	-0.758	-0.430	-0.612	-0.614	-0.493	-0.722	-0.527	-0.613	-0.623
Ho	-1.087	-0.788	-0.505	-0.578	-0.659	-0.489	-0.753	-0.572	-0.633	-0.677
Er	-1.149	-0.802	-0.572	-0.536	-0.650	-0.521	-0.791	-0.608	-0.655	-0.686
Tm	-0.726	-0.322	-0.100	-0.019	-0.159	-0.079	-0.338	-0.177	-0.192	-0.199
Yb	-0.737	-0.337	-0.138	0.015	-0.127	-0.091	-0.337	-0.188	-0.199	-0.172
Lu	-0.643	-0.187	0.00	0.199	0.047	0.057	-0.191	-0.031	-0.042	0.007
Sc	-0.458	-0.336	-0.663	-0.504	-0.431	-0.437	-0.942	-0.383	-0.650	-0.441
Y	-0.746	-0.290	-0.029	-0.076	-0.272	-0.040	-0.295	-0.192	-0.145	-0.308

（续表）

样号	71	72	73	74	75	76	77	78	79	80
La	0.113	0.025	0.01	0.118	0.058	0.137	0.183	0.047	−0.318	0.139
Ce	0.198	0.150	0.051	0.159	0.139	0.198	0.229	0.13	−0.237	0.178
Pr	−0.093	−0.140	−0.242	−0.090	−0.130	−0.088	0.034	−0.133	−0.496	−0.095
Nd	−0.192	−0.252	−0.349	−0.183	−0.205	−0.181	−0.183	−0.181	−0.573	−0.192
Sm	−0.38	−0.491	−0.473	−0.315	−0.352	−0.430	−0.391	−0.284	−0.717	−0.429
Eu	−0.532	−0.636	−0.634	−0.595	−0.478	−0.587	−0.595	−0.532	−0.779	−0.563
Gd	−0.495	−0.524	−0.526	−0.350	−0.436	−0.542	−0.505	−0.347	−0.761	−0.522
Tb	−0.640	−0.631	−0.601	−0.486	−0.603	−0.692	−0.657	−0.459	−0.880	−0.692
Dy	−0.671	−0.622	−0.671	−0.591	−0.653	−0.748	−0.678	−0.516	−0.898	−0.761
Ho	−0.715	−0.626	−0.716	−0.667	−0.708	−0.786	−0.712	−0.594	−0.912	−0.793
Er	−0.743	−0.656	−0.723	−0.702	−0.776	−0.822	−0.732	−0.595	−0.925	−0.816
Tm	−0.271	−0.206	−0.229	−0.195	−0.282	−0.358	−0.267	−0.086	−0.439	−0.342
Yb	−0.291	−0.217	−0.206	−0.193	−0.321	−0.363	−0.289	−0.061	−0.433	−0.359
Lu	−0.144	−0.056	−0.038	−0.035	−0.179	−0.218	−0.126	0.119	−0.267	−0.230
Sc	−0.303	−0.978	−0.396	−0.470	−0.467	−0.437	−0.451	−0.495	−0.496	−0.464
Y	−0.241	−0.114	−0.373	−0.348	−0.234	−0.301	−0.249	−0.235	−0.465	−0.413

样号	81	82	83	84	85	86	87	88	89	90
La	0.508	−0.177	0.128	−0.190	−0.240	0.335	−0.524	−0.335	0.144	−0.193
Ce	0.564	−0.121	0.212	−0.185	−0.116	0.381	−0.465	−0.296	0.17	−0.091
Pr	0.284	−0.406	−0.054	−0.420	−0.374	0.147	−0.694	−0.55	−0.117	−0.319
Nd	0.150	−0.481	−0.132	−0.516	−0.432	0.038	−0.753	−0.615	−0.238	−0.401
Sm	−0.149	−0.648	−0.455	−0.530	−0.561	−0.238	−0.833	−0.776	−0.490	−0.561
Eu	−0.280	−0.669	−0.636	−0.742	−0.661	−0.437	−0.877	−0.655	−0.593	−0.620
Gd	−0.244	−0.740	−0.583	−0.622	−0.691	−0.320	−0.863	−0.934	−0.558	−0.607
Tb	−0.471	−0.862	−0.784	−0.695	−0.826	−0.532	−0.889	−1.077	−0.723	−0.731
Dy	−0.575	−0.878	−0.814	−0.761	−0.853	−0.625	−0.843	−1.114	−0.780	−0.768
Ho	−0.648	−0.877	−0.830	−0.781	−0.877	−0.718	−0.828	−1.131	−0.821	−0.803
Er	−0.665	−0.906	−0.861	−0.793	−0.876	−0.736	−0.813	−1.127	−0.827	−0.849
Tm	−0.210	−0.400	−0.367	−0.275	−0.358	−0.252	−0.334	−0.624	−0.350	−0.383
Yb	−0.196	−0.408	−0.378	−0.237	−0.331	−0.25	−0.353	−0.579	−0.335	−0.387

(续表)

样号	81	82	83	84	85	86	87	88	89	90
Lu	−0.038	−0.222	−0.222	−0.052	−0.141	−0.122	−0.206	−0.401	−0.187	−0.239
Sc	−0.335	−0.498	−0.486	−0.477	−0.616	−0.364	−0.494	−0.583	−0.438	−0.397
Y	−0.26	−0.471	−0.386	−0.447	−0.446	−0.342	−0.358	−0.703	−0.447	−0.378

样号	91	92	93	94	95	96	97	98	99	100
La	0.152	0.439	0.004	−0.07	−0.123	−0.068	0.007	−0.238	0.106	0.288
Ce	0.167	0.469	−0.07	−0.084	−0.136	0.057	−0.257	−0.167	0.313	0.601
Pr	−0.169	0.193	−0.290	−0.359	−0.380	−0.286	−0.494	−0.456	−0.100	−0.033
Nd	−0.303	0.098	−0.378	−0.463	−0.476	−0.377	−0.62	−0.563	−0.228	−0.161
Sm	−0.578	−0.168	−0.516	−0.606	−0.588	−0.566	−0.799	−0.685	−0.472	−0.378
Eu	−0.728	−0.272	−0.440	−0.571	−0.695	−0.606	−0.716	−0.612	−0.577	−0.527
Gd	−0.674	−0.258	−0.654	−0.679	−0.656	−0.654	−0.918	−0.794	−0.620	−0.495
Tb	−0.873	−0.504	−0.817	−0.771	−0.780	−0.778	−1.022	−0.900	−0.809	−0.659
Dy	−0.947	−0.600	−0.894	−0.817	−0.830	−0.842	−1.025	−0.950	−0.846	−0.69
Ho	−0.966	−0.682	−1.010	−0.859	−0.920	−0.905	−1.043	−1.004	−0.934	−0.727
Er	−0.957	−0.703	−1.040	−0.828	−0.921	−0.921	−1.043	−1.010	−0.904	−0.726
Tm	−0.456	−0.263	−0.571	−0.318	−0.478	−0.421	−0.524	−0.552	−0.421	−0.236
Yb	−0.436	−0.239	−0.568	−0.280	−0.457	−0.378	−0.499	−0.534	−0.406	−0.229
Lu	−0.234	−0.074	−0.447	−0.175	−0.292	−0.222	−0.370	−0.374	−0.259	−0.060
Sc	−0.602	−0.298	−0.022	−0.081	−0.160	−0.152	−0.183	−0.108	−0.157	−0.151
Y	−0.549	−0.339	−0.507	−0.396	−0.459	−0.465	−0.576	−0.536	−0.431	−0.275

根据上表,分别进行 K、S 灌溉区各样品点地质累积指数分级统计,见表
4-9 和表 4-10。

表 4-9 昆都仑河灌溉区各样品点地质累积指数分级统计表(单位:样品个数)

等级	范围值	La	Ce	Pr	Nd	Sm	Eu	Gd	Tb	Dy	Ho	Er	Tm	Yb	Lu	Sc	Y	土壤质量
0	Igeo≤0	24	21	35	37	40	40	40	40	40	40	40	36	34	34	40	38	无污染
1	0<Igeo<1	16	19	5	3	0	0	0	0	0	0	0	4	6	6	0	2	无污染到中度污染

表 4-10　四道沙河灌溉区各样品点地质累积指数分级统计表（单位:样品个数）

等级	范围值	La	Ce	Pr	Nd	Sm	Eu	Gd	Tb	Dy	Ho	Er	Tm	Yb	Lu	Sc	Y	土壤质量
0	Igeo≤0	26	26	50	55	60	60	60	60	60	60	60	59	58	49	60	59	无污染
1	0<Igeo<1	34	34	10	5	0	0	0	0	0	0	0	1	2	11	0	1	无污染到中度污染

根据上面两表可知，昆都仑河灌溉区共 40 个采样点，只有 La、Ce 各有 16 个、19 个采样点的土壤质量属于 1 级，即无污染到中度污染，而 Pr、Nd 和 Tm、Yb、Lu、Y 只有少数采样点的土壤质量属于 1 级，其他各采样点土壤质量均为无污染。故总体而言昆都仑河灌溉区土壤质量属于无污染或轻度污染。

四道沙河灌溉区共 60 个采样点，其中 La、Ce 各有超过半数（都是 34 个采样点）的土壤质量属于 1 级，为无污染到中度污染；Pr 和 Lu 各有 10 个、11 个采样点的土壤质量属于 1 级，为无污染到中度污染；而 Nd 和 Tm、Yb、Y 只有极少数采样点的土壤质量属于 1 级，其他各采样点土壤质量均为无污染。故四道沙河灌溉区农田土壤质量属于 La、Ce 中度污染，其他稀土元素都是无污染或无污染到中度污染。

对上述两个相对独立的污灌区农田土壤稀土平均值差别较大的原因分析如下（张庆辉等，2015）。

昆都仑河污灌区位于该河下游，河槽内污灌取水口最高水位海拔高度 986.36 米，比污灌区农田平均海拔高度 992 米低 5.64 米，因而当地采用水泵提灌方式灌溉（取水口提灌点扬水高程为 7.76 米）。昆都仑河流域大部分的排污口都在铁路线以北，污水中稀土元素主要以悬浮态和溶解态形式（悬浮态＞溶解态）在水中迁移。昆都仑河污灌区农田土壤轻稀土含量低于四道沙河污灌区农田土壤轻稀土含量，可能由三个因素产生：一是碱性环境地球化学屏障，即河槽中土壤-水系沉积物对轻稀土 RE^{3+} 的吸附，降低了污水中 LREE 的含量；二是当上游污水口排入昆都仑河的污水，流经河槽湿地生态系统时，植物发达的根系等作用，对污水经过过滤、吸收等方式富集 RE^{3+} 而净化去除污水中一部分轻稀土 RE^{3+}，降低了污水中 LREE 含量；三是当地农民多年来在昆都仑河河边生活并利用该河污水,他们对河流污水水质变化特征有比较明确的认识,如果水太混浊,农民就不提灌了。这三个方面的可能性因素,造成本研究中昆都仑河污灌区(K区)农田土壤 LREE 平均含量为 186.126 mg/kg,低于四道沙河污灌区土壤 LREE 平均含量(196.377 mg/kg)(见表 4-2)。

四道沙河污灌区(S区)利用污水的方式为自流灌溉。四道沙河污灌区属于四道沙河及其中、上游支流区,河槽宽度一般 3～6 米,这两个自然因素决定了河内灌溉农田的污水没有自然净化的过程,年季污水混浊度没有什么区别。河槽高度或高于灌溉区农田高度、或基本一致、或稍低 1～2 米。在河槽稍低于灌溉农田的区段,只加上拦水小堤或小水闸就能达到自流灌溉,因此污灌时污水挟裹悬浮物一起涌入灌溉区农田。这种情况形成了该灌溉区农田土壤 LREE 平均含量较高,达 196.377 mg/kg。

综合以上各节所述,本研究将南郊农田灌溉区进一步分为昆都仑河灌溉区(K区)、四道沙河灌溉区(S区)。

K区农田土壤稀土总量(见表 4-2)ΣREE 在 147.571～311.046 mg/kg 之间,ΣREE 的平均值为 202.785 mg/kg,其中 LREE 含量在 132.291～293.294 mg/kg 之间,LREE 的平均值为 186.126 mg/kg,HREE 含量在 13.448～23.093mg/kg 之间,HREE 的平均值为 16.659 mg/kg,且 LREE/HREE 在 8.515～16.522 之间,平均值为 11.189,表现为轻稀土元素高度富集。

S区农田土壤稀土总量(见表 4-2)ΣREE 在 151.697～289.973 mg/kg 之间,ΣREE 的平均值为 212.973 mg/kg,其中 LREE 含量在 136.639～270.930 mg/kg 之间,LREE 的平均值为 196.377 mg/kg,HREE 含量在 13.031～20.037 mg/kg 之间,HREE 的平均值为 16.596 mg/kg,且 LREE/HREE 在 7.754～15.960 之间,平均值为 11.831,也表现为轻稀土元素高度富集。

K、S区农田土壤轻稀土高度富集,在对应的土壤采样点采取的粮食、蔬菜样品中,稀土含量也相应表现出轻稀土元素 La、Ce、Pr、Nd 的含量较高。

对研究区农田土壤环境质量评价中,运用污染负荷指数法,按照稀土 5 分组对农田土壤稀土污染负荷指数进行分组评价计算,结果是研究区农田表层土壤中除 REE3 属于无污染外,其他各组稀土元素都属于中度污染。

4.2.2 污染负荷指数法

昆都仑河灌溉区(K 区,1—40 样本)农田土壤稀土元素最高污染系数计算结果见表 4 - 11 系列。

表 4 - 11a K 区土壤稀土元素最高污染系数

样号	1	2	3	4	5	6	7	8	9	10
La	2.249	1.647	1.145	1.517	1.787	1.287	1.499	1.380	1.694	0.998
Ce	2.412	1.755	1.175	1.566	1.882	1.287	1.575	1.518	1.784	1.042
Pr	2.001	1.439	0.999	1.311	1.530	1.095	1.315	1.280	1.493	0.896
Nd	1.848	1.328	0.939	1.243	1.428	1.039	1.234	1.244	1.396	0.875
Sm	1.393	1.135	0.896	1.142	1.294	1.023	1.207	1.157	1.316	0.896
Eu	1.264	1.068	0.914	0.989	1.110	0.945	0.995	0.967	1.088	0.858
Gd	1.256	1.083	0.911	1.042	1.295	1.009	1.172	1.019	1.257	0.871
Tb	0.998	0.948	0.896	0.934	1.251	0.956	1.033	0.889	1.170	0.848
Dy	0.907	0.912	0.882	0.917	1.270	0.929	0.944	0.820	1.129	0.833
Ho	0.857	0.876	0.861	0.877	1.275	0.908	0.884	0.753	1.112	0.836
Er	0.841	0.855	0.863	0.849	1.278	0.910	0.839	0.701	1.128	0.827
Tm	1.167	1.190	1.197	1.160	1.800	1.297	1.133	0.947	1.633	1.180
Yb	1.193	1.180	1.178	1.172	1.806	1.322	1.116	0.925	1.721	1.198
Lu	1.329	1.296	1.293	1.304	2.021	1.482	1.207	0.968	1.982	1.361
Sc	1.121	1.158	1.062	1.155	1.277	1.125	1.112	1.127	1.239	1.107
Y	1.101	1.117	1.093	1.198	1.666	1.153	1.079	1.008	1.392	1.116
样号	11	12	13	14	15	16	17	18	19	20
La	1.203	1.051	1.070	1.081	1.180	1.678	1.044	1.552	1.150	1.192
Ce	1.243	1.130	1.117	1.093	1.196	1.777	1.056	1.632	1.190	1.270
Pr	1.068	0.952	0.970	0.942	1.046	1.490	0.919	1.355	1.030	1.068
Nd	1.026	0.923	0.927	0.900	0.985	1.389	0.870	1.283	0.981	1.006
Sm	1.032	0.842	0.954	0.906	0.933	1.104	0.828	1.111	0.984	0.969
Eu	0.927	0.819	0.834	0.858	0.912	1.023	0.828	1.025	0.900	0.874

(续表)

样号	11	12	13	14	15	16	17	18	19	20
Gd	1.019	0.813	0.946	0.903	0.925	0.984	0.810	1.047	0.940	0.916
Tb	0.969	0.766	0.940	0.906	0.868	0.831	0.774	0.933	0.891	0.844
Dy	0.932	0.748	0.920	0.904	0.825	0.768	0.752	0.895	0.853	0.817
Ho	0.921	0.733	0.885	0.902	0.802	0.708	0.733	0.880	0.810	0.793
Er	0.921	0.719	0.865	0.903	0.779	0.670	0.715	0.872	0.816	0.789
Tm	1.307	1.013	1.203	1.280	1.087	0.910	1.003	1.220	1.137	1.103
Yb	1.347	1.009	1.213	1.286	1.105	0.897	0.998	1.240	1.161	1.117
Lu	1.496	1.146	1.364	1.411	1.229	0.954	1.093	1.393	1.275	1.236
Sc	1.112	1.064	1.008	1.070	1.018	1.081	0.947	1.276	1.041	1.026
Y	1.193	1.001	1.121	1.147	0.983	0.954	0.930	1.210	1.036	1.007

样号	21	22	23	24	25	26	27	28	29	30
La	1.669	1.336	1.946	1.900	1.283	1.243	1.273	1.541	1.809	1.593
Ce	1.772	1.350	2.072	1.976	1.340	1.377	1.328	1.657	1.901	1.645
Pr	1.448	1.147	1.726	1.666	1.132	1.173	1.136	1.372	1.555	1.338
Nd	1.338	1.068	1.624	1.514	1.078	1.124	1.098	1.289	1.428	1.267
Sm	1.128	1.002	1.356	1.255	1.024	0.930	1.088	1.179	1.234	1.082
Eu	1.029	0.982	1.146	1.096	0.957	0.839	0.996	1.124	0.993	1.012
Gd	1.090	0.969	1.239	1.178	0.979	0.853	1.080	1.122	1.174	1.039
Tb	0.968	0.890	1.053	0.999	0.926	0.763	1.055	1.010	1.021	0.910
Dy	0.942	0.849	0.978	0.954	0.877	0.722	1.031	0.924	0.954	0.861
Ho	0.903	0.825	0.921	0.924	0.832	0.700	1.022	0.881	0.904	0.830
Er	0.907	0.813	0.889	0.926	0.810	0.689	1.031	0.843	0.891	0.829
Tm	1.277	1.127	1.190	1.303	1.090	0.967	1.473	1.147	1.240	1.160
Yb	1.290	1.177	1.185	1.327	1.095	0.999	1.508	1.132	1.266	1.157
Lu	1.421	1.282	1.321	1.457	1.196	1.150	1.718	1.232	1.407	1.282
Sc	1.049	1.076	1.100	1.056	1.107	0.970	1.201	1.123	1.035	1.101
Y	1.166	1.037	1.147	1.170	1.061	0.945	1.298	1.112	1.132	1.076

样号	31	32	33	34	35	36	37	38	39	40
La	1.421	1.301	1.486	1.274	1.691	1.542	1.285	1.371	1.341	1.621
Ce	1.471	1.370	1.549	1.300	1.796	1.664	1.275	1.426	1.431	1.673

（续表）

样号	31	32	33	34	35	36	37	38	39	40
Pr	1.233	1.150	1.267	1.127	1.496	1.348	1.085	1.157	1.170	1.363
Nd	1.148	1.111	1.179	1.070	1.391	1.279	1.017	1.075	1.101	1.258
Sm	1.038	1.016	1.035	1.005	1.204	1.105	0.884	0.971	0.991	1.112
Eu	0.951	0.907	0.943	0.946	1.080	1.013	0.828	0.896	0.948	0.988
Gd	0.990	0.948	1.043	0.977	1.182	1.044	0.847	0.930	0.974	1.041
Tb	0.939	0.878	0.984	0.896	1.138	0.923	0.745	0.841	0.954	0.921
Dy	0.917	0.874	1.010	0.869	1.152	0.881	0.721	0.784	0.968	0.855
Ho	0.880	0.872	1.039	0.827	1.160	0.864	0.685	0.761	0.987	0.820
Er	0.865	0.863	1.072	0.818	1.152	0.856	0.694	0.759	1.011	0.790
Tm	1.180	1.220	1.533	1.120	1.553	1.217	0.957	1.063	1.473	1.100
Yb	1.215	1.230	1.553	1.149	1.540	1.240	0.980	1.086	1.522	1.111
Lu	1.325	1.375	1.707	1.271	1.618	1.382	1.071	1.193	1.721	1.264
Sc	1.062	1.000	1.052	1.039	1.068	1.056	0.983	1.029	1.083	1.018
Y	1.139	1.182	1.352	1.048	1.502	1.078	0.870	0.964	1.370	1.007

表 4-11b K 区土壤稀土元素最高污染系数极值与平均值

元 素	La	Ce	Pr	Nd	Sm	Eu	Gd	Tb
最小值	0.998	1.042	0.896	0.870	0.828	0.819	0.810	0.745
最大值	2.249	2.412	2.001	1.848	1.393	1.264	1.295	1.251
平均值	1.433	1.502	1.257	1.183	1.069	0.972	1.023	0.936

元 素	Dy	Ho	Er	Tm	Yb	Lu	Sc	Y
最小值	0.721	0.685	0.670	0.910	0.897	0.954	0.947	0.870
最大值	1.270	1.275	1.278	1.800	1.806	2.021	1.277	1.666
平均值	0.902	0.876	0.866	1.209	1.224	1.356	1.083	1.129

计算四道沙河灌溉区（S 区,41—100 号样品)稀土元素最高污染系数,计算结果见表 4-12 系列。

表 4-12a S区土壤稀土元素最高污染系数

样号	41	42	43	44	45	46	47	48	49	50
La	1.352	1.220	1.203	1.396	1.676	1.504	1.211	1.156	1.240	1.659
Ce	1.418	1.207	1.282	1.489	1.738	1.560	1.320	1.262	1.262	1.765
Pr	1.218	1.023	1.058	1.230	1.448	1.293	1.123	1.195	1.065	1.427
Nd	1.146	0.954	1.008	1.178	1.343	1.207	1.101	1.214	0.996	1.330
Sm	1.029	0.863	0.891	1.072	1.200	1.077	1.031	0.974	0.898	1.162
Eu	0.963	0.832	0.856	0.919	0.957	0.958	0.889	0.908	0.861	0.982
Gd	1.011	0.841	0.863	0.995	1.142	1.042	0.984	0.861	0.894	1.069
Tb	0.956	0.790	0.803	0.879	1.033	0.958	0.990	0.759	0.825	0.931
Dy	0.960	0.769	0.786	0.843	0.986	0.927	1.047	0.735	0.814	0.868
Ho	0.951	0.759	0.784	0.824	0.948	0.880	1.120	0.724	0.806	0.826
Er	0.970	0.759	0.768	0.809	0.952	0.871	1.203	0.717	0.804	0.821
Tm	1.363	1.080	1.073	1.140	1.353	1.213	1.810	1.030	1.147	1.140
Yb	1.399	1.098	1.082	1.143	1.391	1.250	1.865	1.064	1.144	1.187
Lu	1.554	1.225	1.221	1.311	1.568	1.361	2.132	1.243	1.293	1.354
Sc	1.031	0.962	1.034	1.102	1.077	1.061	1.083	1.079	1.008	1.083
Y	1.230	0.980	1.060	1.110	1.220	1.100	1.540	0.980	1.020	1.040

样号	51	52	53	54	55	56	57	58	59	60
La	1.432	1.922	1.978	1.337	1.859	1.217	1.156	1.277	1.230	1.750
Ce	1.517	1.978	2.078	1.410	1.935	1.361	1.262	1.294	1.339	1.848
Pr	1.263	1.621	1.694	1.157	1.590	1.165	1.195	1.104	1.157	1.476
Nd	1.193	1.487	1.551	1.105	1.478	1.142	1.214	1.044	1.146	1.388
Sm	1.012	1.236	1.258	0.989	1.246	1.052	0.974	0.941	1.078	1.180
Eu	0.932	1.061	1.164	0.873	1.094	0.952	0.908	0.890	0.883	1.007
Gd	0.965	1.183	1.192	0.917	1.155	1.002	0.861	0.889	0.987	1.124
Tb	0.869	1.046	1.028	0.853	1.030	0.939	0.759	0.800	0.900	0.973
Dy	0.841	1.001	0.981	0.839	0.991	0.930	0.735	0.769	0.846	0.914
Ho	0.830	0.971	0.961	0.836	0.955	0.929	0.724	0.739	0.813	0.862
Er	0.821	0.961	0.952	0.817	0.946	0.933	0.717	0.731	0.791	0.853
Tm	1.140	1.320	1.357	1.127	1.300	1.317	1.030	1.043	1.090	1.173
Yb	1.168	1.321	1.385	1.133	1.354	1.344	1.064	1.073	1.114	1.188
Lu	1.357	1.457	1.593	1.239	1.554	1.539	1.243	1.204	1.254	1.325
Sc	1.061	1.093	1.156	1.052	1.109	1.114	1.079	0.998	1.065	1.076
Y	1.140	1.250	1.220	1.130	1.230	1.270	0.980	0.940	1.110	1.080

（续表）

样号	61	62	63	64	65	66	67	68	69	70
La	1.889	1.501	1.692	1.045	1.712	1.630	1.854	1.949	1.219	1.705
Ce	1.930	1.609	1.849	1.099	1.788	1.808	2.017	2.031	1.403	1.832
Pr	1.556	1.345	1.493	0.924	1.477	1.496	1.561	1.694	1.133	1.489
Nd	1.426	1.286	1.411	0.883	1.388	1.424	1.460	1.552	1.108	1.382
Sm	1.156	1.115	1.231	0.830	1.223	1.181	1.248	1.282	1.028	1.256
Eu	1.031	1.013	1.013	0.838	1.028	1.133	1.132	1.156	0.976	1.034
Gd	1.074	1.048	1.177	0.884	1.159	1.119	1.141	1.210	1.021	1.183
Tb	0.875	0.923	1.119	0.930	1.016	1.054	0.941	1.085	0.980	1.051
Dy	0.780	0.887	1.114	0.982	0.980	1.066	0.910	1.041	0.981	0.974
Ho	0.706	0.869	1.057	1.005	0.950	1.069	0.890	1.009	0.967	0.938
Er	0.676	0.860	1.009	1.034	0.956	1.045	0.867	0.984	0.953	0.933
Tm	0.907	1.200	1.400	1.480	1.343	1.420	1.187	1.327	1.313	1.307
Yb	0.902	1.189	1.365	1.518	1.376	1.411	1.190	1.319	1.309	1.334
Lu	0.961	1.318	1.500	1.721	1.550	1.561	1.314	1.468	1.457	1.507
Sc	1.092	1.188	0.948	1.057	1.113	1.108	0.781	1.150	0.956	1.105
Y	0.890	1.230	1.470	1.420	1.240	1.460	1.220	1.310	1.360	1.210
样号	71	72	73	74	75	76	77	78	79	80
La	1.622	1.527	1.510	1.627	1.561	1.649	1.702	1.549	1.203	1.652
Ce	1.721	1.665	1.554	1.675	1.652	1.721	1.758	1.641	1.273	1.697
Pr	1.406	1.361	1.268	1.410	1.371	1.411	1.535	1.368	1.064	1.405
Nd	1.313	1.259	1.178	1.321	1.301	1.323	1.322	1.323	1.008	1.313
Sm	1.153	1.067	1.081	1.206	1.176	1.113	1.144	1.232	0.913	1.114
Eu	1.038	0.965	0.967	0.993	1.077	0.998	0.993	1.038	0.874	1.015
Gd	1.064	1.043	1.042	1.177	1.109	1.030	1.057	1.180	0.885	1.045
Tb	0.963	0.969	0.989	1.071	0.988	0.929	0.951	1.091	0.815	0.929
Dy	0.942	0.974	0.942	0.996	0.954	0.893	0.938	1.049	0.805	0.885
Ho	0.914	0.972	0.913	0.945	0.918	0.870	0.916	0.994	0.797	0.866
Er	0.896	0.952	0.909	0.922	0.876	0.848	0.903	0.993	0.790	0.852
Tm	1.243	1.300	1.280	1.310	1.233	1.170	1.247	1.413	1.107	1.183
Yb	1.228	1.293	1.303	1.314	1.203	1.168	1.229	1.440	1.113	1.172
Lu	1.357	1.443	1.461	1.464	1.325	1.289	1.375	1.629	1.246	1.279
Sc	1.216	0.762	1.140	1.083	1.085	1.108	1.097	1.064	1.063	1.088
Y	1.270	1.390	1.160	1.180	1.280	1.220	1.260	1.270	1.090	1.130

（续表）

样号	81	82	83	84	85	86	87	88	89	90
La	2.133	1.327	1.639	1.315	1.270	1.892	1.043	1.189	1.657	1.312
Ce	2.218	1.379	1.738	1.319	1.384	1.954	1.087	1.222	1.688	1.408
Pr	1.827	1.132	1.445	1.121	1.157	1.661	0.927	1.024	1.383	1.202
Nd	1.664	1.075	1.368	1.049	1.112	1.540	0.890	0.980	1.272	1.136
Sm	1.353	0.957	1.094	1.039	1.017	1.272	0.842	0.876	1.068	1.017
Eu	1.235	0.943	0.965	0.897	0.948	1.108	0.817	0.953	0.994	0.976
Gd	1.266	0.898	1.001	0.975	0.929	1.202	0.825	0.785	1.019	0.985
Tb	1.083	0.825	0.871	0.926	0.846	1.038	0.810	0.711	0.909	0.904
Dy	1.007	0.816	0.853	0.885	0.831	0.973	0.836	0.693	0.874	0.881
Ho	0.957	0.817	0.844	0.873	0.817	0.912	0.845	0.685	0.849	0.860
Er	0.946	0.800	0.826	0.866	0.817	0.900	0.854	0.687	0.846	0.833
Tm	1.297	1.137	1.163	1.240	1.170	1.260	1.190	0.973	1.177	1.150
Yb	1.312	1.132	1.156	1.275	1.194	1.263	1.177	1.006	1.191	1.149
Lu	1.461	1.286	1.286	1.446	1.361	1.379	1.300	1.136	1.318	1.271
Sc	1.189	1.062	1.071	1.078	0.979	1.165	1.065	1.001	1.107	1.139
Y	1.250	1.080	1.150	1.100	1.100	1.180	1.170	0.920	1.100	1.150

样号	91	92	93	94	95	96	97	98	99	100
La	1.666	2.034	1.505	1.429	1.378	1.431	1.507	1.272	1.615	1.832
Ce	1.684	2.076	1.429	1.415	1.365	1.561	1.255	1.336	1.863	2.275
Pr	1.334	1.715	1.227	1.169	1.153	1.230	1.065	1.093	1.400	1.466
Nd	1.216	1.606	1.154	1.088	1.078	1.155	0.976	1.015	1.281	1.342
Sm	1.005	1.335	1.049	0.986	0.998	1.013	0.862	0.933	1.082	1.154
Eu	0.906	1.243	1.106	1.010	0.927	0.986	0.913	0.982	1.006	1.041
Gd	0.940	1.254	0.953	0.937	0.952	0.954	0.794	0.865	0.976	1.064
Tb	0.819	1.058	0.851	0.879	0.874	0.875	0.739	0.804	0.856	0.950
Dy	0.778	0.990	0.807	0.851	0.844	0.837	0.737	0.777	0.835	0.930
Ho	0.768	0.935	0.745	0.827	0.793	0.801	0.728	0.748	0.785	0.906
Er	0.773	0.921	0.729	0.845	0.792	0.792	0.728	0.745	0.802	0.907
Tm	1.093	1.250	1.010	1.203	1.077	1.120	1.043	1.023	1.120	1.273
Yb	1.111	1.273	1.014	1.238	1.094	1.156	1.063	1.038	1.134	1.282
Lu	1.275	1.425	1.100	1.329	1.225	1.286	1.161	1.157	1.254	1.439
Sc	0.988	1.220	1.477	1.418	1.342	1.350	1.322	1.392	1.346	1.351
Y	1.030	1.190	1.060	1.140	1.090	1.090	1.010	1.030	1.110	1.240

表 4－12b　S区土壤稀土元素最高污染系数极值与平均值

元素	La	Ce	Pr	Nd	Sm	Eu	Gd	Tb
最小值	1.043	1.087	0.924	0.883	0.830	0.817	0.785	0.711
最大值	2.133	2.275	1.827	1.664	1.353	1.243	1.266	1.119
平均值	1.517	1.595	1.317	1.237	1.081	0.986	1.020	0.924
元素	Dy	Ho	Er	Tm	Yb	Lu	Sc	Y
最小值	0.693	0.685	0.676	0.907	0.902	0.961	0.762	0.890
最大值	1.114	1.120	1.203	1.810	1.865	2.132	1.477	1.540
平均值	0.895	0.872	0.864	1.210	1.223	1.369	1.110	1.165

　　依据本研究对稀土元素的5分组,进一步完成K-S区土壤样品5组稀土元素污染系数的计算,见表4－13。

表 4－13　K-S区土壤样品5组稀土元素污染系数

样号	1	2	3	4	5	6	7	8	9	10
REE1	2.116	1.533	1.060	1.403	1.646	1.172	1.399	1.351	1.584	0.950
REE2	1.303	1.095	0.907	1.056	1.230	0.992	1.121	1.045	1.216	0.875
REE3	0.994	0.952	0.887	0.941	1.273	0.950	1.003	0.865	1.166	0.847
REE4	1.117	1.117	1.120	1.108	1.702	1.233	1.064	0.878	1.583	1.123
REE5	1.111	1.137	1.077	1.176	1.459	1.139	1.095	1.066	1.313	1.111
样号	11	12	13	14	15	16	17	18	19	20
REE1	1.131	1.011	1.018	1.000	1.098	1.576	0.969	1.449	1.084	1.129
REE2	0.992	0.825	0.910	0.889	0.923	1.036	0.822	1.060	0.941	0.919
REE3	0.959	0.764	0.922	0.904	0.854	0.817	0.767	0.937	0.872	0.841
REE4	1.248	0.958	1.145	1.203	1.036	0.850	0.940	1.164	1.083	1.047
REE5	1.152	1.032	1.063	1.108	1.000	1.016	0.938	1.243	1.038	1.016
样号	21	22	23	24	25	26	27	28	29	30
REE1	1.547	1.219	1.834	1.754	1.204	1.226	1.205	1.458	1.662	1.452
REE2	1.082	0.984	1.244	1.175	0.986	0.873	1.054	1.141	1.129	1.044
REE3	0.973	0.882	1.041	1.009	0.902	0.757	1.047	0.980	1.008	0.907
REE4	1.207	1.084	1.134	1.236	1.037	0.935	1.408	1.078	1.184	1.093
REE5	1.106	1.056	1.123	1.112	1.084	0.957	1.249	1.117	1.082	1.088

（续表）

样号	31	32	33	34	35	36	37	38	39	40
REE1	1.312	1.228	1.362	1.189	1.586	1.450	1.160	1.249	1.254	1.468
REE2	0.992	0.956	1.006	0.976	1.154	1.053	0.853	0.932	0.971	1.046
REE3	0.931	0.892	1.019	0.891	1.158	0.925	0.747	0.827	0.971	0.905
REE4	1.132	1.155	1.445	1.075	1.453	1.156	0.914	1.011	1.405	1.051
REE5	1.100	1.087	1.193	1.043	1.267	1.067	0.925	0.996	1.218	1.012

样号	41	42	43	44	45	46	47	48	49	50
REE1	1.279	1.095	1.132	1.317	1.543	1.383	1.186	1.206	1.135	1.535
REE2	1.001	0.845	0.870	0.993	1.095	1.024	0.966	0.913	0.884	1.068
REE3	0.969	0.789	0.808	0.883	1.025	0.950	1.034	0.768	0.834	0.919
REE4	1.302	1.025	1.021	1.084	1.295	1.158	1.715	0.994	1.081	1.107
REE5	1.126	0.971	1.047	1.106	1.146	1.080	1.291	1.028	1.014	1.061

样号	51	52	53	54	55	56	57	58	59	60
REE1	1.345	1.740	1.813	1.246	1.705	1.218	1.206	1.175	1.216	1.604
REE2	0.969	1.158	1.204	0.925	1.163	1.001	0.913	0.906	0.979	1.101
REE3	0.875	1.047	1.037	0.861	1.030	0.950	0.768	0.797	0.884	0.963
REE4	1.104	1.250	1.299	1.066	1.268	1.263	0.994	0.996	1.048	1.120
REE5	1.100	1.169	1.188	1.090	1.168	1.189	1.028	0.969	1.087	1.078

样号	61	62	63	64	65	66	67	68	69	70
REE1	1.686	1.430	1.602	0.984	1.583	1.583	1.709	1.796	1.210	1.592
REE2	1.086	1.058	1.136	0.850	1.134	1.144	1.173	1.215	1.008	1.154
REE3	0.848	0.929	1.116	0.949	1.023	1.077	0.966	1.084	0.987	1.032
REE4	0.854	1.128	1.304	1.414	1.286	1.345	1.126	1.261	1.243	1.251
REE5	0.986	1.209	1.180	1.225	1.175	1.272	0.976	1.227	1.140	1.156

样号	71	72	73	74	75	76	77	78	79	80
REE1	1.507	1.445	1.368	1.501	1.464	1.517	1.570	1.465	1.132	1.508
REE2	1.084	1.024	1.029	1.121	1.120	1.046	1.063	1.147	0.891	1.057
REE3	0.969	0.989	0.970	1.044	0.990	0.929	0.964	1.076	0.825	0.929
REE4	1.167	1.233	1.220	1.235	1.145	1.106	1.174	1.347	1.049	1.109
REE5	1.243	1.029	1.150	1.130	1.178	1.163	1.176	1.162	1.076	1.109

样号	81	82	83	84	85	86	87	88	89	90
REE1	1.947	1.222	1.540	1.195	1.226	1.754	0.983	1.099	1.489	1.260
REE2	1.284	0.932	1.019	0.969	0.964	1.192	0.828	0.869	1.027	0.993
REE3	1.072	0.838	0.890	0.914	0.855	1.026	0.829	0.717	0.911	0.906
REE4	1.238	1.073	1.093	1.186	1.116	1.185	1.117	0.935	1.118	1.088
REE5	1.219	1.071	1.110	1.089	1.038	1.172	1.116	0.960	1.103	1.144
样号	91	92	93	94	95	96	97	98	99	100
REE1	1.461	1.847	1.321	1.266	1.237	1.335	1.184	1.172	1.524	1.692
REE2	0.949	1.277	1.034	0.977	0.959	0.984	0.855	0.925	1.020	1.085
REE3	0.824	1.053	0.836	0.873	0.864	0.865	0.749	0.797	0.860	0.961
REE4	1.046	1.202	0.952	1.137	1.034	1.072	0.984	0.978	1.063	1.208
REE5	1.009	1.205	1.251	1.271	1.209	1.213	1.156	1.197	1.222	1.294

根据上表，完成研究区 5 组稀土元素污染负荷指数等级统计，详细数据见表 4 - 14、表 4 - 15。

表 4 - 14 K 区 5 组稀土元素污染负荷指数等级

污染等级	I_{PL} 值	REE1	REE2	REE3	REE4	REE5	各组总数量	污染程度
0	<1	2	20	31	6	4	63	无污染
Ⅰ	1~2	37	20	9	34	36	136	中度污染
Ⅱ	2~3	1	0	0	0	0	1	强污染
Ⅲ	≥3	0	0	0	0	0	0	极强污染

表 4 - 15 S 区 5 组稀土元素污染负荷指数等级

污染等级	I_{PL} 值	REE1	REE2	REE3	REE4	REE5	各组总数量	污染程度
0	<1	2	25	45	8	5	85	无污染
Ⅰ	1~2	58	35	15	52	55	215	中度污染
Ⅱ	2~3	0	0	0	0	0	0	强污染
Ⅲ	≥3	0	0	0	0	0	0	极强污染

　　根据表 4‑14、表 4‑15，对 K‑S 区 5 组稀土元素污染负荷指数综合对比，见表 4‑16。

表 4‑16　K‑S 区 5 组稀土元素污染负荷指数综合对比

污染等级	I_{PL} 值	稀土分组	1—40 号	41—100 号	污染程度
I	1～2	REE1	1.314	1.390	中度污染
I	1～2	REE2	1.014	1.022	中度污染
0	<1	REE3	0.926	0.920	无污染
I	1～2	REE4	1.135	1.143	中度污染
I	1～2	REE5	1.100	1.129	中度污染

　　综上所述，依据稀土元素分组而言，K 区、S 区农田表层土壤中除 REE3（包括 Gd、Tb、Dy、Ho 元素）属于无污染外，其他稀土元素组即 REE1（包括 La、Ce、Pr、Nd 元素）、REE2（包括 Sm、Eu、Gd 元素）、REE4（包括 Er、Tm、Yb、Lu 元素）和 REE5（包括 Sc、Y 元素）都属于中度污染。

　　综合以上各节所述，农田土壤稀土总量 ΣREE，K 区平均值为 202.785 mg/kg 且 LREE/HREE 平均值为 11.189；S 区平均值为 212.973 mg/kg 且 LREE/HREE 平均值为 11.831，都表现为轻稀土元素高度富集。K、S 区农田土壤轻稀土元素高度富集，在土壤采样点对应采取的粮食、蔬菜样品中，稀土含量也对应表现出轻稀土元素 La、Ce、Pr、Nd 的含量较高。

　　运用污染负荷指数法对研究区（K‑S 区）农田土壤质量的评价结果是，研究区农田表层土壤中除 REE3 属于无污染外，其他各组即 REE1、REE2、REE4、REE5 稀土元素都属于中度污染。运用地质累积指数法对农田土壤质量的评价结果是，昆都仑河灌溉区（K 区）土壤质量属于无污染或轻度污染；四道沙河灌溉区（S 区）农田土壤质量属于 La、Ce 中度污染，其他稀土元素都是无污染或无污染到中度污染。

　　K 区、S 区农田土壤稀土含量规律与轻稀土元素的高度富集都是一致的。农田土壤的稀土污染水平是无污染到中度污染，在农产品种植结构调整中注意不要种植块根类蔬菜，农田土壤种植玉米等特定农作物还是比较安全的。本研究中 S 区农田土壤稀土含量与张庆辉等(2012)早期研究成果相比,土壤稀土含量基本接近,是在原有研究范围、研究成果基础上提高研究精度,因此具有一致性。

在研究 K 区、S 区农田表层稀土分布规律的基础上,下一章专门研究 K 区、S 区农田表层土壤毒性重金属元素铬(Cr)、镍(Ni)、铜(Cu)、锌(Zn)、镉(Cd)、铅(Pb)和放射性元素钍(Th)、铀(U)的分布规律。

参考文献

徐清,刘晓端,汤奇峰,等.2011.包头市表层土壤多元素分布特征及土壤污染现状分析[J].干旱区地理,34(1):91-99.

张庆辉,同丽嘎,程莉,等.2012.污灌区农田表层土壤稀土元素分布特征[J].江西农业大学学报,41(3):614-618.

张庆辉,刘兴旺,程莉,等.2015.包头市南郊污灌区农田表层土壤轻稀土平面空间分布特征[J].天津农业科学,21(7):39-47.

第5章　农田土壤重金属元素分布规律

在第 4 章研究 K-S 灌区农田土壤稀土的基础上,本章专门研究 K-S 灌区农田土壤重金属元素的分布规律。包头市土壤、水系沉积物等环境中的外源稀土元素,都是各种大大小小的稀土企业或稀土作坊随意排放稀土工业"三废"的结果。实际上,白云鄂博 Fe-REE-Nb 超大型矿床中的脉石矿物等伴生矿物及蚀变作用形成的各种矿物中,一部分是具有工业利用价值的元素,另一部分是不具有工业价值的元素。稀土行业生产管理混乱期间,部分稀土生产企业(包括作坊式生产稀土的企业)在选冶稀土的过程中只提取稀土元素,并不提取其他具有工业价值的元素(还包括不具有工业价值的伴生元素),稀土元素以外的其他元素都伴随着稀土工业"三废"随意排放,导致土壤、水系沉积物等生态环境中大量积累外源稀土元素的同时,也大量积累了其他元素(也有其他行业排放并在土壤中叠加积累的元素)。本项目主要研究农田表层土壤毒性重金属元素铬(Cr)、镍(Ni)、铜(Cu)、锌(Zn)、镉(Cd)、铅(Pb)和放射性元素钍(Th)、铀(U)的分布情况。

研究农田表层土壤和泄洪渠表层土壤及其土壤剖面等重金属元素分布特征时,所采用的表层土壤及土壤剖面背景值等数据见表 3－6。下节较详细地研究昆都仑河灌溉区(K区)和四道沙河灌溉区(S区)土壤重金属元素含量分布特征。

5.1　K-S 区农田表层土壤重金属元素含量

研究 K-S 区农田表层土壤重金属元素含量的样品与研究农田表层稀土是同一批样品,进行化验分析时,还专门分析了毒性重金属元素 Cr、Ni、Cu、Zn、Cd、Pb 和放射性元素 Th、U 元素。有关 K-S 区农田表层土壤毒性重金属元素

Cr、Ni、Cu、Zn、Cd、Pb 和放射性元素 Th、U 元素含量值,见表 5－1 系列。

表 5－1a　农田土壤样品重金属元素含量分析成果(mg/kg)

样号	1	2	3	4	5	6	7	8	9	10
Cr	60.37	63.73	52.18	62.96	70.25	68.60	51.78	59.71	91.46	45.22
Ni	24.64	27.00	24.48	25.03	27.54	23.37	21.36	20.13	22.48	22.99
Cu	22.24	22.89	18.10	20.64	23.07	18.28	15.40	15.83	16.70	17.11
Zn	146.20	114.00	63.20	72.39	106.00	61.28	60.27	56.15	79.93	52.48
Cd	0.299	0.225	0.175	0.465	0.328	0.280	0.072	0.151	0.448	0.322
Pb	65.72	39.75	16.83	19.18	32.78	16.41	16.63	21.36	24.66	16.83
Th	11.220	10.380	8.744	10.520	13.680	10.080	12.980	10.270	14.520	8.398
U	2.320	2.023	1.906	3.877	2.675	2.313	1.970	1.599	3.576	2.198

样号	11	12	13	14	15	16	17	18	19	20
Cr	63.21	47.25	61.21	55.84	54.67	69.56	49.37	56.66	62.86	57.32
Ni	20.70	20.07	19.70	25.64	21.06	22.65	21.25	27.28	20.82	23.27
Cu	14.55	14.42	14.01	16.87	15.63	21.69	14.87	22.14	13.84	16.40
Zn	53.89	50.23	51.04	61.49	57.41	68.54	59.44	69.04	55.25	60.01
Cd	0.316	0.303	0.219	0.226	0.211	0.235	0.144	0.491	0.203	0.179
Pb	14.79	16.45	15.24	16.05	16.50	22.75	14.66	21.88	14.86	17.60
Th	10.280	8.480	12.200	9.304	8.996	10.660	7.860	11.120	10.690	10.850
U	2.246	1.833	2.069	2.134	1.997	2.295	1.663	2.627	2.018	1.930

样号	21	22	23	24	25	26	27	28	29	30
Cr	66.35	53.31	78.33	63.35	71.64	47.82	70.07	83.67	71.34	63.02
Ni	23.84	25.17	34.24	22.13	25.39	18.46	23.92	23.48	23.19	24.33
Cu	19.93	20.36	22.32	18.41	19.53	12.75	17.71	19.79	17.82	19.22
Zn	78.62	67.36	96.22	64.00	66.25	46.49	59.78	62.28	97.57	63.82
Cd	0.272	0.203	0.277	0.259	0.190	0.355	0.313	0.151	0.252	0.257
Pb	23.20	19.19	42.27	22.34	17.38	16.10	15.36	22.16	18.60	18.97
Th	10.600	8.869	13.860	11.910	10.450	12.420	11.520	10.800	13.580	9.470
U	2.305	1.960	2.262	2.372	1.980	2.324	2.679	2.072	2.607	2.008

(续表)

样号	31	32	33	34	35	36	37	38	39	40
Cr	67.24	56.20	78.31	57.78	64.04	53.93	79.07	53.01	54.43	70.65
Ni	22.68	17.26	22.40	24.00	22.97	22.77	19.99	21.64	22.28	21.27
Cu	17.13	12.79	16.27	15.73	16.64	16.17	14.49	15.59	17.61	15.87
Zn	60.59	48.24	65.41	57.09	58.70	60.74	66.70	56.00	55.42	57.83
Cd	0.241	0.507	0.282	0.199	0.203	0.239	0.179	0.202	0.440	0.225
Pb	16.68	15.91	17.82	16.10	18.34	17.60	17.07	17.04	17.23	17.26
Th	10.100	10.240	10.280	9.015	11.480	9.498	9.121	8.795	9.789	10.900
U	2.151	2.368	2.507	2.119	2.508	2.145	1.937	2.010	2.484	2.131

样号	41	42	43	44	45	46	47	48	49	50
Cr	66.58	59.41	46.83	52.73	70.53	55.93	71.17	57.15	60.14	68.90
Ni	21.01	20.25	21.32	21.19	21.49	22.46	18.54	19.64	20.07	22.36
Cu	14.81	15.11	17.36	16.34	15.90	16.73	13.29	14.09	14.75	19.14
Zn	60.11	55.73	64.91	56.53	61.20	58.50	57.50	49.80	61.25	65.43
Cd	0.276	0.178	0.424	0.424	0.354	0.214	0.776	0.499	0.247	0.310
Pb	16.55	15.90	17.68	17.02	16.54	18.11	17.37	16.98	16.10	17.58
Th	9.493	8.261	8.699	12.350	13.020	10.160	11.060	8.170	8.158	12.290
U	2.269	1.864	2.135	2.284	2.876	2.100	2.693	2.186	1.916	2.346

样号	51	52	53	54	55	56	57	58	59	60
Cr	51.35	68.82	64.44	49.53	69.87	68.40	57.15	60.44	83.59	59.37
Ni	20.12	26.47	24.98	22.02	24.86	20.85	19.64	20.58	23.32	22.70
Cu	15.70	26.06	22.33	16.10	23.07	17.75	14.09	15.34	15.42	18.71
Zn	53.26	87.22	78.29	54.70	71.92	109.50	49.80	57.65	49.33	71.62
Cd	0.562	0.262	0.313	0.414	0.271	0.624	0.499	0.290	0.468	0.321
Pb	16.98	23.80	23.06	16.87	22.03	38.60	16.98	16.35	15.69	17.51
Th	9.140	13.970	11.680	9.716	10.880	8.861	8.170	8.494	10.220	12.680
U	2.582	3.020	2.965	2.571	2.700	2.460	2.186	2.046	2.280	2.513

样号	61	62	63	64	65	66	67	68	69	70
Cr	28.84	54.37	51.68	49.83	72.77	61.67	49.14	62.04	61.84	79.19
Ni	25.28	27.24	21.10	18.26	29.86	22.01	23.12	27.57	24.94	23.78
Cu	26.03	24.08	17.02	12.80	22.41	20.71	30.61	26.45	20.19	15.90

（续表）

样号	61	62	63	64	65	66	67	68	69	70
Zn	86.72	77.02	60.62	49.64	71.20	70.38	97.12	76.75	63.29	77.69
Cd	0.128	0.388	0.492	0.633	0.338	0.436	0.427	0.228	0.394	0.330
Pb	20.18	20.68	19.65	16.12	20.76	23.81	27.37	26.32	18.29	18.36
Th	11.370	11.310	11.180	7.127	11.920	10.410	10.670	12.100	9.174	13.160
U	2.112	3.446	2.898	2.308	2.987	2.670	3.439	2.704	2.207	2.571

样号	71	72	73	74	75	76	77	78	79	80
Cr	63.39	52.98	75.13	65.83	65.65	57.81	58.03	61.52	53.66	67.56
Ni	27.50	22.40	23.51	23.23	25.51	27.01	21.97	21.60	23.53	25.61
Cu	21.27	18.57	18.00	18.15	19.10	23.33	26.37	16.07	19.14	29.39
Zn	67.00	63.82	58.94	65.41	71.20	65.83	100.20	61.33	61.43	103.40
Cd	0.444	0.473	0.261	0.305	0.434	0.505	0.444	0.281	0.344	0.293
Pb	20.12	19.69	16.30	16.26	19.75	19.45	26.14	15.95	19.00	23.73
Th	10.620	10.580	14.280	13.860	10.410	10.540	15.800	12.660	9.464	9.697
U	3.349	2.881	2.593	2.555	3.050	5.557	3.698	2.733	3.465	3.192

样号	81	82	83	84	85	86	87	88	89	90	91	92
Cr	66.91	193.20	68.52	67.90	64.80	72.31	67.07	53.42	61.93	71.48	61.97	87.48
Ni	29.59	110.80	22.01	20.55	18.41	27.75	21.37	19.70	25.23	29.04	19.67	28.07
Cu	31.64	23.67	15.72	14.75	12.60	28.52	15.71	14.17	25.94	21.11	13.63	30.67
Zn	97.06	55.68	58.68	57.09	52.96	98.66	52.79	56.31	91.55	62.75	60.85	133.30
Cd	0.258	0.403	0.365	0.361	0.429	0.242	0.359	0.369	0.208	0.386	0.486	0.345
Pb	30.41	18.31	17.79	14.69	17.87	28.19	17.01	18.92	26.57	19.90	20.00	36.29
Th	11.390	8.598	9.042	10.090	10.320	11.700	8.654	7.916	8.981	10.830	16.110	11.740
U	2.641	2.333	4.065	2.281	2.254	2.900	1.915	1.930	2.457	2.337	2.382	2.886

表 5-1b 农田土壤样品重金属元素含量极值与平均值(mg/kg)

元素	K 区			S 区		
	最小值	最大值	平均值	最小值	最大值	平均值
Cr	45.220	91.460	62.694	28.840	193.200	64.851
Ni	17.260	34.240	23.072	18.260	110.800	24.829
Cu	12.750	23.070	17.520	12.600	31.640	19.535

（续表）

元素	K 区			S 区		
	最小值	最大值	平均值	最小值	最大值	平均值
Zn	46.490	146.200	67.184	49.330	133.300	69.248
Cd	0.072	0.507	0.263	0.128	0.776	0.375
Pb	14.660	65.720	20.689	14.690	38.600	20.223
Th	7.860	14.520	10.598	7.127	16.110	10.715
U	1.599	3.877	2.255	1.864	5.557	2.669

在上表中，根据第 4 章选取代表性的样点（与稀土元素等值分布图的选点一致），完成土壤毒性重金属元素和放射性元素含量的平面等值分布图，平面等值线图反映了各个元素在平面空间上的总体变化规律，详见图 5-1 至图 5-8。

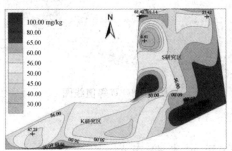

图 5-1　Cr 等值线图　　　　　图 5-2　Ni 等值线图

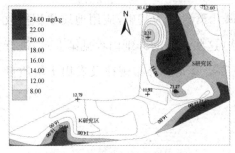

图 5-3　Cu 等值线图

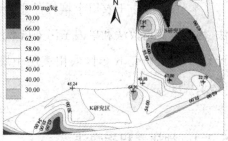

图 5-4　Zn 等值线图

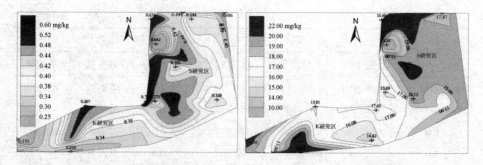

图 5-5　Cd 等值线图　　　　　　　　图 5-6　Pb 等值线图

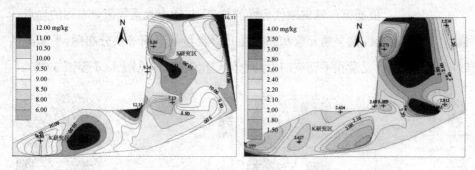

图 5-7　Th 等值线图　　　　　　　　图 5-8　U 等值线图

5.2　K-S 区农田表层土壤重金属元素分布规律

本节以表 5-1 农田土壤样品重金属元素含量为基础,应用地质累积指数法、污染负荷指数法和单因子污染指数法(这些方法的详细内容见第 3 章)进行计算和评价,研究 K-S 区农田表层土壤重金属元素分布规律及农田土壤质量(污染程度)。

5.2.1　地质累积指数法

计算 K-S 区农田表层土壤重金属元素地质累积指数,其中 K 区是 1—40号、S 区是 41—92 号,见表 5-2。

表 5-2 K-S 区农田表层土壤重金属元素地质累积指数

样号	Cr	Ni	Cu	Zn	Cd	Pb	Th	U
1	0.034	−0.187	3.384	0.857	2.137	1.656	−0.231	−0.515
2	0.112	−0.055	3.426	0.498	1.726	0.931	−0.343	−0.713
3	−0.176	−0.196	3.087	−0.353	1.364	−0.309	−0.591	−0.798
4	0.095	−0.164	3.277	−0.157	2.774	−0.120	−0.324	0.226
5	0.253	−0.026	3.437	0.393	2.270	0.653	0.055	−0.309
6	0.219	−0.263	3.101	−0.397	2.042	−0.345	−0.386	−0.519
7	−0.187	−0.393	2.854	−0.421	0.082	−0.326	−0.021	−0.751
8	0.018	−0.479	2.894	−0.523	1.151	0.035	−0.359	−1.052
9	0.634	−0.319	2.971	−0.014	2.720	0.242	0.141	0.109
10	−0.383	−0.287	3.006	−0.621	2.243	−0.309	−0.649	−0.593
11	0.101	−0.438	2.772	−0.583	2.216	−0.495	−0.357	−0.562
12	−0.319	−0.483	2.759	−0.684	2.156	−0.342	−0.635	−0.855
13	0.054	−0.510	2.718	−0.661	1.687	−0.452	−0.110	−0.680
14	−0.078	−0.130	2.986	−0.392	1.733	−0.377	−0.501	−0.635
15	−0.109	−0.413	2.875	−0.491	1.634	−0.338	−0.550	−0.731
16	0.239	−0.308	3.348	−0.236	1.789	0.126	−0.305	−0.531
17	−0.256	−0.401	2.803	−0.441	1.082	−0.508	−0.745	−0.995
18	−0.057	−0.040	3.378	−0.225	2.852	0.070	−0.244	−0.336
19	0.093	−0.430	2.700	−0.547	1.578	−0.489	−0.301	−0.716
20	−0.040	−0.270	2.945	−0.427	1.396	−0.244	−0.280	−0.780
21	0.171	−0.235	3.226	−0.038	2.000	0.154	−0.313	−0.524
22	−0.145	−0.156	3.257	−0.261	1.578	−0.120	−0.570	−0.758
23	0.410	0.288	3.389	0.254	2.026	1.020	0.074	−0.551
24	0.104	−0.342	3.112	−0.334	1.929	0.100	−0.145	−0.483
25	0.281	−0.144	3.197	−0.285	1.482	−0.263	−0.334	−0.744
26	−0.302	−0.604	2.582	−0.796	2.384	−0.373	−0.085	−0.512
27	0.249	−0.230	3.056	−0.433	2.203	−0.441	−0.193	−0.307
28	0.505	−0.257	3.216	−0.374	1.151	0.088	−0.286	−0.678
29	0.275	−0.274	3.065	0.274	1.890	−0.165	0.044	−0.347
30	0.096	−0.205	3.174	−0.339	1.918	−0.136	−0.476	−0.723

（续表）

样号	Cr	Ni	Cu	Zn	Cd	Pb	Th	U
31	0.190	−0.307	3.008	−0.413	1.825	−0.322	−0.383	−0.624
32	−0.069	−0.701	2.586	−0.742	2.898	−0.390	−0.363	−0.485
33	0.410	−0.325	2.933	−0.303	2.052	−0.227	−0.357	−0.403
34	−0.029	−0.225	2.885	−0.499	1.549	−0.373	−0.547	−0.646
35	0.119	−0.288	2.966	−0.459	1.578	−0.185	−0.198	−0.402
36	−0.128	−0.301	2.924	−0.410	1.813	−0.244	−0.472	−0.628
37	0.424	−0.489	2.766	−0.275	1.396	−0.289	−0.530	−0.775
38	−0.153	−0.374	2.872	−0.527	1.571	−0.291	−0.582	−0.722
39	−0.115	−0.332	3.047	−0.542	2.694	−0.275	−0.428	−0.416
40	0.261	−0.399	2.897	−0.481	1.726	−0.273	−0.273	−0.637
41	0.176	−0.417	2.798	−0.425	2.021	−0.333	−0.472	−0.547
42	0.011	−0.470	2.827	−0.534	1.388	−0.391	−0.673	−0.831
43	−0.332	−0.396	3.027	−0.314	2.640	−0.238	−0.598	−0.635
44	−0.161	−0.405	2.939	−0.514	2.640	−0.293	−0.093	−0.537
45	0.259	−0.384	2.900	−0.399	2.380	−0.334	−0.017	−0.205
46	−0.076	−0.321	2.974	−0.464	1.654	−0.203	−0.374	−0.659
47	0.272	−0.597	2.641	−0.489	3.512	−0.263	−0.252	−0.300
48	−0.045	−0.514	2.726	−0.696	2.875	−0.296	−0.689	−0.601
49	0.029	−0.483	2.792	−0.398	1.861	−0.373	−0.691	−0.791
50	0.225	−0.327	3.168	−0.303	2.189	−0.246	−0.100	−0.499
51	−0.199	−0.479	2.882	−0.600	3.047	−0.296	−0.527	−0.361
52	0.223	−0.084	3.613	0.112	1.946	0.191	0.085	−0.134
53	0.128	−0.167	3.390	−0.044	2.203	0.145	−0.173	−0.161
54	−0.251	−0.349	2.918	−0.561	2.606	−0.306	−0.439	−0.367
55	0.245	−0.174	3.437	−0.166	1.995	0.079	−0.276	−0.296
56	0.215	−0.428	3.059	0.440	3.198	0.889	−0.572	−0.430
57	−0.045	−0.514	2.726	−0.696	2.875	−0.296	−0.689	−0.601
58	0.036	−0.447	2.848	−0.485	2.092	−0.351	−0.633	−0.696
59	0.504	−0.266	2.856	−0.710	2.783	−0.410	−0.366	−0.540
60	0.010	−0.305	3.135	−0.172	2.239	−0.252	−0.055	−0.400

样号	Cr	Ni	Cu	Zn	Cd	Pb	Th	U
61	−1.031	−0.150	3.611	0.104	0.913	−0.047	−0.212	−0.650
62	−0.117	−0.042	3.499	−0.067	2.512	−0.012	−0.220	0.056
63	−0.190	−0.411	2.998	−0.413	2.855	−0.086	−0.236	−0.194
64	−0.242	−0.619	2.587	−0.701	3.219	−0.371	−0.886	−0.522
65	0.304	0.090	3.395	−0.181	2.313	−0.006	−0.144	−0.150
66	0.065	−0.350	3.281	−0.197	2.681	0.192	−0.339	−0.312
67	−0.263	−0.279	3.845	0.267	2.651	0.393	−0.304	0.053
68	0.074	−0.025	3.634	−0.072	1.745	0.336	−0.122	−0.294
69	0.069	−0.170	3.245	−0.351	2.535	−0.189	−0.522	−0.587
70	0.426	−0.238	2.900	−0.055	2.279	−0.183	−0.001	−0.367
71	0.105	−0.029	3.320	−0.268	2.707	−0.051	−0.310	0.015
72	−0.154	−0.325	3.124	−0.339	2.798	−0.083	−0.316	−0.202
73	0.350	−0.255	3.079	−0.453	1.940	−0.355	0.117	−0.354
74	0.159	−0.272	3.091	−0.303	2.165	−0.359	0.074	−0.376
75	0.155	−0.137	3.165	−0.181	2.674	−0.078	−0.339	−0.120
76	−0.028	−0.055	3.453	−0.294	2.893	−0.100	−0.321	0.745
77	−0.023	−0.352	3.630	0.312	2.707	0.326	0.263	0.158
78	0.062	−0.377	2.915	−0.396	2.047	−0.386	−0.057	−0.279
79	−0.136	−0.253	3.168	−0.394	2.339	−0.134	−0.477	0.064
80	0.197	−0.131	3.786	0.358	2.107	0.187	−0.442	−0.055
81	0.183	0.077	3.893	0.266	1.924	0.544	−0.209	−0.328
82	1.713	1.982	3.474	−0.535	2.567	−0.187	−0.615	−0.507
83	0.217	−0.350	2.884	−0.460	2.424	−0.229	−0.543	0.294
84	0.204	−0.449	2.792	−0.499	2.408	−0.505	−0.384	−0.539
85	0.137	−0.608	2.564	−0.608	2.657	−0.223	−0.352	−0.557
86	0.295	−0.016	3.743	0.290	1.831	0.435	−0.171	−0.193
87	0.186	−0.392	2.883	−0.612	2.400	−0.294	−0.606	−0.792
88	−0.142	−0.510	2.734	−0.519	2.440	−0.140	−0.734	−0.780
89	0.071	−0.153	3.606	0.182	1.613	0.350	−0.552	−0.432
90	0.278	0.050	3.309	−0.363	2.505	−0.067	−0.282	−0.504

(续表)

样号	Cr	Ni	Cu	Zn	Cd	Pb	Th	U
91	0.072	−0.512	2.678	−0.407	2.837	−0.060	0.291	−0.477
92	0.569	0.001	3.848	0.724	2.343	0.800	−0.166	−0.200

　　根据表 5-2 对 K-S 区农田表层土壤重金属元素污染程度即地质累积指数分级,统计结果见表 5-3。

表 5-3　K-S 区农田表层土壤重金属元素地质累积指数评价结果统计(单位:样品个数)

研究分区	污染等级	0	1	2	3	4
	范围值	Igeo≤0	0<Igeo≤1	1<Igeo≤2	2<Igeo≤3	3<Igeo≤4
K 区	Cr	16	24			
	Ni	39	1			
	Cu				20	20
	Zn	35	5			
	Cd		1	23	16	
	Pb	29	9	2		
	Th	36	4			
	U	38	2			
S 区	Cr	17	34	1		
	Ni	47	4	1		
	Cu				23	29
	Zn	42	10			
	Cd		1	10	37	4
	Pb	39	13			
	Th	47	5			
	U	45	7			
土壤质量		无污染	无污染到中度污染	中度污染	中度污染到强污染	强污染

　　从表 5-3 可见,K 区农田表层土壤 Cu 属于中度污染到强污染—强污染,以中度污染到强污染为主;Cd 属于中度污染—中度污染到强污染且以中度污染为主;Cr 属于无污染—无污染到中度污染且以无污染到中度污染为主;Pb、Zn、Ni和放射性元素 Th、U 以无污染为主。S 区农田表层土壤 Cu 属于中度污染到强污染—强污染且以强污染为主,Cd 属于中度污染—中度污染到强污染且以中度污染到强污染为主,Cr 属于无污染—无污染到中度污染且以无污染到中度污染为主,Pb、Zn、Ni 和放射性元素 Th、U 以无污染为主。综合来看,K-S 区农田表层土壤毒性重金属元素与放射性元素 Th、U 的污染程度都基本一致。

　　根据表 5-1,完成 K-S 区农田表层土壤重金属元素地质累积指数污染等级乘积法计算,并根据计算的地质累积指数进行排序,详细内容见表 5-4。

表 5-4　K-S 区农田表层土壤重金属元素地质累积指数污染等级乘积法计算结果表

研究分区	范围值	污染等级乘积之和	元素污染程度排序	土壤质量
K 区	Cu	140	1	强污染
	Cd	95	2	中度污染
	Cr	24	3	
	Pb	13	4	无污染
	Zn	5	5	
	Th	4	6	
	U	2	7	
	Ni	1	8	
S 区	Cu	185	1	强污染
	Cd	148	2	中度污染
	Cr	36	3	
	Pb	13	4	无污染
	Zn	10	5	
	U	7	6	
	Ni	6	7	
	Th	5	8	

根据表 5 - 4,完成 K-S 区农田表层土壤重金属元素地质累积指数污染等级乘积法曲线图,见图 5 - 9。

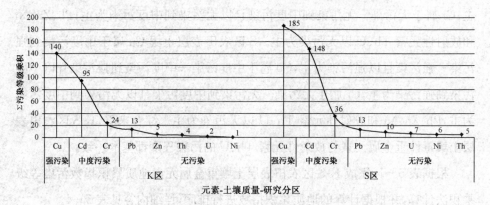

图 5 - 9　K-S 区农田表层土壤重金属元素地质累积指数污染等级乘积法曲线

结合图 5 - 9,K 区农田表层土壤 Cu 以中度污染到强污染为主,Cd 属于中度污染—中度污染到强污染且以中度污染为主,Cr 以无污染到中度污染为主,Pb、Zn、Ni 和放射性元素 Th、U 以无污染为主。S 区农田表层土壤 Cu 以强污染为主,Cd 以中度污染到强污染为主。从图 5 - 9 对比可以看出,S 区土壤 Cu、Cd 污染程度大于 K 区,Cr 以无污染到中度污染为主,Pb、Zn、Ni 和放射性元素 Th、U 以无污染为主。综合来看,K-S 区农田表层土壤毒性重金属元素与放射性元素 Th、U 的污染程度都基本一致。各个重金属元素污染强度大小排序,见表5 - 4和图 5 - 9。K 区农田表层土壤重金属元素及放射性元素污染强度由大到小依次为 Cu>Cd>Cr>Pb>Zn>Th>U>Ni,S 区农田表层土壤重金属元素及放射性元素污染强度由大到小依次为 Cu>Cd>Cr>Pb>Zn>U>Ni>Th。

5.2.2　污染负荷指数法

先计算 K-S 区表层土壤重金属元素最高污染系数,其中样号 1—40 为 K 区样品、41—92 为 S 区样品,计算结果见表 5 - 5。

表 5 - 5a   K-S 区表层土壤重金属元素最高污染系数

样号	Cr	Ni	Cu	Zn	Cd	Pb	Th	U
1	1.536	1.318	15.662	2.717	6.644	4.728	1.278	1.050
2	1.622	1.444	16.120	2.119	5.000	2.860	1.182	0.915
3	1.328	1.309	12.746	1.175	3.889	1.211	0.996	0.862
4	1.602	1.339	14.535	1.346	10.333	1.380	1.198	1.754
5	1.788	1.473	16.246	1.970	7.289	2.358	1.558	1.210
6	1.746	1.250	12.873	1.139	6.222	1.181	1.148	1.047
7	1.318	1.142	10.845	1.120	1.600	1.196	1.478	0.891
8	1.519	1.076	11.148	1.044	3.356	1.537	1.170	0.724
9	2.327	1.202	11.761	1.486	9.956	1.774	1.654	1.618
10	1.151	1.229	12.049	0.975	7.156	1.211	0.956	0.995
11	1.608	1.107	10.246	1.002	7.022	1.064	1.171	1.016
12	1.202	1.073	10.155	0.934	6.733	1.183	0.966	0.829
13	1.558	1.053	9.866	0.949	4.867	1.096	1.390	0.936
14	1.421	1.371	11.880	1.143	5.022	1.155	1.060	0.966
15	1.391	1.126	11.007	1.067	4.689	1.187	1.025	0.904
16	1.770	1.211	15.275	1.274	5.222	1.637	1.214	1.038
17	1.256	1.136	10.472	1.105	3.200	1.055	0.895	0.752
18	1.442	1.459	15.592	1.283	10.911	1.574	1.267	1.189
19	1.599	1.113	9.746	1.027	4.511	1.069	1.218	0.913
20	1.459	1.244	11.549	1.115	3.978	1.266	1.236	0.873
21	1.688	1.275	14.035	1.461	6.044	1.669	1.207	1.043
22	1.356	1.346	14.338	1.252	4.511	1.381	1.010	0.887
23	1.993	1.831	15.718	1.788	6.156	3.041	1.579	1.024
24	1.612	1.183	12.965	1.190	5.756	1.607	1.356	1.073
25	1.823	1.358	13.754	1.231	4.222	1.250	1.190	0.896
26	1.217	0.987	8.979	0.864	7.889	1.158	1.415	1.052
27	1.783	1.279	12.472	1.111	6.956	1.105	1.312	1.212
28	2.129	1.256	13.937	1.158	3.356	1.594	1.230	0.938
29	1.815	1.240	12.549	1.814	5.600	1.338	1.547	1.180
30	1.604	1.301	13.535	1.186	5.711	1.365	1.079	0.909

（续表）

样号	Cr	Ni	Cu	Zn	Cd	Pb	Th	U
31	1.711	1.213	12.063	1.126	5.356	1.200	1.150	0.973
32	1.430	0.923	9.007	0.897	11.267	1.145	1.166	1.071
33	1.993	1.198	11.458	1.216	6.267	1.282	1.171	1.134
34	1.470	1.283	11.077	1.061	4.422	1.158	1.027	0.959
35	1.630	1.228	11.718	1.091	4.511	1.319	1.308	1.135
36	1.372	1.218	11.387	1.129	5.311	1.266	1.082	0.971
37	2.012	1.069	10.204	1.240	3.978	1.228	1.039	0.876
38	1.349	1.157	10.979	1.041	4.489	1.226	1.002	0.910
39	1.385	1.191	12.401	1.030	9.778	1.240	1.115	1.124
40	1.798	1.137	11.176	1.075	5.000	1.242	1.241	0.964
41	1.694	1.124	10.430	1.117	6.133	1.191	1.081	1.027
42	1.512	1.083	10.641	1.036	3.956	1.144	0.941	0.843
43	1.192	1.140	12.225	1.207	9.422	1.272	0.991	0.966
44	1.342	1.133	11.507	1.051	9.422	1.224	1.407	1.033
45	1.795	1.149	11.197	1.138	7.867	1.190	1.483	1.301
46	1.423	1.201	11.782	1.087	4.756	1.303	1.157	0.950
47	1.811	0.991	9.359	1.069	17.244	1.250	1.260	1.219
48	1.454	1.050	9.923	0.926	11.089	1.222	0.931	0.989
49	1.530	1.073	10.387	1.138	5.489	1.158	0.929	0.867
50	1.753	1.196	13.479	1.216	6.889	1.265	1.400	1.062
51	1.307	1.076	11.056	0.990	12.489	1.222	1.041	1.168
52	1.751	1.416	18.352	1.621	5.822	1.712	1.591	1.367
53	1.640	1.336	15.725	1.455	6.956	1.659	1.330	1.342
54	1.260	1.178	11.338	1.017	9.200	1.214	1.107	1.163
55	1.778	1.329	16.246	1.337	6.022	1.585	1.239	1.222
56	1.740	1.115	12.500	2.035	13.867	2.777	1.009	1.113
57	1.454	1.050	9.923	0.926	11.089	1.222	0.931	0.989
58	1.538	1.101	10.803	1.072	6.444	1.176	0.967	0.926
59	2.127	1.247	10.859	0.917	10.400	1.129	1.164	1.032
60	1.511	1.214	13.176	1.331	7.133	1.260	1.444	1.137

（续表）

样号	Cr	Ni	Cu	Zn	Cd	Pb	Th	U
61	0.734	1.352	18.331	1.612	2.844	1.452	1.295	0.956
62	1.383	1.457	16.958	1.432	8.622	1.488	1.288	1.559
63	1.315	1.128	11.986	1.127	10.933	1.414	1.273	1.311
64	1.268	0.976	9.014	0.923	14.067	1.160	0.812	1.044
65	1.852	1.597	15.782	1.323	7.511	1.494	1.358	1.352
66	1.569	1.177	14.585	1.308	9.689	1.713	1.186	1.208
67	1.250	1.236	21.556	1.805	9.489	1.969	1.215	1.556
68	1.579	1.474	18.627	1.427	5.067	1.894	1.378	1.224
69	1.574	1.334	14.218	1.176	8.756	1.316	1.045	0.999
70	2.015	1.272	11.197	1.444	7.333	1.321	1.499	1.163
71	1.613	1.471	14.979	1.245	9.867	1.447	1.210	1.515
72	1.348	1.198	13.077	1.186	10.511	1.417	1.205	1.304
73	1.912	1.257	12.676	1.096	5.800	1.173	1.626	1.173
74	1.675	1.242	12.782	1.216	6.778	1.170	1.579	1.156
75	1.670	1.364	13.451	1.323	9.644	1.421	1.186	1.380
76	1.471	1.444	16.430	1.224	11.222	1.399	1.200	2.514
77	1.477	1.175	18.570	1.862	9.867	1.881	1.800	1.673
78	1.565	1.155	11.317	1.140	6.244	1.147	1.442	1.237
79	1.365	1.258	13.479	1.142	7.644	1.367	1.078	1.568
80	1.719	1.370	20.697	1.922	6.511	1.707	1.104	1.444
81	1.703	1.582	22.282	1.804	5.733	2.188	1.297	1.195
82	4.916	5.925	16.669	1.035	8.956	1.317	0.979	1.056
83	1.744	1.177	11.070	1.091	8.111	1.280	1.030	1.839
84	1.728	1.099	10.387	1.061	8.022	1.057	1.149	1.032
85	1.649	0.984	8.873	0.984	9.533	1.286	1.175	1.020
86	1.840	1.484	20.085	1.834	5.378	2.028	1.333	1.312
87	1.707	1.143	11.063	0.981	7.978	1.224	0.986	0.867
88	1.359	1.053	9.979	1.047	8.200	1.361	0.902	0.873
89	1.576	1.349	18.268	1.702	4.622	1.912	1.023	1.112
90	1.819	1.553	14.866	1.166	8.578	1.432	1.233	1.057

(续表)

样号	Cr	Ni	Cu	Zn	Cd	Pb	Th	U
91	1.577	1.052	9.599	1.131	10.800	1.439	1.835	1.078
92	2.226	1.501	21.599	2.478	7.667	2.611	1.337	1.306

表 5-5b K-S 区表层土壤重金属元素最高污染系数极值

研究分区	元　素	Cr	Ni	Cu	Zn	Cd	Pb	Th	U
K 区	最小值	1.151	0.923	8.979	0.864	1.600	1.055	0.895	0.724
	最大值	2.327	1.831	16.246	2.717	11.267	4.728	1.654	1.754
	平均值	1.595	1.234	12.338	1.249	5.855	1.488	1.207	1.020
S 区	最小值	0.734	0.976	8.873	0.917	2.844	1.057	0.812	0.843
	最大值	4.916	5.925	22.282	2.478	17.244	2.777	1.835	2.514
	平均值	1.650	1.328	13.757	1.287	8.340	1.455	1.220	1.208

　　根据表 5-5 计算污染负荷指数,将 Cr、Ni、Cu、Zn、Cd、Pb 分为一组,放射性元素 Th、U 为一组,分别计算两组表层土壤重金属元素的污染负荷指数,结果见表 5-6 和表 5-7。

表 5-6 K 区表层土壤重金属元素污染负荷指数

样号	1	2	3	4	5	6	7	8	9	10
毒性重金属元素	3.733	3.234	2.229	2.903	3.364	2.484	1.808	2.148	3.086	2.289
放射性元素	1.158	1.040	0.927	1.450	1.373	1.096	1.148	0.920	1.636	0.975
样号	11	12	13	14	15	16	17	18	19	20
毒性重金属元素	2.269	2.145	2.084	2.314	2.163	2.663	1.954	2.996	2.101	2.214
放射性元素	1.091	0.895	1.141	1.012	0.963	1.123	0.820	1.227	1.055	1.039
样号	21	22	23	24	25	26	27	28	29	30
毒性重金属元素	2.763	2.426	3.525	2.546	2.459	2.097	2.498	2.477	2.696	2.528
放射性元素	1.122	0.947	1.272	1.206	1.033	1.220	1.261	1.074	1.351	0.990
样号	31	32	33	34	35	36	37	38	39	40
毒性重金属元素	2.379	2.272	2.538	2.200	2.311	2.291	2.259	2.148	2.519	2.311
放射性元素	1.058	1.117	1.152	0.992	1.218	1.025	0.954	0.955	1.119	1.094

表 5－6 中 K 区表层土壤毒性重金属元素污染负荷指数最小值 1.808、最大值 3.733、平均值 2.486,放射性元素 Th-U 的污染负荷指数最小值 0.820、最大值 1.636、平均值 1.106。

表 5－7　S 区表层土壤重金属元素污染负荷指数

样号	41	42	43	44	45	46	47	48	49	50
毒性重金属元素	2.335	2.083	2.493	2.442	2.503	2.267	2.700	2.398	2.231	2.587
放射性元素	1.054	0.891	0.978	1.206	1.389	1.048	1.239	0.960	0.897	1.219
样号	51	52	53	54	55	56	57	58	59	60
毒性重金属元素	2.484	3.004	2.887	2.400	2.808	3.519	2.398	2.301	2.602	2.571
放射性元素	1.103	1.475	1.336	1.135	1.230	1.060	0.960	0.946	1.096	1.281
样号	61	62	63	64	65	66	67	68	69	70
毒性重金属元素	2.224	2.926	2.601	2.349	2.975	2.892	3.224	2.899	2.72	2.716
放射性元素	1.113	1.417	1.292	0.921	1.355	1.197	1.375	1.299	1.022	1.320
样号	71	72	73	74	75	76	77	78	79	80
毒性重金属元素	2.929	2.683	2.470	2.521	2.867	2.959	3.220	2.347	2.552	3.184
放射性元素	1.354	1.254	1.381	1.351	1.279	1.737	1.735	1.336	1.300	1.263
样号	81	82	83	84	85	86	87	88	89	90
毒性重金属元素	3.328	4.254	2.522	2.371	2.362	3.211	2.432	2.346	2.891	2.905
放射性元素	1.245	1.017	1.376	1.089	1.095	1.322	0.925	0.887	1.067	1.142
样号	91	92	最小值	最大值	平均值					
毒性重金属元素	2.558	3.911	2.083	4.254	2.719					
放射性元素	1.406	1.321	0.887	1.737	1.206					

根据表 5－6 和表 5－7,分别计算二级区域即 K 区(40 个采样点)和 S 区(52 个采样点)的污染负荷指数 F,见表 5－8。

根据表 5－8,K 区和 S 区毒性重金属元素 Cr、Ni、Cu、Zn、Cd、Pb 对农田表层土壤的污染程度都属于强污染,放射性元素 Th、U 对农田表层土壤的污染程度都属于中度污染。

表 5-8　K-S 区表层土壤重金属元素污染负荷指数计算及污染等级综合表

污染等级	I_{PL} 值	毒性重金属元素	放射性元素	毒性重金属元素	放射性元素	污染程度
		K 区 $F^{1/40}$	K 区 $F^{1/40}$	S 区 $F^{1/52}$	S 区 $F^{1/52}$	
0	<1					无污染
I	$1\sim2$		1.096		1.190	中度污染
II	$2\sim3$	2.453		2.689		强污染
III	$\geqslant3$					极强污染

研究单个元素对土壤的污染程度可采用单因子污染指数法进行分析评价。

5.2.3　单因子污染指数法

单因子污染指数 $Pi=Ci/Si$

式中：Pi 为污染物 i 的单项污染指数；Ci 为污染物 i 的实测浓度（mg/kg）；Si 为污染物 i 的评价标准。当 $Pi\leqslant1$，表示土壤未受污染；当 $Pi>1$，表示土壤受到污染。

单因子污染指数法的计算原理与污染负荷指数法中最高污染系数的计算原理一致，故单因子污染指数法的计算数据与表 5-5a 中的 K-S 区表层土壤重金属元素最高污染系数值相同。表 5-5a 中的样号 1—40 为 K 区样品、41—92 为 S 区样品。其中每个元素的绝大多数样点污染指数都是 $Pi>1$。根据表 5-5b 中各个元素表层土壤含量的平均值大小进行排序，结果见表 5-9。

表 5-9　K-S 区表层土壤重金属元素最高污染系数

元素分类	毒性重金属元素						放射性元素	
研究分区	Cu	Cd	Cr	Pb	Zn	Ni	Th	U
K 区	12.338	5.855	1.595	1.488	1.249	1.234	1.207	1.020
S 区	13.757	8.340	1.650	1.455	1.287	1.328	1.220	1.208

从表5-9中明显看到,K区和S区污染程度大的是Cu、Cd元素,污染程度最低的是放射性元素Th、U,介于这两者之间的是Cr、Pb、Zn、Ni。

综合以上各节所述,将单因子污染指数与污染负荷指数、地质累积指数互相对比可见,Cu、Cd元素在K区和S区都属于污染程度大的元素,Cr以无污染到中度污染为主,Pb、Zn、Ni和放射性元素Th、U元素的污染程度较低。对于包头地区土壤重金属元素含量的研究,有不同研究者在包头不同地区针对毒性重金属元素Cr、Ni、Cu、Zn、Cd、Pb有许多研究成果,如张连科等(2016)在希望铝业、王文华等(2017)在小白河湿地和尾矿坝西南农田、孙鹏等(2016)在包头市典型工业区(包头钢铁集团、包头东河铝业园区、希望铝业和一机集团厂区)、李卫平等(2017)在南海湖湿地表层土壤、徐清等(2008)在南绕城公路以南及四道沙河以西农业区等取得当地土壤Cr、Ni、Cu、Zn、Cd、Pb元素含量数据,详见表5-10。

表5-10　包头市各区土壤重金属元素含量(mg/kg)

研究区	第一作者	Cr	Ni	Cu	Zn	Cd	Pb
希望铝业	张连科	43.78	36.65	32.90	69.92	0.54	50.35
小白河湿地	王文华	88.61	35.92	16.95	60.99	0.42	53.12
尾矿坝西南农田	王文华	58.74	25.94	13.21	59.96	0.48	18.23
包头市典型工业区	孙鹏	40.58	17.30	38.44	99.20	0.51	55.06
南海湖湿地表层土壤	李卫平	56.98	87.65	111.18	209.33	1.27	54.10
南绕城公路以南四道沙河以西农业区土壤	徐清	63.68	25.48	20.63	112.89	0.19	38.24
本研究S区	表5-1b	64.85	24.83	19.54	69.25	0.38	20.22
本研究K区	表5-1b	62.69	23.07	17.52	67.18	0.26	20.69

根据上表,完成本研究S区、K区与上述其他研究区土壤Cr、Ni、Cu、Zn、Cd、Pb元素含量对比分析图,见图5-10。

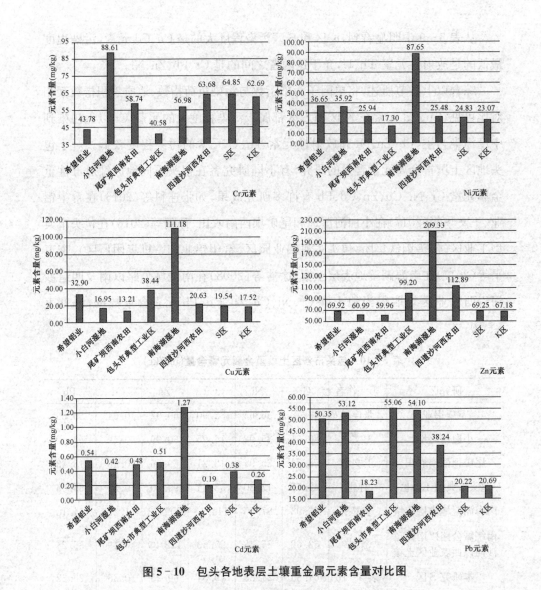

图 5-10　包头各地表层土壤重金属元素含量对比图

从以上各图明显看出，K区、S区 Cr 元素平均含量基本上与徐清等(2008)的研究成果即包头南绕城公路以南及四道沙河以西农田土壤 Cr 元素含量一致(也包括后面要讨论的 Ni、Cu 元素)，其他研究成果比较接近的是尾矿坝西南农田和南海湖湿地表层土壤 Cr 元素含量；K区、S区 Cr 元素平均含量明显高于包头市典型工业区和希望铝业区，这可能与研究者采取的样品密度低、数量少和采样点位等有一定的关系;K 区、S 区 Cr 元素平均含量比小白河湿地高,可能与小白河湿地表层土壤对外源稀土元素的过滤、富集有很大的关系。K 区、S 区 Ni 元素平均含量明显高于包头市典型工业区表层土壤的含量,可能与研究者采取的样品密度低、数量少和采样点位等有一定的关系;明显低于南海湖湿地表层土壤 Ni 元素含量,可能与东河地区工业排放及南海湖湿地多年来富集外源镍有关,且在后面要讨论的 Cu、Zn、Cd、Pb 含量都有类似的富集原因;与其他各地土壤 Ni 元素含量基本接近。K 区、S 区 Cu 元素平均含量除了南海湖湿地表层土壤外,与其他各区土壤含量差距不是过于悬殊,原因在上面已经分析了。K 区、S 区 Zn 元素平均含量与包头市典型工业区、南海湖湿地表层土壤的含量差距悬殊,原因在前面已经分析了;同时还与包头南绕城公路以南及四道沙河以西农田土壤含量也很悬殊,可能与取样范围、取样密度有很大关系(也包括后面的 Cd 元素),深层原因有待于进一步的研究。K 区、S 区 Cd 元素平均含量与其他各区的区别,在上述各段已经进行了分析,此处不再赘述。K 区、S 区 Pb 元素平均含量除了接近尾矿坝西南农田土壤含量外,与其他各区土壤含量差距悬殊,对于 Pb 元素在包头各区的准确分布,有待于精度更高的研究。

张庆辉等(2012)对南郊污灌区农田土壤研究证实,农田土壤 Cr、Ni、Cu、Zn、Pb 元素的平均含量分别为 81.89、30.38、19.03、60.06、19.46(mg/kg),除了土壤 Cr 元素含量略高于 K 区、S 区土壤平均含量外,Ni、Cu、Zn、Pb 元素含量基本接近,具有一致性。农田表层土壤放射性元素由于缺乏相应的研究成果对比,此处不再进行对比分析了。

总之,研究区农田土壤毒性重金属元素 Pb、Zn、Ni 含量虽然没有达到中度以上污染程度,但在发展生态农业时仍应该注意农产品种植品种,切不可掉以轻心。

在水平方向上研究表层土壤稀土(第 4 章)、部分毒性重金属元素及放射性元素(第 5 章)含量及其分布规律时,发现四道沙河支流泄洪渠表层稀土中部分毒性重金属元素及放射性元素含量偏高,因此确定将四道沙河支流泄洪渠定为垂直方向上重点剖析的研究区并挖掘 10 个土壤剖面进行重点研究(后面第 6 章到第 9 章)。

参考文献

李卫平,王非,杨文焕,等.2017.包头市南海湿地土壤重金属污染评价及来源解析[J].生态环
　　境学报,26(11):1977-1984.

孙鹏,李艳伟,张连科,等.2016.包头市典型工业区表层土壤中重金属污染状况及其潜在生态
　　风险研究[J].岩矿测试,35(4):433-439.

王文华,赵晨,赵俊霞,等.2017.包头某稀土尾矿库周边土壤重金属污染特征与生态风险评价
　　[J].金属矿山,(7):168-172.

徐清,张立新,刘素红,等.2008.表层土壤重金属污染及潜在生态风险评价——包头市不同功
　　能区案例研究[J].自然灾害学报,17(6):6-12.

张连科,李海鹏,黄学敏,等.2016.包头某铝厂周边土壤重金属的空间分布及来源解析[J].环
　　境科学,37(3):1139-1146.

张庆辉,王贵,朱晋,等.2012.包头南郊污灌区农田表层土壤重金属潜在生态风险综合评价
　　[J].西北农林科技大学学报:自然科学版,40(7):181-186,192.

第6章　泄洪渠土壤剖面结构特征

本研究在第4章到第5章城市沙壤土地区水平方向的研究基础上,沿着垂直方向重点解剖性研究四道沙河支流泄洪渠段稀土元素、毒性重金属元素和放射性元素(第6章到第9章)。本研究的目标元素重点为稀土元素,包括镧(La)、铈(Ce)、镨(Pr)、钕(Nd)、钐(Sm)、铕(Eu)、钆(Gd)、铽(Tb)、镝(Dy)、钬(Ho)、铒(Er)、铥(Tm)、镱(Yb)、镥(Lu)及钪(Sc)、钇(Y)共16个,另外还有毒性重金属元素铬(Cr)、镍(Ni)、铜(Cu)、锌(Zn)、镉(Cd)、铅(Pb)和放射性元素钍(Th)、铀(U)。

四道沙河泄洪渠段,修建于20世纪50年代,研究段北起包哈公路,南至南绕城公路,南北长度1 800 m,东西宽度40 m(当时泄洪渠工程的设计施工宽度),泄洪渠渠底水流的坡度小于5°。流域内曾经有过几家稀土生产厂。多年来洪水(也包括常年排放的污水)携带的泥沙在泄洪道形成沉积泥土层,小量的流水进一步在泥土层中形成了宽2~3米、深1.3~1.9米的蛇形冲沟,冲沟与泄洪堤坝之间,当地农民每年耕耘种植玉米。在该泄洪渠段内采取了表层土壤(相关分析结果见第8章表8-1)及其剖面样品,共挖掘10个土壤剖面,剖面厚度142 cm(PM4)~189 cm(PM5),剖面平均厚度164.90 cm。

四道沙河泄洪渠段沉积物质的形成过程,首先是洪水或流域内正常降水形成的地表径流携带富含有机质的泥土、细砂粉砂等冲积物沉积后的沉积层,由于季节性水源及洪水水量的脉动性变化,在水平方向上沉积物中的粉砂岩体为舌状、透镜状,与泥土互层,形成了水系沉积物,这样的水系沉积层在成土作用下又形成土壤层,平时有污水、洪水漫浸渗滤以及灌溉(当地农民在河道中种植玉米)。干旱-半干旱区气候条件下形成地带性土壤,即栗钙土的碱性环境、富含有机质条件下的水系泥土、细砂粉砂、泥质粉砂及粉砂质泥土等水系沉积物互层,构成了泥岩障、粉砂质泥岩障等地球化学障,加强了对稀土元素、毒性重金属元素等的吸附。下面各节详细分析土壤剖面发生层(分层及其厚度)及物质成分,泄洪渠表层土壤及其土壤剖面 pH 值与有机质含量等。

6.1 土壤剖面发生层及物质成分

在泄洪渠采取土壤剖面样品的时候,先根据物质成分详细分层。采样次序是先从剖面的最底部开始,故土壤剖面上的采样区间是从下往上记录的,即钢卷尺的 0 点在土壤剖面的底部。四道沙河泄洪渠土壤剖面(PM)发生层物质成分及其分层厚度等详细资料汇总见表 6-1。

表 6-1　四道沙河泄洪渠土壤剖面发生层基础资料(单位:cm)

剖面编号	样品编号	剖面详细分层及其主要物质成分	分层代号	采样区间	采样厚度	剖面结构厚度	剖面结构	剖面总厚度
PM1	PM104	深灰、灰黑色表土层	A	120—170	50	50	A	170
	PM103	黄褐色含黑色土细砂	B1	90—120	30	69	B	
	PM102	黑色富含碳的淤泥层	B2	51—90	39			
	PM101	黑色污淤泥有臭味(以下有 3 m 厚)	C	0—51	51	51	C	
PM2	PM204	灰黑色表土层	A	106—159	53	53	A	159
	PM203	褐黄、土黄色细砂	B1	85—106	21	44	B	
	PM202	土黄、灰黄泥质粉砂细砂。灰黑色渐高	B2	62—85	23			
	PM201	灰黑色淤泥,有淡淡臭味	C	0—62	62	62	C	
PM3	PM305	灰黑、深灰色表土层	A1	119—158	39	62	A	158
	PM304	深灰色土,密度比上层高	A2	96—119	23			
	PM303	黄褐色粉砂细砂,褐铁矿化发育	B1	59—96	37	66	B	
	PM302	褐黄细砂,褐铁矿化少	B2	30—59	29			
	PM301	钾长石石英细砂层	C	0—30	30	30	C	

剖面编号	样品编号	剖面详细分层及其主要物质成分	分层代号	采样区间	采样厚度	剖面结构厚度	剖面结构	剖面总厚度
PM4	PM406	深灰色表土层	A	159—189	30	30	A	189
	PM405	灰黑色土中有粉砂	B1	119—159	40	80	B	
	PM404	钾长石石英粉砂层	B2	79—119	40			
	PM403	含粗砂细砂（水系砂岩）	C1	40—79	39	79	C	
	PM402	粗砂细砂（水系砂岩）	C2	21—40	19			
	PM401	粉砂质泥	C3	0—21	21			
PM5	PM505	深灰色表土层	A1	118—142	24	48	A	129
	PM504	深灰色表土层,黄褐色增加	A2	94—118	24			
	PM503	浅土黄色泥质粉砂	B1	68—94	26	63	B	
	PM502	黄褐色粉砂	B2	31—68	37			
	PM501	细砂粉砂（0～13 cm 为粗砂质砾石层,砾径约 6 mm）	C	13—31	18	18	C	
PM6	PM604	深灰色表土层	A1	141—168	27	60	A	168
	PM603	深灰色表土层,黄褐色增加	A2	108—141	33			
	PM602	土黄色砂质泥土	B	56—108	52	52	B	
	PM601	泥质砂	C	0—56	56	56	C	
PM7	PM705	深灰色表土层	A1	132—169	37	50	A	169
	PM704	深灰色表土层,黄褐色增加	A2	119—132	13			
	PM703	土黄色粉砂质土、细砂	B1	105—119	14	74	B	
	PM702	黄褐色粉砂	B2	45—105	60			
	PM701	粉砂细砂	C	0—45	45	45	C	
PM8	PM805	深灰色表土层	A1	136—175	39	64	A	175
	PM804	深灰色表土层,黄褐色增加	A2	111—136	25			
	PM803	土黄色含泥粉砂	B1	90—111	21	79	B	
	PM802	粉砂质泥	B2	32—90	58			
	PM801	深灰色、黑灰（锈铁黑）泥岩	C	0—32	32	32	C	

(续表)

剖面编号	样品编号	剖面详细分层及其主要物质成分	分层代号	采样区间	采样厚度	剖面结构厚度	剖面结构	剖面总厚度
PM9	PM904	表土层(底层 0.5 cm 腐殖层,见有机碳)	A1	116—158	42	81	A	158
	PM903	砂质泥	A2	77—116	39			
	PM902	土黄色细砂质粗砂	B	29—77	48	48	B	
	PM901	泥岩	C	0—29	29	29	C	
PM10	PM1004	深灰色表土层	A1	133—161	28	72	A	161
	PM1003	深灰色表土层,黄褐色增加	A2	89—133	44			
	PM1002	土黄色泥质细砂	B	42—89	47	47	B	
	PM1001	粗砂细砂	C	0—42	42	42	C	

结合表 6 - 1,将四道沙河泄洪渠的 10 个土壤剖面结构数据分类概括,见表 6 - 2。

表6 - 2　剖面结构基础数据(单位:cm)

剖面编号	PM1	PM2	PM3	PM4	PM5	PM6	PM7	PM8	PM9	PM10	最小厚度	最大厚度	平均厚度
A 层	50	53	62	30	48	60	50	64	81	72	30	81	57.0
B 层	69	44	66	80	63	52	74	79	48	47	44	80	62.2
C 层	51	62	30	79	18	56	45	32	29	42	18	79	44.4
总厚度	170	159	158	189	129	168	169	175	158	161	129	189	163.6

下面详细分析土壤剖面 A、B、C 各层的物质成分、厚度等结构特征。

6.1.1　土壤剖面 A 层

土壤剖面 A 层主要是表土层,A 层厚度变化范围是 30 cm(PM4)～81 cm (PM9),平均厚度为 57.0 cm。其中 A 层细分为 A1 和 A2 双层结构的土壤剖面详细厚度见表 6 - 3。

表 6-3　四道沙河泄洪渠土壤剖面 A1 和 A2 层厚度(单位:cm)

样品号	分层代号	采样区间	采样厚度	样品号	分层代号	采样区间	采样厚度
PM305	A1	119—158	39	PM304	A2	96—119	23
PM505	A1	118—142	24	PM504	A2	94—118	24
PM604	A1	141—168	27	PM603	A2	108—141	33
PM705	A1	132—169	37	PM704	A2	119—132	13
PM805	A1	136—175	39	PM804	A2	111—136	25
PM904	A1	116—158	42	PM903	A2	77—116	39
PM1004	A1	133—161	28	PM1003	A2	89—133	44
A1 层厚度最小值			24	A2 层厚度最小值			13
A1 层厚度最大值			42	A2 层厚度最大值			44
A1 层厚度平均值			33.7	A2 层厚度平均值			28.7

表土层主要为深灰色、灰黑色沙土,也为河渠耕作土层。

土壤剖面 PM3 的 A 层中,A1 层是灰黑-深灰色表土层,厚度 39 cm;A2 层是深灰色土,密度比 A1 层高,厚度 23 cm。

土壤剖面 PM5—PM8 的 A 层分别细分为 A1、A2 两层,下层的 A2 层与上层的 A1 层相比较,A2 层中黄褐色增加。

土壤剖面 PM9 的 A 层中 A1 层厚度 42 cm,底层有 0.5 cm 厚的黑色腐殖层,可看到有机碳,和下层的 A2 界限分明;A2 层是砂质泥土,厚度 39 cm。泄洪渠中年年种植玉米,土壤中有丰富的玉米根系、玉米秸秆和草根、茎等。

A1 层最小厚度 24 cm,最大厚度 42 cm,平均厚度 33.7 cm;A2 层最小厚度 13 cm,最大厚度 44 cm,平均厚度 28.7 cm;A1+A2 层的厚度在 48 cm(PM5)~81 cm(PM9),平均厚度 62.4 cm。

6.1.2　土壤剖面 B 层

土壤剖面 B 层厚度变化范围是 44 cm(PM2)~80 cm(PM4),平均厚度

62.2 cm。剖面 PM1—PM5,PM7—PM8 的 B 层都细分为 B1 和 B2 两层,详细分层及其厚度见表 6-4。

表 6-4　四道沙河泄洪渠土壤剖面 B1 和 B2 层厚度(单位:cm)

样品号	分层代号	采样区间	采样厚度	样品号	分层代号	采样区间	采样厚度
PM103	B1	90—120	30	PM102	B2	51—90	39
PM203	B1	85—106	21	PM202	B2	62—85	23
PM303	B1	59—96	37	PM302	B2	30—59	29
PM405	B1	119—159	40	PM404	B2	79—119	40
PM503	B1	68—94	26	PM502	B2	31—68	37
PM703	B1	105—119	14	PM702	B2	45—105	60
PM803	B1	90—111	21	PM802	B2	32—90	58
B1 层厚度最小值			14	B2 层厚度最小值			23
B1 层厚度最大值			40	B2 层厚度最大值			60
B1 层厚度平均值			27.0	B2 层厚度平均值			40.9

其中 B1 层为黄褐色、褐黄色、土黄色、含黑色的细粒石英砂、粉砂、砂质泥土,厚度为 14 cm(PM7)~40 cm(PM4),平均厚度 27.0 cm。

B2 层为黑色富含碳的淤泥、土黄、灰黄泥质粉砂细砂、粉砂质泥土、泥质粉砂层,厚度为 23 cm(PM2)~60 cm(PM7),平均厚度 40.9 cm。

B1+B2 层厚度为 44 cm(PM2)~80 cm(PM4),平均厚度 67.9 cm。

PM6、PM9、PM10 只有 B 层,厚度分别为 52 cm、48 cm、47 cm,平均厚度 49 cm。

土壤剖面 B 层物质成分详细内容如下:

主要是黄褐色含黑色土细砂(PM1 剖面 B 层的 B1 层,厚度 30 cm)、黑色富含碳相当于灌淤土的淤泥沉积层(PM1 剖面 B 层的 B2 层,厚度 39 cm);

褐黄-土黄色细砂(PM2 剖面 B 层的 B1 层,厚度 21 cm)、土黄-灰黄泥质粉砂细砂(PM2 剖面 B 层的 B2 层,厚度 23 cm,从上到下,灰黑色逐渐升高,反映出有机质含量升高);

黄褐色粉砂细砂,褐铁矿化发育(PM3 剖面 B 层的 B1 层,厚度 37 cm)、褐黄细砂,褐铁矿化少(PM3 剖面 B 层的 B2 层,厚度 29 cm);

灰黑色土中有粉砂(PM4 剖面 B 层的 B1 层,厚度 40 cm),钾长石石英粉砂层(PM4 剖面 B 层的 B2 层,厚度也是 40 cm);

浅土黄色泥质粉砂(PM5 剖面 B 层的 B1 层,厚度 26 cm),黄褐色粉砂(PM5 剖面 B 层的 B2 层,厚度 37 cm);

土黄色-砂质泥土(PM6 剖面 B 层,厚度 52 cm);

土黄色-粉砂-细砂质土(PM7 剖面 B 层的 B1 层,厚度 14 cm),黄褐色粉砂(PM7 剖面 B 层的 B2 层,厚度 60 cm);

土黄色-含泥粉砂(PM8 剖面 B 层的 B1 层,厚度 21cm),粉砂质泥(PM8 剖面 B 层的 B2 层,厚度 58 cm);

土黄色-细砂质粗砂(PM9 剖面 B 层厚度 48cm);

土黄色-泥质砂(PM10 剖面 B 层厚度 47cm)。

6.1.3　土壤剖面C层

土壤 C 层厚度变化范围是 18 cm(PM5)~79 cm(PM4),平均厚度为 44.4 cm。10 个剖面的 C 层只有 PM4 有分层,其他都是单层,故不再单独列表,详见表 6-1和表 6-2。

PM1 剖面 C 层是黑色污淤泥,有很浓的臭味,厚度 51 cm;PM2 剖面 C 层是灰黑色污淤泥,有淡淡的臭味,厚度 62 cm;PM3 剖面 C 层是钾长石石英细砂层,厚度 30 cm。

PM4 剖面 C 层进一步细分为 3 层,其中 C1 层是含粗砂细砂(水系砂岩),厚度 39cm;C1 层下面的 C2 层是粗砂细砂(水系砂岩),厚度 19 cm;C2 层下面的 C3 层是粉砂质泥,厚度 21 cm。除此外,剖面 C 层的物质成分还有细砂粉砂(PM5 和 PM7)、泥质砂(PM6)、深灰色、黑灰(锈铁黑)泥(PM8 和 PM9)、粗砂细砂(水系砂岩,PM10)。

剖面 C 层以下的母岩层,可见砾质粗砂,砾径 8～15 mm。

综上所述,土壤剖面 A 层主要是具有丰富的玉米根系、玉米秸秆和草根、茎等浅灰色、灰黑色、深灰色砂土耕种层;B 层主要是黄褐色、黑色的淤泥层,浅土黄色、土黄色的泥质粉砂、砂质泥土、粉砂-细砂质土、含泥粉砂,砂质成分以粉砂为主;C 层物质成分多有粗砂细砂,泥土质含量减少。C 层以下多为粗砂、中砂粗砂或含砾质粗砂层,应该是 20 世纪 50 年代修建防洪道排水工程时的水渠底部砂砾层。该泄洪渠是在洪水沟的基础上人工拓宽并加固防洪坝的工程,土壤剖面 C 层以下应该属于第四系洪积水系砂岩层。

土壤颗粒越细,黏土及土壤有机质含量越高,外源稀土等元素含量也越高。李清禄等(1992)指出,土壤颗粒愈细,轻稀土含量愈高,这与轻、重稀土元素离子在土壤胶体(或黏粒)上吸附能的差异有重大关系。根据库仑定律,正负电荷间的作用力在离子电价相同的情况下与其距离的平方成反比。就 RE^{+3} 而言,"镧系收缩"作用使离子半径随着原子序数的增加而减小。在此情况下,与土壤胶体的吸附能本应相应地递增,然而,在表生地球化学作用中,特别是在水源丰富的长期渍水条件下,稀土离子均受到水合作用并以水合离子的形态存在。水合作用中,稀土元素的离子半径越小,水合离子半径就越大,则与土壤胶体的吸附能越弱,故水合 REE 离子的吸附能按下列顺序递增:La＜Ce＜Pr＜Nd＜Sm＜Eu＜Gd＜Tb＜Dy＜Ho＜Er＜Tm＜Yb＜Lu,由此说明轻稀土 LREE 水合离子的吸附能应大于重稀土 HREE 水合离子的吸附能力。故 LREE 与土壤腐殖质总量、胡敏酸含量和富里酸含量均达到正相关的极显著水平,而与重稀土元素的相关性不显著。因此,轻稀土能在黏粒淀积的层位相对富集,而重稀土则迁移性较强,易淋溶到下部土层(或沉积层)或淋失。

10 个土壤剖面的平均总厚度(A＋B＋C)163.6 cm,最小厚度 129 cm(PM5),剖面最大厚度 189 cm(PM4),其中最小厚度的形成主要是随着洪水水渠形态的变化,引起流水集中冲刷造成剖面所在处的土壤随水流失。所以,剖面厚度与自然地理的地带性成土作用没有直接的关系。

河槽中的泥质粉砂、粉砂质泥岩层的渗水性较差,过滤性、吸附性良好,呈透镜状岩体,其纵横向上无明显的韵律变化,岩层展布有限。土壤中直径小于 0.2 μm 具有胶体性质的黏土矿物表面均携带大量负电荷,可交换阳离子数量大于可交换的阴离子数量,故在一定程度上对稀土元素等重金属离子的活性具有吸附影响。土壤的离子吸附与交换是土壤对稀土元素等重金属污染具有一定自净能力和环境容量的根本原因,不同土壤组分对重金属离子的吸附能力不同。黏土矿如硅铝酸盐和氧化物对重金属离子的吸附,可起到固定和暂时失活的减毒效应,重金属离子吸附总量取决于土壤阳离子交换量,与黏粒矿物类型、比表面积、吸附点位及离子强度有关(覃宏华等,2013)。进入洪水水体的土壤细颗粒凝聚直接影响着泥沙颗粒沉降、搬运和淤积等过程,对矿物、污染物和营养元素等的生物地球化学循环起着十分关键的作用。地表径流汇集成洪水过程中,携带大量富含异地土壤中直径小于 0.2 μm 的黏土矿物,当洪水通过泄洪渠时发生沉积作用沉积,并主要构成了土壤剖面结构层中泥质粉砂、粉砂质泥岩层,构成了灌淤土的主要物质基础。

6.2　土壤 pH 值和有机质含量

本节主要分析研究区土壤 pH 值和土壤有机质含量特征。

6.2.1　土壤 pH 值的特征

土壤 pH 值是土壤酸度和碱度的总称,通常用以衡量土壤酸碱反应的强弱。主要由氢离子和氢氧根离子在土壤溶液中的浓度决定,以 pH 表示。pH 在 6.5~7.5 之间为中性土壤;6.5 以下为酸性土壤;7.5 以上为碱性土壤。土壤酸碱度一般分 7 级,见表 6 - 5。

表 6-5 土壤酸碱度分级表

pH 值	<4.5	4.5~5.5	5.5~6.5	6.5~7.5	7.5~8.5	8.5~9.5	>9.5
土壤酸碱度	极强酸性	强酸性	酸性	中性	碱性	强碱性	极强碱性

土壤 pH 值也是表征土壤肥力的一个重要因素,其不仅影响土壤养分的有效性、土壤微生物活性,而且对土壤理化性质以及农作物对土壤有效养分的吸收程度有重要影响,还影响着稀土元素及毒性重金属等有害元素在土壤中的吸附(固定)与迁移(活性)(Jakobsen S. T. , 1996)。在太阳光照、大气环流等热力条件下,土壤偏酸性使土壤处于氧化环境而促进土壤有机质的分解,也使土壤矿物质中包括营养元素在内的各种元素得以释放,参与生物地球化学循环。所以,土壤酸碱度极大地影响着土壤有机质分解、土壤矿质营养元素的释放与周转。杨红等(2016)指出,土壤 pH 值是相对稳定的化学指标,具有非常小的空间变异性,各土地利用方式下 0~5 cm 和 5~10 cm 层次土壤 pH 值空间变异系数仅为 7.54% 和 9.32%。各层次土壤含水量、pH 值和电导率的垂直空间变异均主要表现在 0~20 cm 土层,20 cm 以下各土层的变异性较小。

6.2.2 土壤有机质的特征

土壤有机质是土壤固相部分的重要组成成分,是植物营养的主要来源之一。土壤有机质主要来源于微生物、植物及动物等生物残体,其中高等植物为主要来源,土壤有机质属于一种胶体,一般呈酸性,可以降低土体的酸碱度,促进土壤团聚体的形成,它与土壤的结构性、通气性、渗透性和吸附性、缓冲性有密切的关系,通常在其他条件相同或相近的情况下,在一定含量范围内,有机质的含量与土壤肥力水平呈正相关。

土壤有机质体系包括有机质、腐殖质等,既是天然有机质的主体,也是土壤有机质的主体。土壤腐殖质是土壤中有机物存在的一种特殊形式,不是一种纯化合物,而是代表一类有着特殊化学和生物本性的、构造复杂的高分子化合物,呈酸性,颜色为褐色或暗褐色,是土壤有机质存在的主要形态。腐殖质进一步细分为胡敏酸(Humic acid,HA,俗称腐殖酸)、富里酸(Fulvic acid,FA)和胡敏素(Humin,Hu)三个组分(郝晓地等,2017)。胡敏酸溶于碱、在 pH<2 酸液中会形成沉淀,富里酸为在酸、碱溶液中均可溶解的低分子物质,胡敏素既不溶于碱也不溶于酸。胡敏酸、富里酸和胡敏素这三个组分的平均分子质量、结构组成、颜色深度大小顺序为胡敏素>胡敏酸>富里酸(胡敏素呈黑色、胡敏酸呈褐色、富里酸呈浅黄色),各自分子结构中相应的羧基含量大小顺序则完全相反。

腐殖质体系中最主要的高分子有机化合物胡敏酸在溶液中具有胶体的性质(魏孝荣和邵明安,2007)。胡敏酸分子富含大量的羧基、羰基、酚羟基、氨基等多种活性的疏水官能团和亲水官能团,使其分子在化学性质不同的溶液中带不同性质和数量的电荷,因而对稀土等重金属离子具有较强的吸附、络合以及氧化还原能力,可与土壤环境中的各种重金属离子发生交互作用,改变其存在形态、移动性和生物有效性。

腐殖质作为动、植物及微生物残体在生物与非生物降解、聚合等作用下形成的天然有机质,是土壤有机质最主要的存在形式,一般占土壤有机质的 60%～90%(郝晓地等,2017)。腐殖质分子结构主要以芳香环作为骨架,同时存在一定数量的多环环烷烃、含氮杂环,在芳香环上还含有大量多种含氧官能团,包括羧基、醇羟基、酚羟基和羰基等,且其侧链上含有链烃化合物(如糖类、多肽),见图6-1(Stevenson F.J.,1982)。

这样的结构特征使腐殖质具有螯合、络合、氧化还原和吸附与离子交换等功能,可对它所处介质中物理化学反应以及物质迁移、降解转化行为发挥重要调控作用。其中,羧基与酚羟基是腐殖质发挥调控作用最为关键的官能团,也是不同来源腐殖质结构中更为普遍存在的官能团。多种活性官能团(如:—COOH,—OH 等)具有与重金属形成强螯合物和离子交换的能力。同时,腐殖质很大程度上因醌基、酚羟基而具有氧化还原能力,并能介导电子转移。此外,腐殖质分子呈交联网状结构,具有空穴,能够捕获和结合各种有机分子、无机质和水分子。

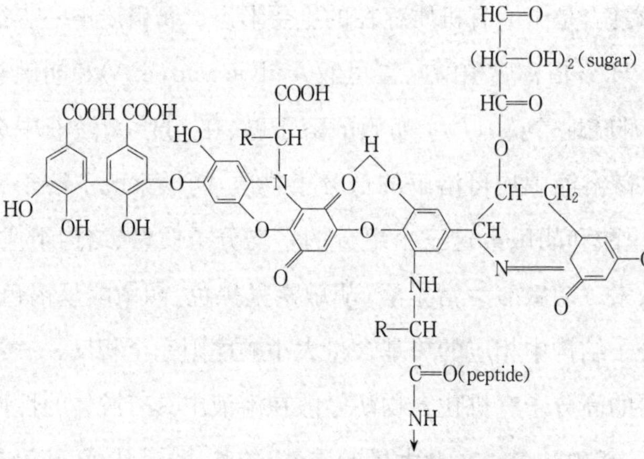

图 6-1 腐殖质结构模型

土壤中有机质含量的高低,控制着土壤中稀土元素等重金属元素的地球化学行为,它不仅对土地生产力有着十分重要的意义,而且对土壤中重金属生态效应有着重要的影响(张江华等,2014)。有机质对重金属元素移动性和有效性的影响可通过静电吸附和配位/螯合作用来实现,尤其是有机质中的腐殖质含有大量官能团,在螯合物形成过程中被腐殖质官能团螯合的金属离子可比较稳定地保存在土壤中,当土壤 pH 发生变化时,螯合的金属离子又被释放而随地表水的运动而发生迁移。固相有机物能吸附重金属离子而限制其移动性,但由于拥有氮、氧等有机活性基,可溶性有机物则可能和重金属离子形成配合物增加重金属元素的移动性。

6.2.3　土壤 pH 值与有机质含量

有关本研究中泄洪渠(XHQ)表层土壤及其土壤剖面有机质含量与 pH 值的详细数据见表 6-6 和表 6-7。

表 6-6　泄洪渠表层土壤有机质含量与 pH 值

	XHQ1	XHQ2	XHQ3	XHQ4	XHQ5	XHQ6	平均值
pH 值	7.62	7.66	7.56	7.65	7.57	7.64	7.62
有机质(g/kg)	45.134	64.098	57.271	64.857	43.238	39.066	52.277

上表中表层土壤样品 XHQ1～XHQ6（梅花状布点采集，10 个小样组合成一个大样）接近等距离分布在宽度 40 米、长度 1 800 米泄洪渠研究段。

表 6-7　泄洪渠土壤剖面结构层 pH 值和有机质含量

剖面编号	剖面结构	分层厚度（cm）	pH	有机质（g/kg）	总厚度（cm）	剖面 pH 值加权平均值	剖面有机质加权平均值（g/kg）
PM1	A	50	7.95	36.032	170	7.86	21.256
	B	69	7.78	10.001			
	C	51	7.88	21.998			
PM2	A	53	7.82	44.755	159	7.81	24.933
	B	44	7.80	19.621			
	C	62	7.80	11.758			
PM3	A	62	7.29	36.38	158	7.69	16.470
	B	66	7.92	3.804			
	C	30	8.03	3.186			
PM4	A	30	7.35	58.409	189	7.58	14.846
	B	80	7.46	9.482			
	C	79	7.78	3.735			
PM5	A	48	7.68	27.119	129	7.89	11.539
	B	63	8.00	2.478			
	C	18	8.10	1.707			
PM6	A	60	7.48	29.129	168	7.44	12.760
	B	52	7.59	4.551			
	C	56	7.26	2.845			
PM7	A	50	7.50	29.478	169	7.74	10.775
	B	74	7.84	2.845			
	C	45	7.86	3.034			
PM8	A	64	7.46	50.427	175	7.71	22.524
	B	79	7.84	7.968			
	C	32	7.89	2.655			

（续表）

剖面编号	剖面结构	分层厚度（cm）	pH	有机质（g/kg）	总厚度（cm）	剖面 pH 值加权平均值	剖面有机质加权平均值（g/kg）
PM9	A	81	7.46	41.384	158	7.61	23.804
	B	48	7.74	5.31			
	C	29	7.82	5.31			
PM10	A	72	8.18	20.144	161	8.11	10.452
	B	47	8.01	2.503			
	C	42	8.10	2.731			
最小值		18	7.26	1.707	129	7.44	10.452
最大值		81	8.18	58.409	189	8.11	24.933
平均值		54.53	7.76	16.693	163.6	7.74	16.936

上述各分层分别合并为 A、B、C 层时，对有机质含量和 pH 值分别进行了加权计算。

根据表 6 - 7 完成图 6 - 2 和图 6 - 3，进行土壤剖面各层次土壤 pH 值变异性的对比。

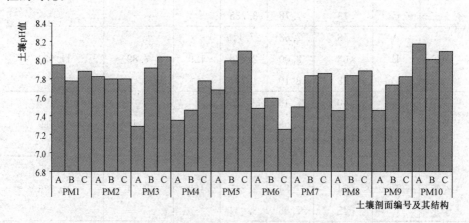

图 6 - 2　土壤剖面 A、B、C 各层 pH 值对比

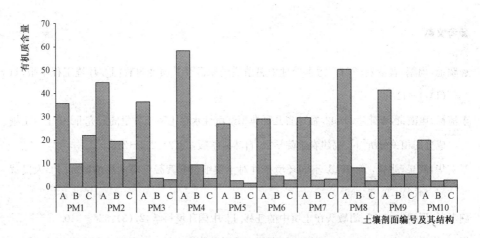

图 6 - 3　土壤剖面 A、B、C 各层有机质含量对比

综合以上各节所述，四道沙河泄洪渠段采取土壤样品的 10 个剖面，厚度在 129～189 cm 之间，平均厚度 163.6 cm。在土壤剖面结构中，A 层厚度在 30～81 cm 之间，平均厚度 57.0 cm；B 层厚度在 44～80 cm 之间，平均厚度 62.2 cm；C 层厚度在 18～79 cm 之间，平均厚度 44.4 cm。剖面结构中的物质成分，A 层为农业耕作形成的表层土壤层，富含有机质，土壤团聚体丰富，土壤疏松；B 层主要是泥质石英粉砂、细砂或粉砂质泥土；C 层主要为长石石英粗砂细砂或泥质细砂；C 层以下为长石石英质细砾或砾质粗砂岩。

10 个剖面的土壤 pH 值在 7.44～8.11 之间，平均值为 7.74；土壤有机质含量在 10.452～24.933 g/kg 之间，平均值为 16.936 g/kg。其中 A 层的土壤 pH 值在 7.29～8.18 之间，pH 平均值为 7.62；土壤有机质含量在 20.144～58.409 g/kg 之间，平均值为 37.326 g/kg。B 层的土壤 pH 值在 7.46～8.01 之间，pH 平均值为 7.80；土壤有机质含量在 2.478～19.621 g/kg 之间，平均值为 6.856 g/kg。C 层的土壤 pH 值在 7.26～8.10 之间，pH 平均值为 7.85；土壤有机质含量在 1.707～21.998 g/kg 之间，平均值为 5.896 g/kg。

在第 6 章剖面物质成分、pH 值和有机质含量等基础上，后面第 7 章分析土壤剖面稀土含量特征。

参考文献

郝晓地,周鹏,曹亚莉.2017.污水处理中腐殖质的来源及其演变过程[J].环境工程学报,11(1):1-11.

李清禄,唐南奇,李建生.1992.福建省几种典型红壤性水稻土稀土含量的研究Ⅱ.稀土与土壤成分的相关分析[J].福建农学院学报:自然科学版,22(2):211-215.

覃宏华,武泉,张智,等.2013.不同环境条件对土壤细颗粒絮凝沉降的影响研究[J].人民黄河,44(9):72-74,96.

魏孝荣,邵明安.2007.胡敏酸在土壤中的迁移[J].中国环境科学,27(3):336-340.

杨红,徐唱唱,赛曼,等.2016.不同土地利用方式对土壤含水量、pH 值及电导率的影响[J].浙江农业学报,28(11):1922-1927.

张江华,王葵颖,李皓,等.2014.陕西潼关金矿区土壤 Pb 和 Cd 生物有效性的影响因素及其意义[J].地质通报,33(8):1188-1195.

Jakobsen S. T. 1996. Leaching of nutrients from pots with and without applied compost[J]. Resources,Conservation and Recycling,17:1-11.

Stevenson F. J. 1982. Humus Chemistry[M]. New York:John Wiley & Sons.

第7章　土壤剖面稀土含量特征

　　泄洪渠土质多为沙壤土和砂土,污水渠土壤实际上是在灌淤土(微层理)的基础上又叠加了地带性的成土作用,故土壤剖面 A、B、C 各层的平均 pH 值分别是 7.62、7.80、7.85,表现为微碱性土壤。这种灌淤土成土动力条件除洪水外,还以流域内注入的污水(生活污水、工业污水及污水厂处理后排放的中水)为主要动力。泄洪渠内每年有农民种植玉米,故在泄洪渠内农田土壤重点开挖 10 个土壤剖面,采集样品时根据土壤发生层的变化,在不同的剖面根据实际情况,分别将 A、B、C 各层进行详细的次一级分层。各节详细分析泄洪渠土壤剖面稀土含量特征,且与前人的研究成果对比分析泄洪渠土壤剖面与包头黄河水系稀土分布规律等。

7.1　泄洪渠土壤剖面稀土含量特征

　　将采集的样品分析出稀土元素含量之后,进行土壤剖面稀土元素球粒陨石标准化,并制作土壤各剖面详细分层的各个稀土元素球粒陨石标准化分布模式图。

　　由于现有可查阅的资料中球粒陨石稀土元素含量值(见本书第 3 章表3－4)没有 Sc 和 Y 元素的数据,故进行球粒陨石标准计算的表 7－1 及土壤剖面中稀土元素球粒陨石标准化分布模式图中没有制作 Sc 和 Y 元素标准化数据及其分布模式图。

表 7 - 1 土壤剖面稀土元素球粒陨石标准化数据

剖面号	样号	分层	采样段（cm）	厚度（cm）	La	Ce	Pr	Nd	Sm	Eu	Gd
PM1	PM104	A	120—170	50	3.665	3.539	3.448	3.310	2.744	2.455	2.425
	PM103	B1	90—120	30	2.815	2.655	2.313	2.105	1.672	1.307	1.530
	PM102	B2	51—90	39	2.187	2.067	1.970	1.842	1.579	1.268	1.388
	PM101	C	0—51	51	2.253	2.110	2.007	1.886	1.629	1.338	1.452
PM2	PM204	A	106—159	53	3.534	3.365	3.249	3.098	2.558	2.346	2.225
	PM203	B1	85—106	21	3.558	3.174	2.977	2.729	2.088	1.685	1.920
	PM202	B2	62—85	23	4.125	3.846	3.499	3.231	2.573	2.126	2.531
	PM201	C	0—62	62	2.133	2.005	1.893	1.773	1.520	1.205	1.311
PM3	PM305	A1	119—158	39	3.543	3.398	3.343	3.215	2.718	2.626	2.322
	PM304	A2	96—119	23	3.705	3.453	3.267	3.063	2.474	2.155	2.240
	PM303	B1	59—96	67	3.247	3.134	2.785	2.587	2.024	1.677	1.896
	PM302	B2	30—59	29	2.367	2.214	1.975	1.822	1.482	1.189	1.314
	PM301	C	0—30	30	2.114	1.955	1.845	1.714	1.434	1.159	1.240
PM4	PM406	A	159—189	40	3.585	3.429	3.368	3.264	2.752	2.580	2.364
	PM405	B1	119—159	40	3.137	2.955	2.839	2.683	2.177	1.860	1.881
	PM404	B2	79—119	40	1.954	1.815	1.727	1.611	1.406	1.119	1.275
	PM403	C1	40—79	39	2.114	2.026	1.941	1.831	1.560	1.277	1.351
	PM402	C2	21—40	19	2.250	2.124	2.029	1.904	1.615	1.235	1.405
	PM401	C3	0—21	21	2.367	2.236	2.143	2.015	1.730	1.304	1.502
PM5	PM505	A1	118—142	24	3.511	3.350	3.262	3.104	2.576	2.333	2.245
	PM504	A2	94—118	24	2.290	2.134	2.028	1.889	1.559	1.284	1.353
	PM503	B1	68—94	26	2.266	2.149	2.057	1.942	1.666	1.294	1.453
	PM502	B2	31—68	37	2.218	2.102	2.004	1.888	1.621	1.245	1.404
	PM501	C	13—31	18	2.132	2.019	1.934	1.819	1.573	1.248	1.364
PM6	PM604	A1	141—168	27	3.624	3.455	3.339	3.183	2.618	2.340	2.315
	PM603	A2	108—141	33	3.805	3.645	3.509	3.352	2.765	2.431	2.511
	PM602	B	56—108	52	2.087	1.972	1.873	1.754	1.505	1.176	1.310
	PM601	C	0—56	56	2.283	2.168	2.067	1.944	1.696	1.229	1.494

(续表)

剖面号	样号	分层	采样段 (cm)	厚度 (cm)	La	Ce	Pr	Nd	Sm	Eu	Gd
	PM705	A1	132—169	37	3.189	3.002	2.896	2.769	2.232	2.092	1.903
	PM704	A2	119—132	13	2.462	2.280	2.212	2.061	1.717	1.396	1.485
PM7	PM703	B1	105—119	14	2.360	2.254	2.164	2.040	1.773	1.338	1.554
	PM702	B2	45—105	60	2.379	2.252	2.161	2.030	1.731	1.306	1.504
	PM701	C	0—45	45	2.020	1.887	1.803	1.695	1.454	1.265	1.263
	PM805	A1	136—175	39	3.934	3.521	3.531	3.427	2.928	2.810	2.506
	PM804	A2	111—136	25	3.613	3.439	3.307	3.152	2.576	2.261	2.286
PM8	PM803	B1	90—111	21	2.048	1.914	1.816	1.695	1.431	1.166	1.222
	PM802	B2	32—90	58	2.115	1.970	1.869	1.745	1.438	1.172	1.233
	PM801	C	0—32	32	1.924	1.809	1.727	1.619	1.363	1.062	1.148
	PM904	A1	116—158	42	3.382	3.188	3.119	2.985	2.480	2.310	2.097
	PM903	A2	77—116	39	3.701	3.548	3.436	3.282	2.714	2.397	2.449
PM9	PM902	B	29—77	48	2.478	2.344	2.233	2.107	1.763	1.454	1.525
	PM901	C	0—29	29	2.049	1.926	1.830	1.714	1.465	1.194	1.299
	PM1004	A1	133—161	28	3.091	2.743	2.803	2.620	2.235	2.071	1.813
	PM1003	A2	89—133	44	2.005	1.885	1.794	1.680	1.432	1.156	1.245
PM10	PM1002	B	42—89	47	2.049	1.930	1.838	1.724	1.469	1.170	1.262
	PM1001	C	0—42	42	2.151	2.020	1.919	1.788	1.517	1.204	1.325

剖面号	样号	分层	采样段 (cm)	厚度 (cm)	Tb	Dy	Ho	Er	Tm	Yb	Lu	ΣREE
	PM104	A	120—170	50	1.864	1.587	1.397	1.253	1.120	1.114	1.048	3.789
	PM103	B1	90—120	30	1.232	1.105	1.045	1.022	1.004	1.033	1.027	2.850
PM1	PM102	B2	51—90	39	1.278	1.198	1.163	1.151	1.133	1.152	1.151	2.411
	PM101	C	0—51	51	1.350	1.263	1.222	1.187	1.158	1.163	1.146	2.461
	PM204	A	106—159	53	1.743	1.485	1.323	1.206	1.117	1.122	1.078	3.621
	PM203	B1	85—106	21	1.375	1.144	1.052	1.013	0.978	0.999	0.973	3.472
PM2	PM202	B2	62—85	23	1.832	1.517	1.388	1.314	1.234	1.242	1.191	4.058
	PM201	C	0—62	62	1.203	1.109	1.052	1.024	1.000	1.004	0.995	2.343

（续表）

剖面号	样号	分层	采样段(cm)	厚度(cm)	Tb	Dy	Ho	Er	Tm	Yb	Lu	ΣREE
PM3	PM305	A1	119—158	39	1.852	1.610	1.433	1.303	1.174	1.168	1.110	3.681
	PM304	A2	96—119	23	1.695	1.419	1.256	1.152	1.068	1.089	1.058	3.703
	PM303	B1	59—96	67	1.474	1.302	1.243	1.210	1.176	1.190	1.167	3.296
	PM302	B2	30—59	29	1.164	1.077	1.039	1.018	0.999	1.018	1.013	2.477
	PM301	C	0—30	30	1.159	1.090	1.060	1.039	1.017	1.025	1.000	2.304
PM4	PM406	A	159—189	40	1.861	1.614	1.438	1.306	1.188	1.187	1.123	3.715
	PM405	B1	119—159	40	1.497	1.291	1.157	1.057	0.986	0.984	0.941	3.220
	PM404	B2	79—119	40	1.295	1.249	1.184	1.168	1.188	1.236	1.206	2.233
	PM403	C1	40—79	39	1.250	1.165	1.116	1.077	1.041	1.043	1.014	2.369
	PM402	C2	21—40	19	1.289	1.214	1.192	1.194	1.197	1.221	1.219	2.463
	PM401	C3	0—21	21	1.357	1.248	1.192	1.162	1.134	1.149	1.142	2.560
PM5	PM505	A1	118—142	24	1.773	1.549	1.393	1.288	1.197	1.195	1.155	3.613
	PM504	A2	94—118	24	1.215	1.124	1.074	1.043	1.017	1.025	1.008	2.456
	PM503	B1	68—94	26	1.331	1.243	1.198	1.172	1.147	1.164	1.149	2.487
	PM502	B2	31—68	37	1.291	1.200	1.161	1.147	1.135	1.166	1.170	2.441
	PM501	C	13—31	18	1.269	1.199	1.167	1.158	1.155	1.185	1.188	2.379
PM6	PM604	A1	141—168	27	1.811	1.545	1.367	1.231	1.103	1.100	1.047	3.707
	PM603	A2	108—141	33	1.977	1.718	1.543	1.391	1.242	1.226	1.155	3.885
	PM602	B	56—108	52	1.210	1.121	1.075	1.049	1.030	1.052	1.045	2.320
	PM601	C	0—56	56	1.384	1.277	1.223	1.190	1.176	1.202	1.208	2.503
PM7	PM705	A1	132—169	37	1.489	1.280	1.156	1.067	0.988	1.016	0.979	3.277
	PM704	A2	119—132	13	1.314	1.240	1.198	1.162	1.118	1.132	1.118	2.612
	PM703	B1	105—119	14	1.426	1.325	1.276	1.261	1.254	1.290	1.306	2.585
	PM702	B2	45—105	60	1.351	1.240	1.182	1.148	1.122	1.148	1.149	2.572
	PM701	C	0—45	45	1.186	1.117	1.094	1.083	1.087	1.126	1.140	2.269
PM8	PM805	A1	136—175	39	1.986	1.752	1.555	1.424	1.293	1.304	1.210	3.926
	PM804	A2	111—136	25	1.804	1.549	1.382	1.243	1.112	1.107	1.055	3.686
	PM803	B1	90—111	21	1.121	1.032	0.995	0.961	0.927	0.938	0.920	2.263
	PM802	B2	32—90	58	1.110	1.022	0.979	0.960	0.940	0.950	0.941	2.307
	PM801	C	0—32	32	1.044	0.964	0.931	0.918	0.903	0.909	0.899	2.171

（续表）

剖面号	样号	分层	采样段（cm）	厚度（cm）	Tb	Dy	Ho	Er	Tm	Yb	Lu	ΣREE
PM9	PM904	A1	116—158	42	1.688	1.472	1.322	1.208	1.101	1.095	1.053	3.477
	PM903	A2	77—116	39	1.935	1.681	1.505	1.357	1.219	1.213	1.160	3.797
	PM902	B	29—77	48	1.340	1.234	1.183	1.151	1.127	1.138	1.104	2.647
	PM901	C	0—29	29	1.247	1.196	1.170	1.146	1.116	1.115	1.094	2.298
PM10	PM1004	A1	133—161	28	1.450	1.264	1.127	1.037	0.964	0.973	0.924	3.139
	PM1003	A2	89—133	44	1.153	1.076	1.034	0.999	0.975	0.982	0.965	2.246
	PM1002	B	42—89	47	1.155	1.076	1.029	1.007	0.991	1.009	0.997	2.283
	PM1001	C	0—42	42	1.215	1.132	1.091	1.064	1.048	1.067	1.061	2.361

根据上表,选取分层多、土壤稀土含量高且具有代表性的剖面 PM8 中 14 个稀土元素(不包括 Sc 和 Y),对比单个稀土元素在剖面各层的分布模式(见图 7-1 系列)。

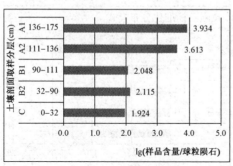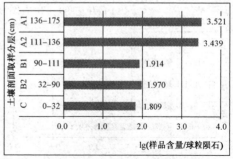

（1）La（左图）、Ce（右图）球粒陨石标准化分布模式

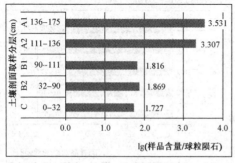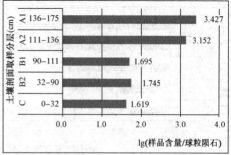

（2）Pr（左图）、Nd（右图）球粒陨石标准化分布模式

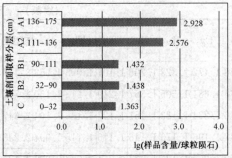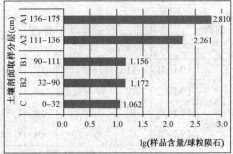

（3）Sm（左图）、Eu（右图）球粒陨石标准化分布模式

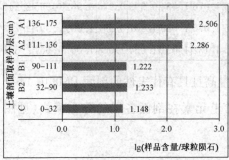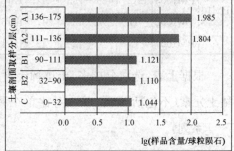

（4）Gd（左图）、Tb（右图）球粒陨石标准化分布模式

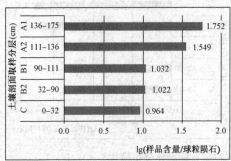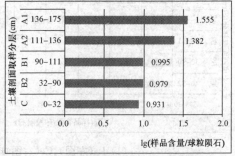

（5）Dy（左图）、Ho（右图）球粒陨石标准化分布模式

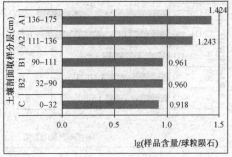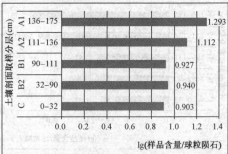

（6）Er（左图）、Tm（右图）球粒陨石标准化分布模式

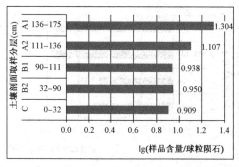
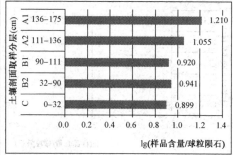

（7）Yb（左图）、Lu（右图）球粒陨石标准化分布模式

图 7‑1 土壤剖面 PM8 各稀土元素球粒陨石标准化分布模式

对比 PM1—PM10 共 10 个土壤剖面稀土元素总量 ΣREE 的球粒陨石标准化分布模式（见图 7‑2 系列）。

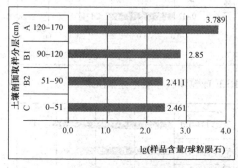
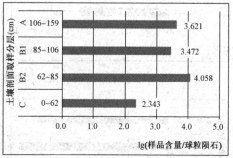

（1）PM1（左图）、PM2（右图）ΣREE 球粒陨石标准化分布模式

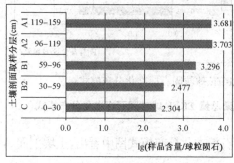
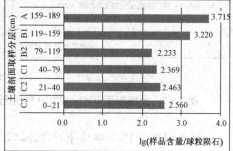

（2）PM3（左图）、PM4（右图）ΣREE 球粒陨石标准化分布模式

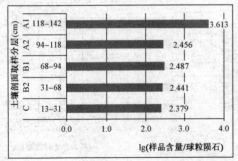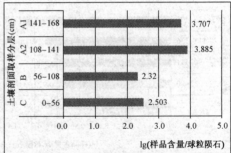

（3）PM5（左图）、PM6（右图）ΣREE 球粒陨石标准化分布模式

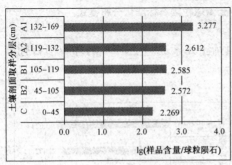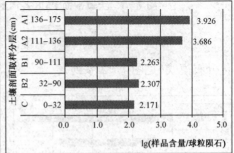

（4）PM7（左图）、PM8（右图）ΣREE 球粒陨石标准化分布模式

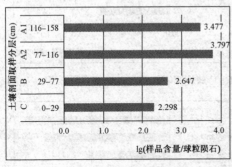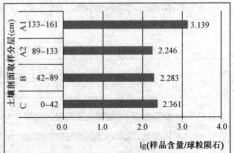

（5）PM9（左图）、PM10（右图）ΣREE 球粒陨石标准化分布模式

图 7－2　土壤剖面 PM1—PM10 稀土元素总量 ΣREE 球粒陨石标准化分布模式

　　从土壤剖面 PM8 各稀土元素球粒陨石标准化分布模式图中看出，土壤剖面 A 层各稀土元素的球粒陨石标准化值都明显高于 B 层，而 C 层略低于 B 层。从土壤剖面 PM1—PM10 稀土元素总量 ΣREE 球粒陨石标准化分布模式图中看出，稀土

总量 ΣREE 与典型剖面的垂直变化都与 PM8 相似,具有一致的变化趋势。

上节已经对土壤剖面稀土分布模式进行了详细的分析,后面各节不再进行类似重复的分析。

7.2　泄洪渠土壤剖面 A、B、C 各层稀土含量特征

对泄洪渠土壤剖面 A、B、C 各详细分层进行大层合并,且将泄洪渠土壤剖面各层稀土元素球粒陨石标准化之后作图,进行垂直方向上稀土含量变化规律的对比分析。

7.2.1　泄洪渠土壤剖面稀土含量几何平均值

对 A、B、C 各层稀土含量进行加权计算,根据计算结果完成各个稀土元素在泄洪渠土壤剖面 A、B、C 各层和整体加权值的土壤稀土含量变化特征箱形图,对比分析各稀土元素含量的变化特征。对 A、B、C 各层稀土含量的详细加权计算值(几何平均值)见表 7-2 稀土含量数据系列表。

表 7-2a 土壤剖面 A 层稀土含量几何平均值(mg/kg)

剖面编号	PM1	PM2	PM3	PM4	PM5	PM6	PM7
分层距离 cm	120—170	106—159	96—158	159—189	94—142	108—168	119—169
分层厚度 cm	50	53	62	30	48	60	50
La	1 432.400	1 059.800	1 263.869	1 192.000	533.400	1 675.075	377.969
Ce	2 795.800	1 874.600	2 122.247	2 168.100	959.350	2 997.815	640.598
Pr	342.200	216.500	252.900	284.900	117.950	336.555	76.164
Nd	1 224.500	751.600	876.582	1 102.600	404.365	1 153.485	278.800
Sm	108.200	70.430	85.648	110.200	40.267	98.863	27.286
Eu	20.940	16.300	23.433	27.930	8.622	18.137	7.200
Gd	68.850	43.470	50.901	59.840	25.678	70.292	17.398

(续表)

剖面编号	PM1	PM2	PM3	PM4	PM5	PM6	PM7
分层距离 cm	120—170	106—159	96—158	159—189	94—142	108—168	119—169
分层厚度 cm	50	53	62	30	48	60	50
Tb	3.464	2.624	2.992	3.442	1.794	3.855	1.334
Dy	12.440	9.848	11.393	13.250	7.844	14.336	5.999
Ho	1.792	1.512	1.706	1.968	1.314	2.131	1.055
Er	3.760	3.377	3.758	4.252	3.199	4.449	2.606
Tm	0.427	0.424	0.445	0.500	0.424	0.496	0.344
Yb	2.719	2.767	2.886	3.218	2.744	3.120	2.340
Lu	0.371	0.397	0.410	0.441	0.406	0.427	0.347
ΣREE	6 017.863	4 053.649	4 699.170	4 972.641	2 107.357	6 379.036	1 439.44
LREE	5 924.040	3 989.230	4 624.679	4 885.730	2 063.954	6 279.930	1 408.017
HREE	93.823	64.419	74.491	86.911	43.403	99.106	31.423
L/H	63.141	61.926	62.084	56.215	47.553	63.366	44.808
Sc	17.490	13.420	15.581	20.490	12.875	11.970	10.755
Y	42.330	37.710	45.369	52.240	32.835	42.753	24.379
Sc+Y	59.820	51.130	60.950	72.730	45.710	54.723	35.134
ΣREE*	6 077.683	4 104.779	4 760.12	5 045.371	2 153.067	6 433.759	1 474.574

剖面编号	PM8	PM9	PM10	最小值	最大值	平均值
分层距离 cm	111—175	77—158	89—161			
分层厚度 cm	64	81	72	30	81	57
La	2 120.600	1 136.719	167.818	167.818	2 120.600	1 095.965
Ce	2 503.723	2 020.796	211.606	211.606	2 997.815	1 829.464
Pr	349.027	243.356	34.767	34.767	349.027	225.432
Nd	1 310.386	852.970	114.728	114.728	1 310.386	807.002
Sm	129.364	79.139	16.245	16.245	129.364	76.564
Eu	34.188	16.593	4.008	4.008	34.188	17.735
Gd	70.151	51.856	9.338	9.338	70.292	46.777
Tb	3.975	3.162	0.932	0.932	3.975	2.757
Dy	15.554	12.385	4.644	4.644	15.554	10.769
Ho	2.247	1.887	0.848	0.848	2.247	1.646

剖面编号	PM8	PM9	PM10	最小值	最大值	平均值
分层距离 cm	111—175	77—158	89—161			
分层厚度 cm	64	81	72	30	81	57
Er	4.835	4.057	2.170	2.170	4.835	3.646
Tm	0.551	0.470	0.303	0.303	0.551	0.438
Yb	3.611	2.994	1.988	1.988	3.611	2.839
Lu	0.476	0.426	0.296	0.296	0.476	0.400
ΣREE	6 548.688	4 426.810	569.691	569.691	6 548.688	4 121.435
LREE	6 447.288	4 349.573	549.172	549.172	6 447.288	4 052.161
HREE	101.4	77.237	20.519	20.519	101.400	69.273
L/H	63.583	56.315	26.764	26.764	63.583	54.576
Sc	16.933	13.094	11.049	10.755	20.490	14.366
Y	60.467	41.850	21.654	21.654	60.467	40.159
Sc＋Y	77.400	54.944	32.703	32.703	77.400	54.524
ΣREE*	6 626.088	4 481.754	602.394	602.394	6 626.088	4 175.959

表 7－2b　土壤剖面 B 层稀土含量几何平均值(mg/kg)

剖面编号	PM1	PM2	PM3	PM4	PM5	PM6	PM7
分层距离 cm	51—120	62—106	30—96	79—159	31—94	56—108	45—119
分层厚度 cm	69	44	66	80	63	52	74
La	114.972	2 693.018	338.276	226.530	53.699	37.860	73.608
Ce	211.914	3 539.093	674.755	390.865	106.970	75.840	144.595
Pr	17.338	256.361	46.778	45.330	12.980	9.107	17.699
Nd	56.789	686.739	147.454	156.950	48.872	34.050	64.562
Sm	8.163	49.509	14.142	17.156	8.511	6.234	10.702
Eu	1.418	6.831	2.460	3.146	1.356	1.103	1.509
Gd	7.390	56.239	13.769	12.277	6.892	5.292	8.450
Tb	0.860	2.220	1.095	1.212	0.963	0.768	1.101
Dy	4.650	7.669	5.310	6.005	5.324	4.257	5.822
Ho	0.937	1.304	1.049	1.065	1.078	0.854	1.142
Er	2.642	3.296	2.872	2.743	3.019	2.352	3.117

（续表）

剖面编号	PM1	PM2	PM3	PM4	PM5	PM6	PM7
分层距离 cm	51—120	62—106	30—96	79—159	31—94	56—108	45—119
分层厚度 cm	69	44	66	80	63	52	74
Tm	0.391	0.437	0.414	0.407	0.447	0.347	0.458
Yb	2.659	2.902	2.771	2.806	3.055	2.355	3.156
Lu	0.419	0.418	0.424	0.412	0.482	0.368	0.506
ΣREE	430.542	7 306.036	1 251.569	866.904	253.648	180.787	336.430
LREE	410.594	7 231.551	1 223.865	839.977	232.388	164.194	312.68
HREE	19.948	74.485	27.704	26.927	21.260	16.593	23.750
L/H	20.583	97.087	44.176	31.195	10.931	9.895	13.165
Sc	11.103	10.994	10.967	10.075	11.643	10.620	11.566
Y	23.113	31.759	26.679	26.920	27.185	20.980	28.508
Sc＋Y	34.216	42.753	37.646	36.995	38.828	31.600	40.070
ΣREE*	464.758	7 348.789	1 289.215	903.899	292.476	212.387	376.500

剖面编号	PM8	PM9	PM10	最小值	最大值	平均值
分层距离 cm	32—111	29—77	42—89			
分层厚度 cm	79	48	47	44	80	62.2
La	38.893	93.120	34.710	34.71	2 693.018	370.469
Ce	72.945	178.400	68.800	68.800	3 539.093	546.418
Pr	8.745	20.850	8.401	8.401	256.361	44.359
Nd	32.410	76.820	31.800	31.800	686.739	133.645
Sm	5.318	11.300	5.739	5.318	49.509	13.677
Eu	1.088	2.091	1.087	1.087	6.831	2.209
Gd	4.402	8.668	4.738	4.402	56.239	12.812
Tb	0.614	1.038	0.678	0.614	2.22	1.055
Dy	3.405	5.523	3.838	3.405	7.669	5.180
Ho	0.691	1.095	0.767	0.691	1.304	0.998
Er	1.916	2.976	2.133	1.916	3.296	2.707
Tm	0.280	0.434	0.317	0.28	0.458	0.393
Yb	1.849	2.872	2.135	1.849	3.156	2.656
Lu	0.286	0.422	0.330	0.286	0.506	0.407

(续表)

剖面编号	PM8	PM9	PM10	最小值	最大值	平均值
分层距离 cm	32—111	29—77	42—89			
分层厚度 cm	79	48	47	44	80	62.2
ΣREE	172.842	405.609	165.473	165.473	7 306.036	1 136.984
LREE	159.399	382.581	150.537	150.537	7 231.551	1 110.777
HREE	13.443	23.028	14.936	13.443	74.485	26.207
L/H	11.857	16.614	10.079	9.895	97.087	26.558
Sc	9.042	15.270	9.988	9.042	15.270	11.127
Y	17.499	26.770	19.630	17.499	31.759	24.904
Sc+Y	26.541	42.040	29.618	26.541	42.753	36.031
ΣREE*	199.383	447.649	195.091	195.091	7 348.789	1 173.015

表 7-2c 土壤剖面 C 层稀土含量几何平均值(mg/kg)

剖面编号	PM1	PM2	PM3	PM4	PM5	PM6	PM7
分层距离 cm	0—51	0—62	0—30	0—79	13—31	0—56	0—45
分层厚度 cm	51	62	30	79	18	56	45
La	55.550	42.140	40.260	52.310	41.990	59.460	32.430
Ce	104.200	81.730	72.870	105.116	84.450	119.000	62.250
Pr	12.400	9.541	8.540	12.902	10.480	14.230	7.756
Nd	46.130	35.570	31.080	48.145	39.580	52.780	29.720
Sm	8.304	6.460	5.299	8.212	7.297	9.693	5.551
Eu	1.602	1.178	1.059	1.384	1.300	1.244	1.352
Gd	7.332	5.300	4.502	6.637	5.985	8.070	4.747
Tb	1.062	0.756	0.683	0.924	0.880	1.148	0.728
Dy	5.894	4.142	3.961	5.108	5.090	6.100	4.213
Ho	1.197	0.810	0.825	1.028	1.054	1.200	0.891
Er	3.233	2.220	2.295	2.836	3.022	3.249	2.545
Tm	0.466	0.324	0.337	0.416	0.463	0.486	0.396
Yb	3.039	2.110	2.214	2.757	3.197	3.331	2.796
Lu	0.465	0.328	0.332	0.424	0.512	0.536	0.458
ΣREE	301.874	254.609	204.257	327.199	223.300	336.527	200.833

(续表)

剖面编号	PM1	PM2	PM3	PM4	PM5	PM6	PM7
分层距离 cm	0—51	0—62	0—30	0—79	13—31	0—56	0—45
分层厚度 cm	51	62	30	79	18	56	45
LREE	279.186	238.619	189.108	307.069	203.097	312.407	184.059
HREE	22.688	15.99	15.149	20.13	20.203	24.120	16.774
L/H	12.305	14.923	12.483	15.254	10.053	12.952	10.973
Sc	16.780	11.120	9.198	11.255	11.480	11.720	14.560
Y	30.570	19.820	20.880	25.951	26.540	29.240	21.930
Sc+Y	47.350	30.940	30.078	37.206	38.020	40.960	36.490
ΣREE*	349.224	285.549	234.335	364.405	261.320	377.487	237.323

剖面编号	PM8	PM9	PM10	最小值	最大值	平均值
分层距离 cm	0—32	0—29	0—42			
分层厚度 cm	32	29	42	18	79	44.4
La	26.030	34.680	43.840	26.030	59.460	42.869
Ce	52.030	68.180	84.570	52.030	119.000	83.440
Pr	6.508	8.245	10.130	6.508	14.230	10.073
Nd	24.940	31.090	36.850	24.940	52.780	37.589
Sm	4.497	5.691	6.411	4.497	9.693	6.742
Eu	0.848	1.150	1.177	0.848	1.602	1.229
Gd	3.641	5.152	5.474	3.641	8.070	5.684
Tb	0.524	0.837	0.778	0.524	1.148	0.832
Dy	2.966	5.062	4.361	2.966	6.100	4.690
Ho	0.613	1.062	0.885	0.613	1.200	0.957
Er	1.738	2.942	2.432	1.738	3.249	2.651
Tm	0.259	0.423	0.362	0.259	0.486	0.393
Yb	1.693	2.722	2.436	1.693	3.331	2.630
Lu	0.263	0.412	0.382	0.263	0.536	0.411
ΣREE	158.550	196.648	242.088	158.550	336.527	244.589
LREE	146.853	178.036	224.978	146.853	312.407	226.341
HREE	11.697	18.612	17.110	11.697	24.120	18.247
L/H	12.555	9.566	13.149	9.566	15.254	12.421
Sc	8.808	10.160	11.130	8.808	16.780	11.621
Y	15.270	26.780	22.360	15.270	30.570	23.934
Sc+Y	24.078	36.940	33.490	24.078	47.350	35.555
ΣREE*	182.628	233.588	275.578	182.628	377.487	280.144

泄洪渠所有土壤剖面整体即 A、B、C 三层的稀土含量加权平均值计算结果详见表 7-3。

表 7-3　泄洪渠土壤剖面整体稀土含量几何平均值及其特征值

剖面	PM1	PM2	PM3	PM4	PM5	PM6
La	484.624	1 114.936	644.898	306.957	230.559	629.780
Ce	939.566	1 636.108	1 128.476	553.526	420.992	1 133.789
Pr	111.404	146.830	120.401	69.802	51.690	127.760
Nd	397.036	454.444	411.471	261.574	179.852	440.092
Sm	37.628	39.696	40.522	28.186	20.158	40.469
Eu	7.215	7.783	10.424	6.343	4.052	7.234
Gd	25.449	32.120	26.580	17.469	13.755	29.432
Tb	1.686	1.784	1.761	1.445	1.260	1.997
Dy	7.314	7.020	7.441	6.780	6.229	8.471
Ho	1.266	1.181	1.264	1.193	1.162	1.425
Er	3.148	2.903	3.110	3.021	3.086	3.400
Tm	0.424	0.389	0.412	0.425	0.440	0.447
Yb	2.791	2.548	2.710	2.851	2.959	2.954
Lu	0.419	0.376	0.401	0.421	0.458	0.445
ΣREE	2 019.970	3 448.118	2 399.871	1 259.993	936.652	2 427.695
LREE	1 977.473	3 399.797	2 356.192	1 226.388	907.303	2 379.124
HREE	42.497	48.321	43.679	33.605	29.349	48.571
L/H	46.532	70.359	53.943	36.494	30.914	48.982
Sc	14.685	11.852	12.442	12.221	12.079	11.469
Y	31.002	29.087	32.912	30.534	29.197	31.509
Sc+Y	45.687	40.939	45.354	42.755	41.276	42.978
ΣREE*	2 065.657	3 489.057	2 445.225	1 302.748	977.928	2 470.673

剖面	PM7	PM8	PM9	PM10	最小值	最大值	平均值
La	152.691	797.851	617.403	96.618	96.618	1 114.936	507.632
Ce	269.415	958.091	1 102.689	136.777	136.777	1 636.108	827.943
Pr	32.349	132.782	132.606	20.643	20.643	146.830	94.627
Nd	118.669	498.418	466.326	70.203	70.203	498.418	329.809

（续表）

剖面	PM7	PM8	PM9	PM10	最小值	最大值	平均值
Sm	14.237	50.533	45.049	10.613	10.613	50.533	32.709
Eu	3.151	13.149	9.353	2.417	2.417	13.149	7.112
Gd	10.111	28.308	30.163	6.987	6.987	32.120	22.037
Tb	1.071	1.827	2.090	0.818	0.818	2.090	1.574
Dy	5.446	7.768	8.956	4.335	4.335	8.956	6.976
Ho	1.049	1.246	1.495	0.834	0.834	1.495	1.212
Er	2.814	2.951	3.524	2.228	2.228	3.524	3.019
Tm	0.408	0.375	0.450	0.322	0.322	0.450	0.409
Yb	2.819	2.465	2.907	2.148	2.148	2.959	2.715
Lu	0.446	0.351	0.422	0.328	0.328	0.458	0.407
ΣREE	614.676	2 496.115	2 423.433	355.271	355.271	3 448.118	1 838.179
LREE	590.512	2 450.824	2 373.426	337.271	337.271	3 399.797	1 799.831
HREE	24.164	45.291	50.007	18.000	18.000	50.007	38.348
L/H	24.438	54.113	47.462	18.737	18.737	70.359	43.197
Sc	12.123	11.885	13.217	10.760	10.760	14.685	12.273
Y	25.535	32.805	34.503	21.247	21.247	34.503	29.833
Sc+Y	37.658	44.690	47.720	32.007	32.007	47.720	42.106
ΣREE*	652.334	2 540.805	2 471.153	387.278	387.278	3 489.057	1 880.286

说明：上表最后一行中的 ΣREE*，其中"*"表示稀土总含量中包括 Sc、Y 共 16 个稀土元素的含量。

　　根据表 7-2 系列各表的数据，完成各个稀土元素在泄洪渠土壤剖面 A、B、C 各层和整体加权值的土壤稀土元素含量变化特征箱形图，见图 7-3。

　　每幅图中从左到右，4 个箱形图依次都是泄洪渠土壤剖面 A 层、B 层、C 层及整体（即图幅内水平轴方向标注的"剖面 A 层—B 层—C 层—整体"）稀土含量的变化特征。

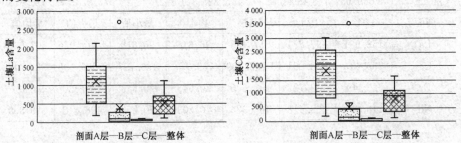

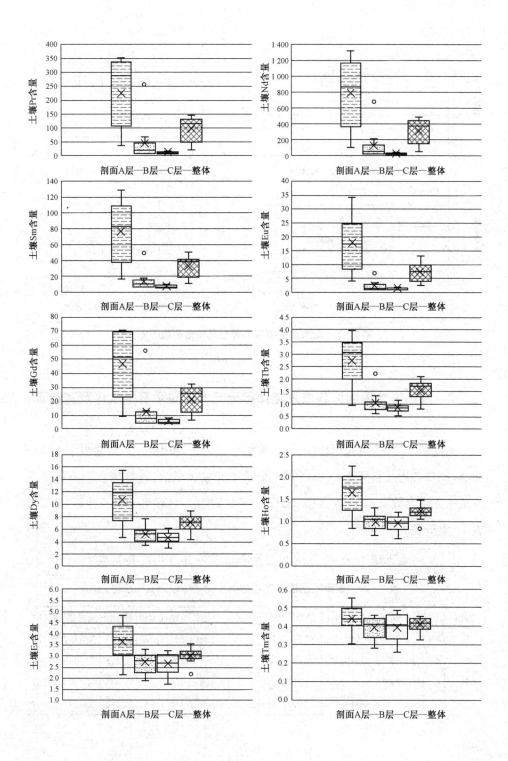

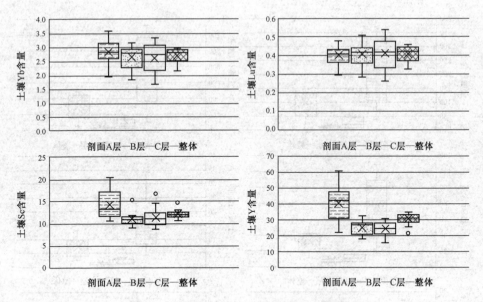

图 7-3　泄洪渠土壤剖面稀土元素含量箱形图

7.2.2　泄洪渠土壤剖面各层及整体稀土元素球粒陨石标准化及其参数

采用表 3-4 博因顿球粒陨石值,并根据表 7-2 和表 7-3,对泄洪渠土壤剖面 A、B、C 各层及整体 La—Lu 共 14 个稀土元素含量值,进行球粒陨石标准化及稀土元素参数$(La/Yb)_N$、$(La/Sm)_N$、$(Gd/Yb)_N$、$\delta(Ce)$ 和 $\delta(Eu)$ 计算,结果见表 7-4 至表 7-7 系列。

1. 泄洪渠土壤剖面 A 层稀土元素球粒陨石标准化及其参数

表 7-4a　泄洪渠土壤剖面 A 层稀土元素球粒陨石标准化

剖面	PM1	PM2	PM3	PM4	PM5	PM6	PM7	PM8	PM9	PM10	最小值	最大值	平均值
La	3.665	3.534	3.610	3.585	3.236	3.733	3.086	3.835	3.564	2.733	2.733	3.835	3.458
Ce	3.539	3.365	3.419	3.429	3.075	3.569	2.899	3.491	3.398	2.418	2.418	3.569	3.260
Pr	3.448	3.249	3.317	3.368	2.985	3.441	2.795	3.456	3.300	2.455	2.455	3.456	3.181
Nd	3.310	3.098	3.165	3.264	2.829	3.284	2.667	3.339	3.153	2.282	2.282	3.339	3.039

（续表）

剖面	PM1	PM2	PM3	PM4	PM5	PM6	PM7	PM8	PM9	PM10	最小值	最大值	平均值
Sm	2.744	2.558	2.643	2.752	2.315	2.705	2.146	2.822	2.608	1.921	1.921	2.822	2.521
Eu	2.455	2.346	2.504	2.580	2.069	2.392	1.991	2.668	2.354	1.737	1.737	2.668	2.310
Gd	2.425	2.225	2.293	2.364	1.996	2.434	1.827	2.433	2.301	1.557	1.557	2.434	2.186
Tb	1.864	1.743	1.800	1.861	1.578	1.910	1.449	1.924	1.824	1.294	1.294	1.924	1.725
Dy	1.587	1.485	1.549	1.614	1.387	1.649	1.270	1.684	1.585	1.159	1.159	1.684	1.497
Ho	1.397	1.323	1.376	1.438	1.262	1.472	1.167	1.495	1.420	1.072	1.072	1.495	1.342
Er	1.253	1.206	1.253	1.306	1.183	1.326	1.094	1.362	1.286	1.014	1.014	1.362	1.228
Tm	1.120	1.117	1.138	1.188	1.117	1.185	1.026	1.231	1.162	0.971	0.971	1.231	1.126
Yb	1.114	1.122	1.140	1.187	1.118	1.174	1.049	1.237	1.156	0.978	0.978	1.237	1.128
Lu	1.048	1.078	1.092	1.123	1.087	1.109	1.019	1.156	1.108	0.950	0.950	1.156	1.077

　　根据表 7-4a 中的数据，计算泄洪渠土壤剖面 A 层稀土元素主要参数，见表 7-4b。

表 7-4b 泄洪渠土壤剖面 A 层稀土元素主要参数

剖面	PM1	PM2	PM3	PM4	PM5	PM6	PM7	PM8	PM9	PM10	最小值	最大值	平均值
$(La/Yb)_N$	3.290	3.150	3.167	3.020	2.894	3.180	2.942	3.100	3.083	2.794	2.794	3.290	3.062
$(La/Sm)_N$	1.336	1.382	1.366	1.303	1.398	1.380	1.438	1.359	1.367	1.423	1.303	1.438	1.375
$(Gd/Yb)_N$	2.177	1.983	2.011	1.992	1.785	2.073	1.742	1.967	1.990	1.592	1.592	2.177	1.931
$\delta(Ce)$	0.996	0.993	0.988	0.987	0.989	0.996	0.987	0.959	0.991	0.933	0.933	0.996	0.982
$\delta(Eu)$	0.952	0.983	1.017	1.012	0.963	0.932	1.006	1.018	0.961	1.004	0.932	1.018	0.985

　　根据表 7-4a，作出对比分析的泄洪渠土壤剖面 A 层稀土元素球粒陨石标准化分布模式图，见图 7-4。

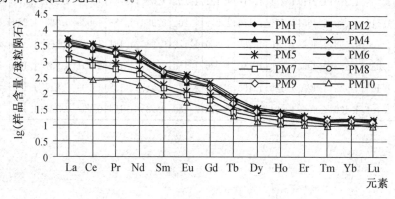

图 7-4 A 层稀土元素球粒陨石标准化分布模式

从表 7 - 4b 可见,土壤剖面 A 层稀土元素$(La/Yb)_N \geqslant 1$ 且在 2.794~3.290 之间,平均值为 3.062,曲线为右倾斜,说明轻稀土元素富集。且 $(La/Sm)_N$ 值在 1.303~1.438 之间,平均值为 1.375;$(Gd/Yb)_N$ 值在 1.592~2.177 之间,平均值为 1.931。$(La/Yb)_N$、$(La/Sm)_N$ 和 $(Gd/Yb)_N$ 的整体比值都一致地说明,土壤剖面 A 层轻稀土元素高度富集,见图 7 - 4。

土壤剖面 A 层 $\delta(Ce)$ 的值在 0.933~0.996 之间,平均值为 0.982,$\delta(Ce)$ 值范围是 $0.95 \leqslant \delta(Ce) \leqslant 1.05$,Ce 属于无异常。土壤剖面 A 层 $\delta(Eu)$ 的值在 0.932~1.018 之间,平均值为 0.985,$\delta(Eu)$ 值范围是 $0.95 \leqslant \delta(Eu) \leqslant 1.05$,Eu 属于无异常。

2. 泄洪渠土壤剖面 B 层稀土元素球粒陨石标准化及其参数

表 7 - 5a 泄洪渠土壤剖面 B 层稀土元素球粒陨石标准化

剖面	PM1	PM2	PM3	PM4	PM5	PM6	PM7	PM8	PM9	PM10	最小值	最大值	平均值
La	2.569	3.939	3.038	2.864	2.239	2.087	2.376	2.099	2.478	2.049	2.049	3.939	2.574
Ce	2.419	3.641	2.922	2.685	2.122	1.972	2.253	1.956	2.344	1.930	1.930	3.641	2.424
Pr	2.153	3.322	2.584	2.570	2.027	1.873	2.162	1.855	2.233	1.838	1.838	3.322	2.262
Nd	1.976	3.059	2.391	2.418	1.911	1.754	2.032	1.733	2.107	1.724	1.724	3.059	2.111
Sm	1.622	2.405	1.860	1.944	1.640	1.505	1.739	1.436	1.763	1.469	1.436	2.405	1.738
Eu	1.285	1.968	1.525	1.631	1.266	1.176	1.312	1.170	1.454	1.170	1.170	1.968	1.396
Gd	1.455	2.337	1.726	1.676	1.425	1.310	1.514	1.230	1.525	1.262	1.230	2.337	1.546
Tb	1.259	1.671	1.364	1.408	1.308	1.210	1.366	1.112	1.340	1.155	1.112	1.671	1.319
Dy	1.160	1.377	1.217	1.271	1.218	1.121	1.257	1.024	1.234	1.076	1.024	1.377	1.196
Ho	1.116	1.259	1.165	1.171	1.176	1.075	1.202	0.983	1.183	1.029	0.983	1.259	1.136
Er	1.100	1.196	1.136	1.116	1.158	1.049	1.172	0.960	1.151	1.007	0.960	1.196	1.105
Tm	1.082	1.130	1.106	1.099	1.140	1.030	1.150	0.937	1.127	0.991	0.937	1.150	1.079
Yb	1.105	1.143	1.122	1.128	1.165	1.052	1.179	0.947	1.138	1.009	0.947	1.179	1.099
Lu	1.101	1.100	1.106	1.094	1.162	1.045	1.183	0.935	1.104	0.997	0.935	1.183	1.083

根据表 7－5a 中的数据，计算泄洪渠土壤剖面 B 层稀土元素主要参数，见表 7－5b。

表 7－5b　泄洪渠土壤剖面 B 层稀土元素主要参数

剖面	PM1	PM2	PM3	PM4	PM5	PM6	PM7	PM8	PM9	PM10	最小值	最大值	平均值
$(La/Yb)_N$	2.325	3.446	2.708	2.539	1.922	1.984	14.513	2.216	2.178	2.031	1.922	14.513	3.586
$(La/Sm)_N$	1.584	1.638	1.633	1.473	1.365	1.387	1.800	1.462	1.406	1.395	1.365	1.800	1.514
$(Gd/Yb)_N$	1.317	2.045	1.538	1.486	1.223	1.245	5.327	1.299	1.340	1.251	1.223	5.327	1.807
$\delta(Ce)$	1.029	1.007	1.043	0.990	0.996	0.997	0.999	0.991	0.996	0.995	0.990	1.043	1.004
$\delta(Eu)$	0.836	0.830	0.851	0.904	0.828	0.838	0.488	0.880	0.887	0.859	0.488	0.904	0.820

根据表 7－5a 作泄洪渠土壤剖面 B 层稀土元素球粒陨石标准化分布模式图，见图 7－5。

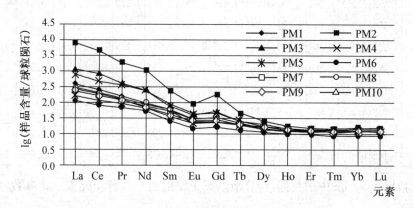

图 7－5　B 层稀土元素球粒陨石标准化分布模式

从表 7－5b 可见，土壤剖面 B 层稀土元素 $(La/Yb)_N \geqslant 1$ 且在 1.922～14.513 之间，平均值为 3.586，曲线为右倾斜，说明轻稀土元素富集。且 $(La/Sm)_N$ 值在 1.365～1.800 之间，平均值为 1.514；$(Gd/Yb)_N$ 值在 1.223～5.327 之间，平均值为 1.807。$(La/Yb)_N$、$(La/Sm)_N$ 和 $(Gd/Yb)_N$ 整体比值都一致地说明，土壤剖面 B 层轻稀土元素高度富集，见图 7－5。

土壤剖面 B 层所有剖面 $\delta(Ce)$ 的值在 0.990～1.043 之间，平均值为 1.004，10 个剖面整体范围是 $0.95 \leqslant \delta(Ce) \leqslant 1.05$，Ce 属于无异常。土壤剖面 B 层 δ

(Eu)值在 0.488~0.904 之间,平均值为 0.820,10 个剖面整体范围是 δ(Eu)<
0.95,Eu 属负异常。

3. 泄洪渠土壤剖面 C 层稀土元素球粒陨石标准化及其参数

表 7-6a 泄洪渠土壤剖面 C 层稀土元素球粒陨石标准化

剖面	PM1	PM2	PM3	PM4	PM5	PM6	PM7	PM8	PM9	PM10	最小值	最大值	平均值
La	2.253	2.133	2.114	2.227	2.132	2.283	2.020	1.924	2.049	2.151	1.924	2.283	2.129
Ce	2.110	2.005	1.955	2.114	2.019	2.168	1.887	1.809	1.926	2.020	1.809	2.168	2.001
Pr	2.007	1.893	1.845	2.024	1.934	2.067	1.803	1.727	1.830	1.919	1.727	2.067	1.905
Nd	1.886	1.773	1.714	1.904	1.819	1.944	1.695	1.619	1.714	1.788	1.619	1.944	1.786
Sm	1.629	1.520	1.434	1.624	1.573	1.696	1.454	1.363	1.465	1.517	1.363	1.696	1.528
Eu	1.338	1.205	1.159	1.275	1.248	1.229	1.265	1.062	1.194	1.204	1.062	1.338	1.218
Gd	1.452	1.311	1.240	1.409	1.364	1.494	1.263	1.148	1.299	1.325	1.148	1.494	1.331
Tb	1.350	1.203	1.159	1.290	1.269	1.384	1.186	1.044	1.247	1.215	1.044	1.384	1.235
Dy	1.263	1.109	1.090	1.200	1.199	1.277	1.117	0.964	1.196	1.132	0.964	1.277	1.155
Ho	1.222	1.052	1.060	1.156	1.167	1.223	1.094	0.931	1.170	1.091	0.931	1.223	1.117
Er	1.187	1.024	1.039	1.130	1.158	1.190	1.083	0.918	1.146	1.064	0.918	1.190	1.094
Tm	1.158	1.000	1.017	1.109	1.155	1.176	1.087	0.903	1.116	1.048	0.903	1.176	1.077
Yb	1.163	1.004	1.025	1.120	1.185	1.202	1.126	0.909	1.115	1.067	0.909	1.202	1.092
Lu	1.146	0.995	1.000	1.106	1.188	1.208	1.140	0.899	1.094	1.061	0.899	1.208	1.084

根据表 7-6a 中的数据,计算泄洪渠土壤剖面 C 层稀土元素主要参数,见表
7-6b。

表 7-6b 泄洪渠土壤剖面 C 层稀土元素主要参数

剖面	PM1	PM2	PM3	PM4	PM5	PM6	PM7	PM8	PM9	PM10	最小值	最大值	平均值
$(La/Yb)_N$	1.937	2.125	2.062	1.988	1.799	1.899	1.794	2.117	1.838	2.016	1.794	2.125	1.958
$(La/Sm)_N$	1.383	1.403	1.474	1.371	1.355	1.346	1.389	1.412	1.399	1.418	1.346	1.474	1.395
$(Gd/Yb)_N$	1.248	1.306	1.210	1.258	1.151	1.243	1.122	1.263	1.165	1.242	1.122	1.306	1.221
δ(Ce)	0.992	0.998	0.990	0.996	0.994	0.998	0.989	0.992	0.995	0.994	0.989	0.998	0.994
δ(Eu)	0.870	0.854	0.869	0.843	0.852	0.772	0.933	0.849	0.866	0.849	0.772	0.933	0.856

根据表 7-6a,作出对比分析的泄洪渠土壤剖面 C 层稀土元素球粒陨石标
准化分布模式图,见图 7-6。

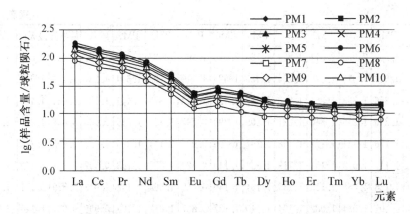

图 7-6　C 层稀土元素球粒陨石标准化分布模式

从表 7-6b 可见,土壤剖面 C 层稀土元素$(La/Yb)_N \geqslant 1$ 且在 $1.794 \sim 2.125$ 之间,平均值为 1.958,曲线为右倾斜,说明轻稀土元素富集。且$(La/Sm)_N$ 值在 $1.346 \sim 1.474$ 之间,平均值为 1.395;$(Gd/Yb)_N$ 值在 $1.122 \sim 1.306$ 之间,平均值为 1.221。$(La/Yb)_N$、$(La/Sm)_N$ 和$(Gd/Yb)_N$ 整体比值都说明,土壤剖面 C 层轻稀土元素高度富集,见图 7-6。

土壤剖面 C 层 $\delta(Ce)$ 的值在 $0.989 \sim 0.998$ 之间,平均值为 0.994,10 个剖面整体范围是 $0.95 \leqslant \delta(Ce) \leqslant 1.05$,Ce 属于无异常。土壤剖面 C 层 $\delta(Eu)$ 值在 $0.772 \sim 0.933$ 之间,平均值为 0.856,10 个剖面整体范围是 $\delta(Eu) < 0.95$,Eu 属于负异常。

4. 泄洪渠土壤剖面整体稀土元素球粒陨石标准化及其参数

表 7-7a　泄洪渠土壤剖面整体稀土元素球粒陨石标准化

剖面	PM1	PM2	PM3	PM4	PM5	PM6	PM7	PM8	PM9	PM10	最小值	最大值	平均值
La	3.194	3.556	3.318	2.996	2.871	3.308	3.205	3.410	3.299	2.494	2.494	3.556	3.165
Ce	3.066	3.306	3.145	2.836	2.717	3.147	2.461	3.073	3.135	2.229	2.229	3.306	2.912
Pr	2.961	3.080	2.994	2.758	2.627	3.020	2.514	3.036	3.036	2.228	2.228	3.080	2.825
Nd	2.821	2.879	2.836	2.639	2.477	2.865	2.527	2.919	2.891	2.068	2.068	2.919	2.692
Sm	2.285	2.309	2.318	2.160	2.014	2.317	1.784	2.412	2.364	1.736	1.736	2.412	2.170
Eu	1.992	2.025	2.152	1.936	1.741	1.993	1.699	2.252	2.105	1.517	1.517	2.252	1.941

(续表)

剖面	PM1	PM2	PM3	PM4	PM5	PM6	PM7	PM8	PM9	PM10	最小值	最大值	平均值
Gd	1.992	2.093	2.011	1.829	1.725	2.056	1.465	2.037	2.066	1.431	1.431	2.093	1.871
Tb	1.551	1.576	1.570	1.484	1.425	1.625	1.110	1.583	1.644	1.237	1.110	1.644	1.481
Dy	1.356	1.338	1.364	1.323	1.287	1.420	1.042	1.378	1.444	1.129	1.042	1.444	1.308
Ho	1.246	1.216	1.246	1.221	1.209	1.298	0.897	1.234	1.319	1.065	0.897	1.319	1.195
Er	1.176	1.141	1.171	1.158	1.167	1.209	0.908	1.141	1.225	1.026	0.908	1.225	1.132
Tm	1.117	1.079	1.104	1.119	1.134	1.140	0.822	1.056	1.143	0.997	0.822	1.143	1.071
Yb	1.126	1.086	1.113	1.135	1.151	1.150	0.879	1.064	1.143	1.012	0.879	1.151	1.086
Lu	1.101	1.054	1.082	1.104	1.140	1.127	0.837	1.017	1.104	0.995	0.837	1.140	1.056

根据表 7 - 7a 中的数据,计算泄洪渠土壤剖面整体稀土元素主要参数,见表 7 - 7b。

表 7 - 7b　泄洪渠土壤剖面整体稀土元素主要参数

剖面	PM1	PM2	PM3	PM4	PM5	PM6	PM7	PM8	PM9	PM10	最小值	最大值	平均值
$(La/Yb)_N$	2.837	3.274	2.981	2.64	2.494	2.877	3.646	3.205	2.886	2.464	2.464	3.646	2.930
$(La/Sm)_N$	1.398	1.540	1.431	1.387	1.426	1.428	1.797	1.414	1.396	1.437	1.387	1.797	1.465
$(Gd/Yb)_N$	1.769	1.927	1.807	1.611	1.499	1.788	1.667	1.914	1.808	1.414	1.414	1.927	1.720
$\delta(Ce)$	0.997	0.999	0.998	0.987	0.989	0.996	0.867	0.955	0.991	0.946	0.867	0.999	0.972
$\delta(Eu)$	0.934	0.921	0.997	0.974	0.934	0.913	1.051	1.016	0.952	0.962	0.913	1.051	0.965

根据表 7 - 7a,作出对比分析的泄洪渠土壤剖面整体稀土元素球粒陨石标准化分布模式图,见图 7 - 7。

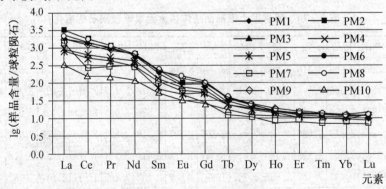

图 7 - 7　剖面整体稀土元素球粒陨石标准化分布模式

从表 7 - 7b 可见,土壤剖面整体稀土元素$(La/Yb)_N \geqslant 1$ 且在 2.464~3.646 之间,平均值为 2.930,曲线为右倾斜,说明轻稀土元素富集。且$(La/Sm)_N$ 值在 1.387~1.797 之间,平均值为 1.465;$(Gd/Yb)_N$ 值在 1.414~1.927 之间,平均值为 1.720。$(La/Yb)_N$、$(La/Sm)_N$ 和$(Gd/Yb)_N$ 整体比值都一致地说明,土壤剖面整体轻稀土元素高度富集,见图 7 - 7。

土壤剖面整体 $\delta(Ce)$ 的值在 0.867~0.999 之间,平均值为 0.972,10 个剖面整体范围是 $0.95 \leqslant \delta(Ce) \leqslant 1.05$,Ce 属于无异常。土壤剖面整体 $\delta(Eu)$ 值在 0.913~1.051 之间,平均值为 0.965,10 个剖面整体范围是 $0.95 \leqslant \delta(Eu) \leqslant 1.05$,Eu 属于无异常。

再根据表 7 - 2 中剖面 A、B、C 各层稀土元素含量平均值和表 7 - 3 剖面整体稀土元素含量平均值,将这些数据用球粒陨石标准化,标准化之后的数据见表 7 - 8。

表 7 - 8　剖面 A、B、C 各层及整体稀土元素含量平均值球粒陨石标准化

剖面	La	Ce	Pr	Nd	Sm	Eu	Gd	Tb	Dy	Ho	Er	Tm	Yb	Lu
A 层	3.548	3.355	3.267	3.129	2.594	2.383	2.257	1.765	1.524	1.360	1.240	1.131	1.133	1.081
B 层	3.077	2.830	2.561	2.348	1.846	1.478	1.694	1.347	1.206	1.143	1.110	1.084	1.104	1.088
C 层	2.141	2.014	1.917	1.797	1.539	1.223	1.341	1.244	1.163	1.125	1.101	1.084	1.100	1.093
整体	3.214	3.011	2.890	2.740	2.225	1.986	1.930	1.521	1.336	1.227	1.158	1.101	1.114	1.088

根据表 7 - 8 作图 7 - 8。

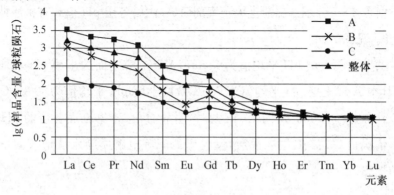

图 7 - 8　泄洪渠土壤剖面垂直方向稀土元素含量对比

从图 7-8 很明显可以看出,泄洪渠土壤剖面 A 层稀土元素的平均含量大于 B 层,B 层大于 C 层,且整体剖面稀土元素含量平均值除了普遍小于 A 层外,都大于 B 层和 C 层。原因分析如下。

泄洪渠土壤除了成土作用富含土壤有机质、黏土矿物及土壤团粒结构等以外,其成土母岩都是大青山山前冲积物构成的洪积层,包头地区类似地层的垂向渗透系数约为 13.36 m/d,地表流水流过土壤层,快速的下渗使携带外源稀土的污水通过土壤 A 层、B 层、C 层的通量没有大的变化,也就是说污水下渗通过 A 层、B 层、C 层过程中稀土元素含量的浓度在垂直方向上的梯度变化差异很小,而引起土壤 A 层、B 层、C 层稀土元素含量差异很大的原因,主要是各层土壤物质成分中吸附外源稀土元素的吸附剂含量的差异所引起的。

土壤剖面结构各层中的吸附剂,主要包括黏土(泥质层)和土壤有机质体系如有机质、腐殖质等,比如腐殖质中主要的胡敏酸在水溶液中具有胶体的性质,溶解态胡敏酸形成胶体溶液随水迁移并不同程度地分布在土壤剖面 A、B、C 各层中,对包括稀土在内的外源重金属等污染物具有很强的吸附能力。

pH 值是影响胡敏酸溶液在土壤中迁移的一个主要因素,比如 pH=4 的胡敏酸溶液在土壤颗粒表面的吸附系数是 pH=8 时的 2.1 倍,阻滞系数是 pH=8 时的 1.5 倍,所以高的溶液 pH 值、胡敏酸浓度和溶液流速有利于胡敏酸溶液在土壤中的迁移,低的溶液 pH 值、胡敏酸浓度和溶液流速对胡敏酸溶液在土壤中迁移时的阻滞作用较大(魏孝荣和邵明安,2007)。

根据表 6-7 分别作出泄洪渠土壤剖面 A、B、C 各层 pH 值和有机质曲线分布对比图,见图 7-9。

泄洪渠表层土壤 pH 平均值为 7.62,10 个土壤剖面的土壤 pH 平均值为 7.74,其中 A 层土壤 pH 平均值为 7.62,B 层土壤 pH 平均值为 7.82,C 层土壤 pH 平均值为 7.85。从图 7-9(上图)明显看出,土壤剖面各层的 pH 值从大到小依次是 C 层>B 层>A 层,反映出盐碱等电解质随水从地表向下垂直迁移的规律。

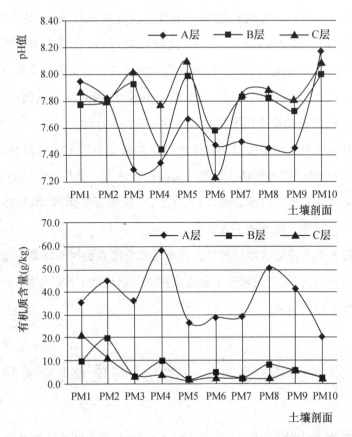

图 7 - 9　泄洪渠土壤剖面结构层 pH 值(上图)和有机质含量(下图)对比

泄洪渠表层土壤有机质平均含量为 52.277 g/kg;10 个土壤剖面 A 层土壤有机质平均含量为 37.326 g/kg,B 层是 6.856 g/kg,C 层是 5.896 g/kg,A 层土壤有机质平均含量是 B 层的 5.44 倍、C 层的 6.33 倍;10 个土壤剖面的土壤有机质含量在 10.452 g/kg～24.933 g/kg 之间,平均含量为 16.936 g/kg。从图 7-9(下图)明显看出,土壤剖面各层有机质含量的平均值从大到小依次是 A 层≫ B 层＞C 层,且 B 层、C 层有机质含量差异较小(基本接近),说明表层土壤光热、水分充足及土壤生物资源丰富且还施加有机肥料,所以表层土壤中有机质最为丰富,溶解在地表流水中的有机质,从地表向下垂直迁移过程中,各层沉积物质对有机质有渗滤、吸附作用,致使水中有机质的含量从地表向下垂直方向上的迁移趋势是明显减少的。形成 B 层和 C 层有机质含量差异较小(基本接近)的原因,可能是 B 层土壤物质成分中泥质含量较 C 层高,对有机质的过滤吸附能力强;另一方面,即使从地表下渗的渗流水携带的有机质含量通过 B 层、C 层相等,由于 C 层物质成分中泥质含量低,对有机质的过滤、吸附能力也低,有一部分有机质就穿过 C 层直接渗入地下含水层。

土壤有机质是土壤中吸附外源稀土等重金属元素的主要吸附剂,故在垂直方向即 10 个土壤剖面各层稀土元素含量都存在 A 层>B 层>C 层的实际情况。C 层以下是细砾或砾质粗砂岩层,没有黏土、有机质等吸附剂,携带外源稀土元素的渗流水就直接下渗到地下含水层。

有关渗入地下浅层含水层的外源稀土元素与泻入黄河的外源稀土元素两者之间含量的关系,包括有关稀土工业废水排放对当地地下水的影响,还有待于通过专题进行详细的研究。

7.3 泄洪渠土壤剖面与包头黄河水环境稀土分布规律对比

崔虎群等(2016)研究指出,包头市区大气降水的入渗补给是潜水的主要来源,其次为灌溉回归水的入渗补给和山区裂隙水侧向补给等。地下水径流主要受地形地貌和地质构造控制。地下水流向总体与地形坡向一致,由北、北东向南、南西径流。另外,蒸发蒸腾和人工开采也是区内地下水的主要排泄方式。研究区潜水主要赋存于 2 个含水岩组:山前冲洪积砂砾石含水层和黄河冲积砂含水层。山前冲洪积砂砾石含水层分布在山前倾斜平原的广大地区,冲洪积扇由扇顶向扇缘、由轴部向两翼,含水层厚度逐渐变薄,颗粒变细,水量变小,水质变差。黄河冲积砂含水层主要分布于山前倾斜平原以南的黄河冲积平原,由扇前沟谷冲积砂砾石含水层与黄河冲积砂含水层组成。上世纪 80 年代,包头地区有大小厂矿企业 956 个,每年废水排放量为 13 816.57×10^4 t,而在 2008 年工业废水排放量为 4 692.65×10^4 t,排放达标量为 4 379.04×10^4 t。地下水主要受到氟、硝酸盐、六价铬、砷、氰、酚以及放射性物质的污染。研究区潜水直接污染主要有废污水渠系下渗、大型废污水贮水池渗漏、污灌下渗、大气降水淋溶下渗、黄河灌溉下渗等途径;间接污染主要为地下水补径排条件的改变和水位下降引起的水质恶化等。包头市污染物主要通过大气降水入渗和地表污水垂直入渗直接影响当地潜水水质,随着地下水径流过程,扩大了污染空间。

7.3.1　青山区四道沙河流域废水排放概况

至少在 2000 年之前,包头市工业废水及生活污水主要是通过昆都仑河、四道沙河、东河槽、西河槽、尾矿坝泄洪沟、阿善沟和糖厂排污沟排放进入黄河的,从废水排放量看,四道沙河排入黄河的废水量约 $2\,000 \times 10^4\ m^3/a$,占七条排污沟总量的 32.5%,是第二大排污沟,但从污染排放物排放量看,它却是注入黄河的第一大污染源,等标污染负荷占 47.7%(高际玫等,2001)。

四道沙河主要接纳青山区、昆都仑区东部的生活污水和青山区的工业废水。20 世纪 90 年代随着包头市稀土行业发展速度的爆发式增长,四道沙河中游、下游流域稀土废水集中排放,主要污染源共计 21 个,其中 18 个工业污染源中稀土业污染源就占了 8 个。

四道沙河上游接纳青山区北部工业区废水和北郊污水处理厂排水,中游主要接纳稀土开发区工业废水和南郊污水处理厂排水,下游接纳大型化工集团公司及稀土厂工业废水,常年纳污量约 3 500 m^3,为包头第二大排污河,对黄河的污染负荷位居第一。

当时四道沙河流域稀土行业生产主要包括精矿焙烧、碳酸稀土生产、氯化稀土生产、氯化稀土萃取分离和稀土氯化物及氧化物的电解,废水主要来源于精矿焙烧的尾气喷淋、稀土碳沉和氯化稀土萃取分离工艺。而稀土精矿焙烧工艺主要有硫酸法和烧碱法。硫酸法工艺优点是分解矿的能力强、成本低,但缺点是设备易腐蚀、操作条件差、"三废"即废气废液废渣排量多、化工材耗多;烧碱法工艺优点是能综合回收有价值的元素、废渣可再利用、无废气产生,缺点是对矿的稀土含量要求较高、污水处理量大。

　　若生产氯化稀土,则碱法工艺流程短、化工材料少、产生的污染为废水及废渣;而酸法工艺流程长、原辅材料多,产生的"三废"为精矿焙烧尾气、碳沉废水及废渣。包头市稀土生产行业对酸法焙烧尾气的治理主要采用湿式喷淋,将废气污染首先转移到水中后再进行治理,当时这种废水的再治理在四道沙河流域酸法处理的企业中近70%没有进行。氯化稀土萃取分离工艺产生的皂化废水和单一碳沉废水含盐量较大。稀土废水盐类及其氨氮的排放都是不能忽视的问题。

　　该时期四道沙河流域年处理精矿能力在 3 000 t 以上的稀土企业有 7 家,其中酸法分解企业 6 家,碱法分解企业 1 家,有萃取分离生产的企业 2 家。稀土精矿到混合氯化稀土(或碳酸稀土)生产工艺中酸法特征污染物有硫酸根、氨氮和氟化物,碱法特征污染物为氟化物和氯化物;氯化稀土萃取分离铵体系工艺中特征污染物为氨氮和氯化物,钠体系分离工艺中特征污染物为氯化物。酸法分解企业共产生硫酸根 43 000 t/a、氨氮 8 000 t/a 和氟化物 1 300 t/a;碱法分解企业产生氟化物 2.4 t/a、氨氮 88.5 t/a 和氯化物 1 000 t/a。四道沙河流域的砂质土壤渗水能力极强,该流域土壤及地下水的污染,主要由稀土等企业的排污渠直接渗漏造成(高际玫,2001)。

　　本节内容主要是将本研究成果和前人细致深入的研究成果进行对比,以便从更深层次的角度阐述四道沙河流域外源稀土对生态环境永久性影响的严重性。有关包头段黄河水系稀土元素分布特征等,主要采用了何江等(2004a,2004b)有关研究成果。

7.3.2　四道沙河与包头段黄河水环境稀土分布规律对比

　　有关包头段黄河稀土含量特征的详细研究成果,主要有何江等于 2002 年10 月份专门研究黄河包头段黄河干流及包头地区注入黄河的两条主要支流昆都仑河和四道沙河在黄河入河口的上覆水、河段表层沉积物及柱状沉积物中稀土元素含量特征,取样断面位置分别设在色气(A)、昭君坟(B)、昆都仑河支流的河水与黄河干流完全汇合处(C)、四道沙河支流的河水与黄河干流完全汇合处(D)、东河区东部的磴口(E)、昆都仑河支流在黄河的入河口(F,样品代表着昆都仑河支流的特征)、四道沙河支流在黄河的入河口(G,样品代表着四道沙河支流的特征),取样位置见图 7-10(何江,2004a)。

当时包头市有 34 家重点稀土企业,其中 20 家通过四道沙河将稀土工业废水全部排向黄河。

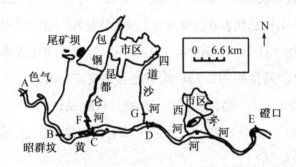

图 7-10　黄河断面取样位置

本研究参照对比时,采用何江等有关黄河包头段上覆水中稀土元素含量与表层沉积物和悬浮物中稀土元素含量(何江,2004a)、柱状沉积物中稀土元素含量以及柱状沉积物中稀土元素的形态分布特征(何江,2004b),以便分析包头四道沙河流域稀土工业污水排放的影响程度。

1. 上覆水中稀土元素的含量

在黄河包头段上覆水中,四道沙河支流在黄河的入河口(G,样品代表着四道沙河支流的特征)过滤水(溶解态)、上覆水(总量)和溶解态(占总量的%)稀土元素总含量分别是包头段黄河干流(Z)过滤水(溶解态)、上覆水(总量)和溶解态(占总量的%)稀土元素总含量的 5 231.450、422.587 和 4.078 倍,是昆都仑河支流在黄河的入河口(F,样品代表着昆都仑河支流的特征)稀土元素总含量的 9.826、17.001 和 1.045 倍(何江,2004a)。既说明四道沙河流域稀土污水达到严重排放的惊人程度,也说明同时期昆都仑河流域稀土污水排放的严重程度仅次于四道沙河。

2. 表层沉积物、悬浮物中稀土元素的含量

由于白云鄂博超大型稀土矿床以富集轻稀土元素为特征,故当地稀土企业排放的稀土污水中以轻稀土元素为主。同时,黄河包头段在几条主要接纳工业污水的支流中,以四道沙河对干流水稀土元素叠加的贡献率最大,并且包头市稀土工业废水对干流稀土元素的叠加以轻稀土元素为主。

黄河包头段各取样点位表层沉积物中的稀土元素含量中,四道沙河支流在黄河的入河口(G,样品代表着四道沙河支流的特征)稀土总量分别是色气(A)站位的 247.579 倍、昭君坟(B)站位的 130.480 倍、昆都仑河支流的河水与黄河干流完全汇合处(C)站位的 213.784 倍、四道沙河支流的河水与黄河干流完全汇合处(D)站位的 150.720 倍、东河区东部的碛口(E)站位的 224.233 倍、昆都仑河支流在黄河的入河口(F,样品代表着昆都仑河支流的特征)站位的 121.040 倍(何江,2004a)。

黄河包头段各取样点位表层悬浮物稀土元素含量中,四道沙河支流在黄河的入河口(G,样品代表着四道沙河支流的特征)稀土总量分别是色气(A)站位的 200.687 倍、昭君坟(B)站位的 195.231 倍、昆都仑河支流的河水与黄河干流完全汇合处(C)站位的 191.437 倍、四道沙河支流的河水与黄河干流完全汇合处(D)站位的 151.776 倍、东河区东部的碛口(E)站位的 198.264 倍、昆都仑河支流在黄河的入河口(F,样品代表着昆都仑河支流的特征)站位的 102.500 倍(何江,2004a)。且 A、B、C 和 E 站位所有稀土元素含量的叠加,应该是包头市区对包头段黄河生态环境的影响程度。

3. 柱状沉积物中稀土元素的含量

黄河包头段柱状沉积物中稀土元素的含量和形态分布规律是不同时期稀土元素叠加的历史记录。结合本章表 7-3 四道沙河泄洪渠土壤剖面(PM)整体(10 个剖面平均厚度 163.6 cm)各个稀土元素平均含量,与何江等(2004b)在四道沙河入黄河口之前的支流(G,深度 18 cm)柱状沉积物和入黄河口之后的下游

干流(Z,深度 20 cm)柱状沉积物采集柱状沉积物稀土元素平均含量及河套地区土壤稀土背景值(HB)进行对比。由于柱状沉积物稀土元素只列出了 La、Ce、Nd、Sm、Eu、Tb、Yb 和 Lu 含量,故四道沙河泄洪渠土壤剖面也对应地选取稀土元素 La、Ce、Nd、Sm、Eu、Tb、Yb 和 Lu 的平均含量,综合计算的对比结果见表7-9。

表7-9　四道沙河泄洪渠土壤剖面与河流水系沉积物稀土元素平均含量及总值对比(mg/kg)

元素	La	Ce	Nd	Sm	Eu	Tb	Yb	Lu	总值
PM	507.632	827.943	329.809	32.709	7.112	1.574	2.715	0.407	1 709.90
Z	58.311	127.500	33.314	5.852	1.073	0.548	1.216	0.179	227.993
G	3 524.000	5 840.500	2 016.100	209.559	48.225	16.858	2.247	0.280	11 657.769
HB	30.040	58.290	32.000	5.800	1.200	0.800	1.970	0.280	130.380
PM/Z	8.706	6.494	9.900	5.589	6.628	2.872	2.233	2.274	7.500
PM/G	0.144	0.142	0.164	0.156	0.147	0.093	1.208	1.454	0.147
PM/HB	16.899	14.204	10.307	5.639	5.927	1.968	1.378	1.454	13.115

从表7-9的数据可见,泄洪渠土壤剖面稀土元素 La、Ce、Nd、Sm、Eu、Tb、Yb 和 Lu 平均值的总值是黄河干流的 7.500 倍,一方面说明泄洪渠土壤对外源稀土元素具有吸附、富集性,另一方面说明黄河干流巨大的水量对流入黄河的污水中外源稀土元素具有稀释作用,黄河干流水携带的泥沙对外源稀土具有沉积作用。而泄洪渠土壤剖面稀土元素 La、Ce、Nd、Sm、Eu、Tb、Yb 和 Lu 平均值的总值,是黄河支流即四道沙河入黄河口之前位置稀土元素总值的 0.147 倍,说明泄洪渠土壤剖面稀土元素 La、Ce、Nd、Sm、Eu、Tb、Yb 和 Lu 平均值的总值虽然是河套地区土壤稀土背景值(HB)总值的 13.115 倍,但却远远低于废水中携带的外源稀土含量。虽然三组数据对比的垂直厚度差距很大,但稀土元素含量平均值的对比结果,可以说明稀土生产中排放废水携带的外源稀土元素在流域水系沉积物中随着污水下渗等过滤方式,必然在流域土壤及水系沉积层留下大量的外源稀土元素,也说明当年通过四道沙河水注入黄河的外源稀土元素含量确实很高。

综上所述,四道沙河流域外源稀土元素随废水流经区域,既有沿途表土层的过滤性吸附(包括农田污灌区对稀土工业废水的利用性分流)以及富集,也有下渗过程中通过粉砂质泥岩、泥质粉砂岩及细砂质泥岩对外源稀土元素的渗滤性吸附、迁移与富集。由此可见,四道沙河流域曾经随意排放的稀土工业废水,既有对流经区域农田等表土层的严重污染,也有通过下渗对地下含水层的污染,还有直接泻入黄河对黄河的污染。

综合以上各节所述,泄洪渠 10 个土壤剖面按物质成分详细分层的基础上,稀土元素总量 ΣREE 在 126.550 mg/kg~11 399.549 mg/kg 之间,ΣREE 的平均值为 1 961.298 mg/kg,其中 LREE 含量在 114.853 mg/kg~11 287.025 mg/kg 之间,LREE 的平均值为 1 921.894 mg/kg;HREE 含量在 11.697 mg/kg~119.376 mg/kg 之间,HREE 的平均值为 39.404 mg/kg;且 LREE/HREE 在 5.781~100.308 之间,平均值为 31.441;以及 Sc+Y 的含量在 24.078 mg/kg~97.950 mg/kg 之间,Sc+Y 的平均值为 42.200 mg/kg。泄洪渠所有稀土元素都高度富集的基础上,还表现为常见的轻稀土元素高度富集。

以 10 个土壤剖面的物质成分详细分层为基础,根据土壤发生层规律将各层合并为 A、B、C 三个结构层,各层稀土元素含量有如下特征:

土壤剖面 A 层稀土元素总量 ΣREE 平均值为 4 121.435 mg/kg 且 LREE/HREE 平均值为 54.57,Sc+Y 含量平均值为 54.524 mg/kg;B 层稀土元素总量 ΣREE 平均值为 1 136.984 mg/kg 且 LREE/HREE 平均值为 26.558,Sc+Y 含量平均值为 36.031 mg/kg;C 层稀土元素总量 ΣREE 平均值为 244.589 mg/kg 且 LREE/HREE 平均值为 12.42,Sc+Y 含量平均值为 35.555 mg/kg;泄洪渠土壤剖面整体稀土元素总量 ΣREE 平均值为 2 040.356 mg/kg 且 LREE/HREE 平均值为 52.05,Sc+Y 含量平均值为 42.361 mg/kg。

目前都认为表层土壤稀土元素含量最高的地区是包钢尾矿坝东南部(全年主要风向为西北风的下风侧)表层土壤,包钢尾矿坝东南部表层土壤和尾矿坝中的尾矿稀土含量见表 7-10(郭伟等,2013)。

表 7 - 10　泄洪渠土壤剖面与尾矿坝尾矿及其周边主要地区稀土含量对比(单位:mg/kg)

元素	La	Ce	Pr	Nd	Sm	Eu	Gd	Tb
泄洪渠剖面	507.632	827.943	94.627	329.809	32.709	7.112	22.037	1.574
尾矿坝东南部表层土壤	729.260	1 558.700	323.160	472.920	50.360	10.960	—	—
尾矿坝尾矿	12 460.150	26 956.130	5 198.870	7 799.980	544.410	83.040	91.920	40.850
元素	Dy	Ho	Er	Tm	Yb	Lu	Sc	Y
泄洪渠剖面	6.976	1.212	3.019	0.409	2.715	0.407	12.273	29.833
尾矿坝东南部表层土壤	—	—						21.590
尾矿坝尾矿	8.920	3.900		8.760	7.790	3.280		140.050

根据上表中现有数据完成对比图,见图 7 - 11。

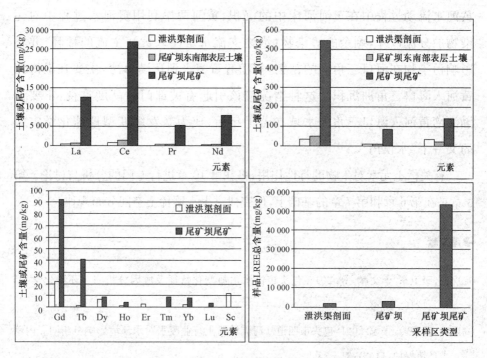

图 7 - 11　泄洪渠土壤剖面与尾矿坝尾矿及其周边主要地区稀土含量对比图

从图 7 - 11 明显看出,泄洪渠土壤稀土含量小于尾矿坝东南部表层土壤稀土含量,也远远小于尾矿坝中尾矿的稀土含量,其中轻稀土总含量泄洪渠土壤(1 799. 832 mg/kg)<尾矿坝东南部表层土壤(3 145. 36 mg/kg)≪尾矿(53 042. 58 mg/kg)。虽然泄洪渠土壤稀土含量比尾矿坝尾矿及其周边土壤稀土含量低多了,并没有达到极为严重的程度,但尾矿坝东南部表层土壤轻稀土总含量是泄洪渠土壤轻稀土总含量的 1. 75 倍,类似于泄洪渠稀土如此高含量的研究区,在当地生态环境建设中,确实是永远不可忽视也不可大意的地区,应该引起警惕。

表土层大量的外源稀土,将通过地表种植的农作物等食物链影响人体健康,对地下水的污染,虽然现代人因知道地下水已经被污染而不使用地下水,但至少在 50 年以后,各种自然作用或人类活动影响,一旦使地下水中的稀土元素等工业污染物被缓慢释放,就会形成缓变型地球化学灾害。而黄河流域所有城市类似这样的工业废水等注入黄河之后,水中的污染物除了黄河水流动过程中在黄河河床中的沉积、黄河两岸利用黄河水过程中对污染物的分流以外,剩余的污染物(沿途支流水量注入黄河主流的稀释,并不影响污染物在河口三角洲的富集)都随着黄河水到达渤海湾,主要在渤海湾黄河入海口三角洲沉积。这种情况应该引起有关部门的高度重视,不要让渤海湾黄河入海口三角洲水域在若干年后,成为暴发缓变型地球化学灾害的又一个"水俣湾"。

有关稀土元素对生物的毒性作用,将在第 10 章进行专门的分析与讨论。第 8 章是在第 6 章和第 7 章的基础上,研究泄洪渠土壤稀土空间分布规律。

参考文献

崔虎群,康卫东,李文鹏,等. 2016. 包头市潜水水质变化特征及成因分析[J]. 环境化学,35(6):1246 - 1252.

高际玫,董俊岭,张娜. 2001. 包头市四道沙河流域稀土行业废水对水环境影响分析[J]. 内蒙古环境保护,14(3):31 - 33.

郭伟,付瑞英,赵仁鑫,等.2013.内蒙古包头白云鄂博矿区及尾矿区周围土壤稀土污染现状和
　　分布特征[J].环境科学,34(5):1895-1900.

何江,米娜,匡运臣,等.2004a.黄河包头段水环境中稀土元素的形态及分布特征[J].环境科
　　学,25(2):61-66.

何江,米娜,匡运臣,等.2004b.黄河包头段柱状沉积物中稀土元素的分布特征[J].农业环境
　　科学学报,23(2):250-254.

魏孝荣,邵明安.2007.胡敏酸在土壤中的迁移[J].中国环境科学,27(3):336-340.

第8章　泄洪渠土壤稀土空间分布规律

本章内容与泄洪渠表层农田土壤稀土分布规律的研究相结合,在垂直方向上重点通过泄洪渠10个土壤剖面,详细研究稀土元素在剖面 A、B、C 三层以及剖面整体空间分布规律。研究泄洪渠土壤剖面稀土分布规律时,采用的对比剖面(CK)A、B、C 各层土壤稀土含量值见第 3 章表 3 - 5。计算评价方法主要采用单因子污染指数法(表层土壤)、地质累积指数法和污染负荷指数法。

8.1　泄洪渠表层土壤稀土分布规律

在 1 800 米长的泄洪渠(XHQ)里面,从北往南在表土层共采取 6 个大样(每10 个小样组合成为一个大样),表层土壤稀土分析结果见表 8 - 1。

表 8 - 1　泄洪渠表层土壤稀土元素分析结果表(mg/kg)

样号	XHQ1	XHQ2	XHQ3	XHQ4	XHQ5	XHQ6	最小值	最大值	平均值
La	1 168.200	1 177.500	2 457.000	1 473.200	1 510.900	738.400	738.400	2 457.000	1 420.867
Ce	1 377.400	1 979.200	5 058.500	2 989.600	2 581.100	1 643.300	1 377.400	5 058.500	2 604.850
Pr	247.000	227.600	695.400	390.800	352.300	212.300	212.300	695.400	354.233
Nd	790.800	815.800	2 724.900	1 511.600	1 299.100	816.500	790.800	2 724.900	1 326.450
Sm	79.760	77.130	258.900	145.200	143.800	78.610	77.130	258.900	130.567
Eu	20.350	17.050	52.270	32.940	41.740	18.190	17.050	52.270	30.423
Gd	46.950	51.580	146.700	87.210	77.500	45.080	45.080	146.700	75.837
Tb	2.947	3.259	7.441	4.707	5.000	2.752	2.752	7.441	4.351
Dy	11.570	12.280	25.110	16.600	18.120	10.580	10.580	25.110	15.710
Ho	1.803	1.929	3.560	2.432	2.643	1.655	1.655	3.560	2.337

（续表）

样号	XHQ1	XHQ2	XHQ3	XHQ4	XHQ5	XHQ6	最小值	最大值	平均值
Er	4.061	4.234	7.394	5.063	5.460	3.804	3.804	7.394	5.003
Tm	0.489	0.524	0.773	0.572	0.601	0.473	0.473	0.773	0.572
Yb	3.009	3.139	4.474	3.312	3.456	2.779	2.779	4.474	3.362
Lu	0.455	0.475	0.596	0.479	0.500	0.425	0.425	0.596	0.488
ΣREE	3 754.794	4 371.700	11 443.018	6 663.715	6 042.220	3 574.848	3 574.794	11 443.018	5 975.049
LREE	3 683.510	4 294.280	11 246.970	6 543.340	5 928.940	3 507.300	3 507.300	11 246.970	5 867.390
HREE	71.284	77.420	196.048	120.375	113.280	67.548	67.548	196.048	107.659
L/H	51.674	55.467	57.368	54.358	52.339	51.923	51.674	57.368	53.855
Sc	17.020	15.310	37.860	22.320	22.150	18.560	15.310	37.860	22.203
Y	48.750	45.180	89.340	60.000	72.000	40.600	40.600	89.340	59.312
Sc+Y	65.770	60.490	127.200	82.320	94.150	59.160	59.160	127.200	81.515
ΣREE*	3 820.564	4 432.190	11 570.218	6 746.035	6 136.370	3 634.008	3 634.008	11 570.218	6 056.564

从表 8-1 可见,泄洪渠(XHQ)表层土壤稀土总量 ΣREE 在 3 574.848 mg/kg～11 443.018 mg/kg 之间,ΣREE 的平均值为 5 975.049 mg/kg,其中 LREE 含量在 3 507.300 mg/kg～11 246.970 mg/kg 之间,LREE 的平均值为 5 867.390 mg/kg;HREE 含量在 67.548 mg/kg～196.048 mg/kg 之间,HREE 的平均值为 107.659 mg/kg;且 LREE/HREE 在 51.674～57.368 之间,平均值为 53.855。在整个土壤表层所有稀土元素都表现为高度富集的同时,还表现为常见的轻稀土元素高度富集。

下面应用单因子污染指数法、地质累积指数法和污染负荷指数法分析泄洪渠土壤稀土分布规律及其土壤质量(土壤污染程度)。

8.1.1　单因子污染指数法

以表 8-1 为基础,计算表层土壤稀土元素单因子污染指数,计算公式如下:

土壤稀土元素单因子污染指数＝研究区表层土壤稀土含量/内蒙古河套地区土壤背景值(见表 3-4)。

计算结果见表 8-2a。

表 8-2a　泄洪渠内表层土壤稀土元素单因子污染指数

样号	XHQ1	XHQ2	XHQ3	XHQ4	XHQ5	XHQ6	最小值	最大值	平均值
La	38.888	39.198	81.791	49.041	50.296	24.581	24.581	81.791	47.299
Ce	23.630	33.954	86.782	51.288	44.280	28.192	23.630	86.782	44.688
Pr	30.122	27.756	84.805	47.659	42.963	25.890	25.890	84.805	43.199
Nd	24.713	25.494	85.153	47.238	40.597	25.516	24.713	85.153	41.452
Sm	13.752	13.298	44.638	25.034	24.793	13.553	13.298	44.638	22.511
Eu	16.958	14.208	43.558	27.450	34.783	15.158	14.208	43.558	25.353
Gd	9.206	10.114	28.765	17.100	15.196	8.839	8.839	28.765	14.870
Tb	3.684	4.074	9.301	5.884	6.250	3.440	3.440	9.301	5.439
Dy	2.462	2.613	5.343	3.532	3.855	2.251	2.251	5.343	3.343
Ho	1.803	1.929	3.560	2.432	2.643	1.655	1.655	3.560	2.337
Er	1.450	1.512	2.641	1.808	1.950	1.359	1.359	2.641	1.787
Tm	1.630	1.747	2.577	1.907	1.907	1.577	1.577	2.577	1.907
Yb	1.527	1.593	2.271	1.681	1.754	1.411	1.411	2.271	1.706
Lu	1.625	1.696	2.129	1.711	1.786	1.518	1.518	2.129	1.744
ΣREE	24.625	28.671	75.046	43.702	39.626	23.445	23.445	75.046	39.186
LREE	27.179	31.685	82.985	48.280	43.746	25.878	25.878	82.985	43.292
HREE	4.206	4.568	11.566	7.102	6.683	3.985	3.985	11.566	6.352
Sc	1.862	1.675	4.142	2.442	2.423	2.031	1.675	4.142	2.429
Y	2.447	2.268	4.485	3.012	3.614	2.038	2.038	4.485	2.977
Sc+Y	2.263	2.082	4.377	2.833	3.240	2.036	2.036	4.377	2.805
ΣREE*	21.049	24.418	63.744	37.166	33.807	20.021	20.021	63.744	33.368

根据表 8-2a 和单因子污染指数评价标准，完成表 8-2b。

表 8-2b　泄洪渠内表层土壤稀土元素污染程度

指数值	$Pi \leqslant 1$	$1 < Pi \leqslant 2$	$2 < Pi \leqslant 3$	$3 < Pi \leqslant 5$	$5 < Pi$
稀土元素		Er、Tm、Yb、Lu	Y、Sc、Ho	Dy	La、Ce、Pr、Nd、Eu、Sm、Gd、Tb
土壤质量	无污染	轻度污染	中度污染	重度污染	超重度污染
污染级别	I	II	III	IV	V

根据上表作图 8-1(上图),由于污染级别在 Ⅱ~Ⅳ 级之间土壤稀土元素单因子污染指数值与 Ⅴ 级之间的数据差距太大,尤其是 Dy、Y、Sc、Ho 和 Er、Tm、Yb、Lu 较集中,在图 8-1(上图)中的曲线区分度不太明显,故再补充作区分度明显的 Dy、Y、Sc、Ho 和 Er、Tm、Yb、Lu 曲线图,见图 8-1(下图)。

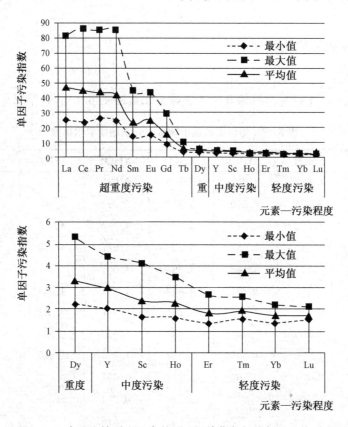

图 8-1　表层土壤稀土元素单因子污染指数极值与平均值对比

泄洪渠(XHQ)表层土壤稀土元素强度系数(亦即表层土壤稀土含量是内蒙古河套地区土壤背景值的倍数,在污染负荷指数计算中属于最高污染系数),稀土总量 ΣREE 的单因子污染指数在 23.445~75.046 之间,平均值为 39.186,都属于超重度污染,其中 LREE 单因子污染指数在 25.878~82.985 之间,平均值为 43.292,属于超重度污染;HREE 单因子污染指数在 3.985~11.566 之间,平均值为 6.352,属于超重度污染;Sc+Y 单因子污染指数在 2.036~4.377 之间,平均值为 2.805，属于中度污染。总之，泄洪渠表层土壤污染程度属于强到极强。

下面分别运用地质累积指数法和污染负荷指数法对泄洪渠表层土壤稀土元素的污染程度进行计算和评价。

8.1.2 地质累积指数法

根据表 8-1 计算泄洪渠表层土壤稀土元素地质累积指数，结果见表 8-3。

表 8-3 泄洪渠表层土壤稀土元素地质累积指数

样号	XHQ1	XHQ2	XHQ3	XHQ4	XHQ5	XHQ6
La	4.696	4.708	5.769	5.031	5.067	4.034
Ce	3.978	4.500	5.854	5.096	4.884	4.232
Pr	4.328	4.210	5.821	4.990	4.840	4.109
Nd	4.042	4.087	5.827	4.977	4.758	4.088
Sm	3.197	3.148	4.895	4.061	4.047	3.176
Eu	3.499	3.244	4.860	4.194	4.535	3.337
Gd	2.618	2.753	4.261	3.511	3.341	2.559
Tb	1.296	1.441	2.632	1.972	2.059	1.197
Dy	1.300	1.386	2.418	1.820	1.947	1.171
Ho	0.265	0.363	1.247	0.697	0.817	0.142
Er	−0.049	0.012	0.816	0.270	0.379	−0.143
Tm	0.120	0.220	0.781	0.346	0.417	0.072
Yb	0.024	0.085	0.596	0.162	0.224	−0.091
Lu	0.115	0.178	0.505	0.190	0.252	0.017
Sc	0.312	0.159	1.465	0.703	0.692	0.437
Y	0.706	0.597	1.580	1.006	1.269	0.442

根据上表对泄洪渠表层土壤质量污染程度即地质累积指数进行分级统计，见表 8-4。

表 8-4　泄洪渠表层土壤地质累积指数分级统计(单位:样品个数)

等级	范围值	La	Ce	Pr	Nd	Sm	Eu	Gd	Tb	Dy	Ho	Er	Tm	Yb	Lu	Se	Y	土壤质量
0	Igeo≤0										5	6	6	6	6	5	3	无污染
1	0<Igeo≤1										1					1	3	无—中度
2	1<Igeo≤2								4	5								中度
3	2<Igeo≤3							3	2	1								中度—强
4	3<Igeo≤4		1			3	3	2										强污染
5	4<Igeo≤5	3	3	5	5	3	3	1										强—极强
6	5<Igeo	3	2	1	1													极强

为了更加细致、直观地分析地质累积指数的评价结果,本研究在地质累积指数分级统计表的基础上,补充污染等级乘积法。污染等级乘积法的数学原理如下:

污染等级乘积法是给各污染等级赋予对应的等级值,比如给 0 级赋值为 0、1 级赋值为 1,依次类推,6 级赋值为 6。如果用 k 表示所赋的值,则 k 取值范围为 0~6。实际上,假定给 0 级赋值为 n,则 1 级赋值为 $n+1$,依次类推,6 级赋值就是 $n+6$,虽然计算的数据增大,但污染等级乘积法曲线图的形态不变(整个曲线图相当于坐标平移,且纵横坐标的平移值为 n)。

将各元素在对应等级中的采样点数量表示为 M,污染等级的乘积为 W,则,

污染等级的乘积:

$$W_{ij} = k \times M_{ij} \tag{1}$$

上式中,i 表示污染级别,j 表示土壤中的某个化学元素,k 是与污染级别对应的赋值系数,取值范围从 0~6;如果某一污染等级 i 对应的某一个土壤元素 j 没有对应的污染个数即 $M_{ij} = 0$,则此位置的 $W_{ij} = 0$,计算表格中的对应位置既可以是空格,也可以填写 0(尤其是有几十个元素参与评价时,所有空格都填写 0,便于统计计算下面进行的污染等级乘积和)。

同一种元素污染等级乘积和:

$$T_j = \Sigma W_{ij} \tag{2}$$

污染等级乘积法运算的数学模型见表 8 - 5a。

表 8 - 5a　土壤地质累积指数污染等级乘积法数学模型

序号	等级	范围值	k	La	Ce	Pr	Nd	Sm	…	X	土壤质量
				1	2	3	4	5	…	n	
1	0	Igeo≤0	0	$W11$	$W12$	$W13$	$W14$	$W15$	…	$W1n$	无污染
2	1	0<Igeo≤1	1	$W21$	$W22$	$W23$	$W24$	$W25$	…	$W2n$	无污染到中度污染
3	2	1<Igeo≤2	2	$W31$	$W32$	$W33$	$W34$	$W35$	…	$W3n$	中度污染
4	3	2<Igeo≤3	3	$W41$	$W42$	$W43$	$W44$	$W45$	…	$W4n$	中度污染到强污染
5	4	3<Igeo≤4	4	$W51$	$W52$	$W53$	$W54$	$W55$	…	$W5n$	强污染
6	5	4<Igeo≤5	5	$W61$	$W62$	$W63$	$W64$	$W65$	…	$W6n$	强污染到极强污染
7	6	5<Igeo	6	$W71$	$W72$	$W73$	$W74$	$W75$	…	$W7n$	极强污染
8		T		$T1$	$T2$	$T3$	$T4$	$T5$	…	Tn	
9		土壤质量									

上表中的行 i 代表污染等级，列 j 代表土壤元素（上表以稀土元素 La、Ce、Pr、Nd、Sm 为例）。Wij 表示污染等级赋值 k 与该元素在相应污染等级的样点个数 Mij 的乘积，即 $Wij = k \times Mij$。

上表中，$T1 = \Sigma Wi1 = W11 + W21 + W31 + W41 + W51 + W61 + W71$；

依次类推，

$$Tn = \Sigma Win = W1n + W2n + W3n + W4n + W5n + W6n + W7n。$$

上表第 9 行的土壤质量是根据各元素采样点的污染程度，进行综合概括，其结果与地质累积指数污染等级乘积法曲线图是对应的。依据表格在垂直方向上对土壤质量的评价，是专门针对某个元素或数个元素对土壤的最高污染级别及土壤质量的污染程度，是对土壤质量污染程度准确、细致的表达。

运用各元素系列数据 Tj 完成地质累积指数污染等级乘积法曲线图，可直观对比土壤质量中各元素的污染程度。每个元素污染等级乘积之和(Tj)值越高,则污染等级越高,土壤质量的污染程度也越强。污染等级乘积法的优点是利用污染等级乘积之和,将所有稀土元素对土壤污染等级(土壤污染程度也就是土壤质量)的零散分布,转变为形象直观的曲线图形式,便于描述和表达其分布规律。

根据上述原理,对表 8-4 中每个元素地质累积指数污染等级(土壤质量)的个数与污染等级赋值系数 k 相乘,并求得同一元素各乘积之和,见表 8-5b。

表 8-5b　泄洪渠表层土壤地质累积指数污染等级乘积法计算表

等级	0	1	2	3	4	5	6	T	土壤质量
范围值	Igeo≤0	0<Igeo≤1	1<Igeo≤2	2<Igeo≤3	3<Igeo≤4	4<Igeo≤5	5<Igeo		
La						15	18	33	
Ce					4	15	12	31	
Pr						25	6	31	强—极强污染
Nd						25	6	31	
Sm					12	15		27	
Eu					12	15		27	
Gd				9	8	5		22	
Tb			8	6				14	中度—强污染
Dy			10	3				13	
Ho	0	1						1	
Er	0							0	
Tm	0							0	
Yb	0							0	以无污染为主
Lu	0							0	
Sc	0	1						1	
Y	0	3						3	
土壤质量	无污染	无污染到中度污染	中度污染	中度污染到强污染	强污染	强污染到极强污染	极强污染		

因篇幅所限,后面各节有关污染等级乘积法的计算中,都将计算过程省略,对应表格中直接列出计算结果。

根据表 8-5b,完成泄洪渠表层土壤地质累积指数污染等级乘积法曲线图,见图 8-2。

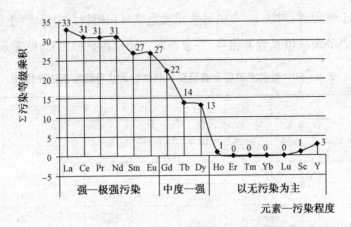

图 8-2 表层土壤地质累积指数污染等级乘积法曲线

结合图 8-2,从泄洪渠表层土壤稀土元素地质累积指数分析中可以看出,表层土壤中轻稀土元素 La、Ce、Pr、Nd、Sm、Eu 属于强污染—极强污染,Gd、Tb、Dy 属于中度污染—强污染,Ho 和 Sc、Y 属于无污染—中度污染且以无污染为主,Er、Tm、Yb、Lu 属于无污染。

8.1.3 污染负荷指数法

以表 8-1 为基础,计算泄洪渠表层土壤稀土元素最高污染系数,见图 8-6。

表 8-6 泄洪渠表层土壤稀土元素最高污染系数

样号	XHQ1	XHQ2	XHQ3	XHQ4	XHQ5	XHQ6
La	38.888	39.198	81.791	49.041	50.296	24.581
Ce	23.630	33.954	86.782	51.288	44.280	28.192
Pr	30.122	27.756	84.805	47.659	42.963	25.890

（续表）

样号	XHQ1	XHQ2	XHQ3	XHQ4	XHQ5	XHQ6
Nd	24.713	25.494	85.153	47.238	40.597	25.516
Sm	13.752	13.298	44.638	25.034	24.793	13.553
Eu	16.958	14.208	43.558	27.450	34.783	15.158
Gd	9.206	10.114	28.765	17.100	15.196	8.839
Tb	3.684	4.074	9.301	5.884	6.250	3.440
Dy	2.462	2.613	5.343	3.532	3.855	2.251
Ho	1.803	1.929	3.560	2.432	2.643	1.655
Er	1.450	1.512	2.641	1.808	1.950	1.359
Tm	1.630	1.747	2.577	1.907	2.003	1.577
Yb	1.527	1.593	2.271	1.681	1.754	1.411
Lu	1.625	1.696	2.129	1.711	1.786	1.518
Sc	1.862	1.675	4.142	2.442	2.423	2.031
Y	2.447	2.268	4.485	3.012	3.614	2.038

计算污染负荷指数，见表 8-7。表中的 $F^{1/5}$ 是再次计算每个取样点 5 组稀土元素的污染负荷指数，$F^{1/6}$ 是再次计算每个稀土元素组在 6 个取样点的污染负荷指数。

表 8-7　泄洪渠表层土壤稀土元素污染负荷指数

样号	REE1	REE2	REE3	REE4	REE5	5 组复合污染 $F^{1/5}$
XHQ1	28.759	12.900	3.503	1.556	2.135	5.334
XHQ2	31.152	12.409	3.796	1.634	1.949	5.419
XHQ3	84.613	38.242	8.446	2.395	4.310	12.305
XHQ4	48.781	22.735	5.422	1.775	2.712	7.804
XHQ5	44.395	23.576	5.577	1.870	2.959	7.977
XHQ6	26.012	12.200	3.262	1.464	2.034	4.986
最小值	26.012	12.200	3.262	1.464	1.949	4.986
最大值	84.613	38.242	8.446	2.395	4.310	12.305
平均值	43.952	20.344	5.001	1.782	2.683	7.304
$F^{1/6}$	40.279	18.495	4.721	1.759	2.577	6.926

根据上表作泄洪渠土壤表层二级区域污染负荷指数变化曲线,见图 8-3。

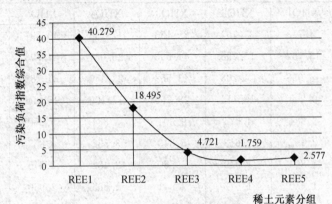

图 8-3　土壤表层二级区域污染负荷指数变化曲线

对土壤质量污染程度即污染负荷指数进行分级统计,见表 8-8。

表 8-8　泄洪渠土壤表层 5 组稀土元素污染负荷指数等级统计

污染等级	I_{PL} 值	REE1	REE2	REE3	REE4	REE5	分组总数量	复合污染 $F^{1/5}$	污染程度
0	<1								无污染
I	1~2				5	1	6		中度污染
II	2~3				1	4	5		强污染
III	≥3	6	6	6		1	19	6	极强污染

结合图 8-3 及以上各表可明显看出,泄洪渠稀土元素 REE1、REE2、REE3 都属于极强污染,且 REE1 的二级区域污染负荷指数 40.297,是 REE2 二级区域污染负荷指数 18.495 的 2.18 倍、REE3 二级区域污染负荷指数 4.721 的 8.54 倍;REE4 是中度污染—强污染且以中度污染为主,REE5 是中度污染—强污染且以强污染为主。所有 16 个稀土元素对表层土壤复合污染的污染负荷指数都大于 3,属于极强污染,复合污染的二级区域污染负荷指数高达 6.926。

综上所述,地质累积指数法是计算单个稀土元素对表层土壤的污染程度,其中 La、Ce、Pr、Nd、Sm、Eu 属于强污染—极强污染,Gd、Tb、Dy 属于中度污染—强污染,Ho 和 Sc、Y 属于无污染—中度污染且以无污染为主,Er、Tm、

Yb、Lu 属于无污染。地质累积指数可以帮助人们更清楚地了解表层土壤中单个稀土元素的污染程度,其中 La—Dy 的污染程度与污染负荷指数的计算结果是一致的。

而泄洪渠表层土壤稀土元素高度富集,稀土元素 REE1、REE2、REE3 都属于极强污染,REE4 是中度污染—强污染且以中度污染为主,REE5 是中度污染—强污染且以强污染为主。所有 16 个稀土元素对表层土壤复合污染的污染负荷指数高达 6.926,属于极强污染。

8.2　泄洪渠土壤剖面 A、B、C 各层稀土分布规律

本节分别采用内蒙古土壤 A 层和对比剖面 A、B、C 各层的稀土含量几何平均值为本底值,对污灌渠剖面 A、B、C 各层应用地质累积指数和污染负荷指数的对比性分析,研究土壤稀土含量规律和土壤质量(即土壤污染程度)。下面应用单因子污染指数法、地质累积指数法和污染负荷指数法分析泄洪渠土壤稀土分布规律及其土壤质量(土壤污染程度)。分析计算过程中应用的数据都以表 7-2 系列和表 7-3 为基础。

8.2.1　采用内蒙古稀土含量值进行研究

根据表 3-5 土壤剖面稀土含量,本小节采用内蒙古土壤 A 层稀土含量几何平均值进行泄洪渠土壤地质累积指数和污染负荷指数评价。

1. 地质累积指数

地质累积指数计算结果见表 8-9。

表 8-9　泄洪渠土壤 A 层地质累积指数

剖面编号	PM1	PM2	PM3	PM4	PM5	PM6	PM7	PM8	PM9	PM10
La	4.864	4.429	4.683	4.599	3.438	5.089	2.942	5.430	4.530	1.770
Ce	5.246	4.670	4.849	4.880	3.703	5.347	3.121	5.087	4.778	1.523
Pr	5.328	4.667	4.892	5.063	3.791	5.304	3.160	5.356	4.836	2.029
Nd	5.410	4.706	4.928	5.259	3.812	5.324	3.275	5.508	4.888	1.994
Sm	4.242	3.622	3.904	4.268	2.816	4.111	2.254	4.499	3.790	1.506
Eu	4.101	3.740	4.264	4.517	2.821	3.894	2.561	4.809	3.766	1.716
Gd	3.499	2.836	3.063	3.297	2.076	3.529	1.514	3.526	3.090	0.617
Tb	2.287	1.886	2.075	2.277	1.337	2.441	0.910	2.485	2.155	0.393
Dy	1.442	1.104	1.315	1.533	0.776	1.646	0.389	1.764	1.435	0.020
Ho	0.856	0.611	0.785	0.991	0.408	1.106	0.092	1.182	0.931	−0.223
Er	0.462	0.307	0.461	0.639	0.229	0.705	−0.067	0.825	0.572	−0.331
Tm	0.059	0.048	0.118	0.286	0.048	0.275	−0.253	0.426	0.197	−0.436
Yb	0.015	0.041	0.101	0.259	0.029	0.214	−0.201	0.425	0.154	−0.436
Lu	−0.144	−0.046	0.000	0.105	−0.014	0.059	−0.241	0.215	0.055	−0.470
Sc	0.584	0.202	0.417	0.812	0.142	0.037	−0.118	0.537	0.166	−0.079
Y	0.731	0.564	0.831	1.035	0.365	0.746	−0.065	1.246	0.715	−0.236

根据上表对土壤质量污染程度即地质累积指数进行分级统计,见表 8-10。

表 8-10　泄洪渠土壤 A 层地质累积指数分级统计(单位:样品个数)

等级	0	1	2	3	4	5	6
范围值	Igeo≤0	0<Igeo≤1	1<Igeo≤2	2<Igeo≤3	3<Igeo≤4	4<Igeo≤5	5<Igeo
La			1	1	1	5	2
Ce			1	0	2	4	3
Pr			0	1	2	3	4
Nd			1	0	2	3	4
Sm			1	2	3	4	0
Eu			1	2	3	4	0
Gd		1	1	2	6		
Tb		2	2	6			

（续表）

等级	0	1	2	3	4	5	6
范围值	Igeo≤0	0＜Igeo≤1	1＜Igeo≤2	2＜Igeo≤3	3＜Igeo≤4	4＜Igeo≤5	5＜Igeo
Dy		3	7				
Ho	1	7	2				
Er	2	8					
Tm	2	8					
Yb	2	8					
Lu	5	5					
Sc	2	8					
Y	2	6	2				
土壤质量	无污染	无污染到中度污染	中度污染	中度污染到强污染	强污染	强污染到极强污染	极强污染

根据上表,完成泄洪渠土壤剖面 A 层地质累积指数污染等级乘积法计算表,见表 8－11。

表 8－11　泄洪渠土壤剖面 A 层地质累积指数污染等级乘积法计算表

元素	La	Ce	Pr	Nd	Sm	Eu	Gd	Tb	Dy	Ho	Er	Tm	Yb	Lu	Sc	Y
T	46	48	50	49	40	40	32	22	14	4	8	8	8	5	8	10
土壤质量	强污染到极强污染						中度污染到强污染		无污染到中度污染							

根据上表,完成泄洪渠土壤剖面 A 层地质累积指数污染等级乘积法曲线图,见图 8－4。

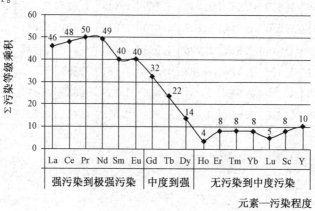

图 8－4　A 层地质累积指数污染等级乘积法曲线

结合图 8-4,从泄洪渠土壤剖面 A 层稀土元素地质累积指数分析中可以看出,土壤 A 层轻稀土元素 La、Ce、Pr、Nd 属于强污染—极强污染,Sm、Eu 属于中度污染—强污染到极强污染且以强污染到极强污染为主,Gd、Tb 属于无污染到中度污染—中度污染到强污染且以中度污染到强污染为主,Dy 属于无污染—中度污染,Ho、Er、Tm、Yb、Lu 和 Sc、Y 属于无污染—无污染到中度污染且以无污染到中度污染为主。

2. 污染负荷指数

计算泄洪渠土壤 A 层稀土元素最高污染系数,见表 8-12。

表 8-12a　泄洪渠土壤 A 层稀土元素最高污染系数

剖面编号	PM1	PM2	PM3	PM4	PM5	PM6	PM7	PM8	PM9	PM10
La	43.671	32.311	38.533	36.341	16.262	51.069	11.523	64.652	34.656	5.116
Ce	56.941	38.179	43.223	44.157	19.539	61.055	13.047	50.992	41.157	4.310
Pr	60.246	38.116	44.525	50.158	20.766	59.253	13.409	61.448	42.844	6.121
Nd	63.776	39.146	45.655	57.427	21.061	60.077	14.521	68.249	44.426	5.975
Sm	28.399	18.486	22.480	28.924	10.569	25.948	7.162	33.954	20.771	4.264
Eu	25.852	20.123	28.930	34.481	10.644	22.391	8.889	42.207	20.485	4.948
Gd	16.958	10.707	12.537	14.739	6.325	17.313	4.285	17.279	12.772	2.300
Tb	7.370	5.583	6.366	7.323	3.817	8.202	2.838	8.457	6.728	1.983
Dy	4.079	3.229	3.735	4.344	2.572	4.700	1.967	5.100	4.061	1.523
Ho	2.715	2.291	2.585	2.982	1.991	3.229	1.598	3.405	2.859	1.285
Er	2.066	1.855	2.065	2.336	1.758	2.445	1.432	2.657	2.229	1.192
Tm	1.581	1.570	1.648	1.852	1.570	1.837	1.274	2.041	1.741	1.122
Yb	1.519	1.546	1.612	1.798	1.533	1.743	1.307	2.017	1.673	1.111
Lu	1.374	1.470	1.519	1.633	1.504	1.581	1.285	1.763	1.578	1.096
Sc	2.248	1.725	2.003	2.634	1.655	1.539	1.382	2.176	1.683	1.420
Y	2.490	2.218	2.669	3.073	1.931	2.515	1.434	3.557	2.462	1.274

表 8 - 12b　泄洪渠土壤 A 层稀土元素最高污染系数极值

元素	La	Ce	Pr	Nd	Sm	Eu	Gd	Tb
最小值	5.116	4.310	6.121	5.975	4.264	4.948	2.300	1.983
最大值	64.652	61.055	61.448	68.249	33.954	42.207	17.313	8.457
平均值	33.413	37.260	39.689	42.031	20.096	21.895	11.522	5.867
元素	Dy	Ho	Er	Tm	Yb	Lu	Sc	Y
最小值	1.523	1.285	1.192	1.122	1.111	1.096	1.382	1.274
最大值	5.100	3.405	2.657	2.041	2.017	1.763	2.634	3.557
平均值	3.531	2.494	2.004	1.624	1.586	1.480	1.847	2.362

计算污染负荷指数,见表 8 - 13,表中的 $F^{1/5}$ 是再次计算每个剖面土壤 A 层 5 组稀土元素的污染负荷指数,$F^{1/10}$ 是再次计算每个稀土元素组在 10 个剖面土壤 A 层中的污染负荷指数。

表 8 - 13　泄洪渠土壤 A 层稀土元素污染负荷指数

稀土组	REE1	REE2	REE3	REE4	REE5	$F^{1/5}$
PM1	55.597	23.177	6.099	1.616	2.366	7.863
PM2	36.833	15.851	4.586	1.604	1.956	6.093
PM3	42.895	20.127	5.269	1.699	2.312	7.086
PM4	46.367	24.496	6.115	1.888	2.845	8.210
PM5	19.308	8.928	3.335	1.588	1.788	4.391
PM6	57.720	21.587	6.813	1.876	1.967	7.928
PM7	13.080	6.486	2.486	1.323	1.408	3.303
PM8	60.978	29.147	7.098	2.096	2.782	9.404
PM9	40.592	17.581	5.620	1.789	2.036	6.806
PM10	5.329	3.647	1.728	1.130	1.345	2.196
最小值	5.329	3.647	1.728	1.130	1.345	2.196
最大值	60.978	29.147	7.098	2.096	2.845	9.404
平均值	37.870	17.103	4.915	1.661	2.081	6.328
$F^{1/10}$	30.859	14.543	4.514	1.638	2.023	5.826

根据上表对泄洪渠土壤剖面 A 层土壤污染程度即污染负荷指数分级统计,见表 8 - 14。

表 8-14　泄洪渠土壤 A 层 5 组稀土元素污染负荷指数等级统计(单位:样品个数)

污染等级	I_{PL} 值	REE1	REE2	REE3	REE4	REE5	分组总数量	5 组复合污染	污染程度
0	<1								无污染
I	1～2				9	4	13		中度污染
II	2～3			1	1	6	8	1	强污染
III	≥3	10	10	9			29	9	极强污染

从以上各表看出,泄洪渠稀土元素 REE1、REE2 和 REE3 都属于极强污染,且 REE1 的综合污染负荷指数 30.859 是 REE2 污染负荷指数 14.543 的 2.12 倍、REE3 污染负荷指数 4.514 的 6.84 倍,REE4 是中度污染—强污染且以中度污染为主,REE5 是中度污染—强污染且以强污染为主。所有 16 个稀土元素对表层土壤 A 层复合污染的污染负荷指数都>3,属于极强污染,复合污染的二级区域污染负荷指数高达 5.826。

再将泄洪渠土壤表层稀土污染负荷指数与土壤 A 层污染负荷指数计算结果进行对比,根据表 8-7 和表 8-13 作图 8-5。

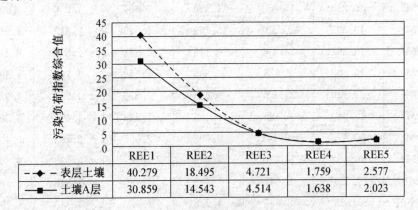

	REE1	REE2	REE3	REE4	REE5
—◆—表层土壤	40.279	18.495	4.721	1.759	2.577
—■—土壤A层	30.859	14.543	4.514	1.638	2.023

图 8-5　土壤表层与 A 层稀土污染负荷指数对比

从图 8-5 明显看出,土壤中 5 组稀土元素的污染程度,两者具有高度的一致性。因为采取表层土壤样品所代表的深度是 20 cm,其属于土壤 A 层最上面的一部分。

综上所述,地质累积指数法是计算单个稀土元素对土壤 A 层的污染程度,其中 La、Ce、Pr、Nd、Sm、Eu 属于强污染—极强污染,Gd、Tb、Dy 属于中度污染—强污染,Ho、Er、Tm、Yb、Lu 和 Sc、Y 属于无污染—无污染到中度污染且以无污染到中度污染为主。而泄洪渠土壤 A 层稀土元素高度富集,稀土元素 REE1、REE2、REE3 都属于极强污染,REE4 是中度污染—强污染且以中度污染为主,REE5 是中度污染—强污染且以强污染为主。所有 16 个稀土元素对土壤 A 层复合污染的污染负荷指数高达 5.826,属于极强污染。两种方法的评价结果基本对应,尤其是轻稀土污染程度都属于极强污染,具有一致性。

8.2.2　采用对比剖面稀土含量值进行研究

由于目前已经公开发表的论文或出版的学术专著中,都没有国家或内蒙古土壤剖面 B、C 层稀土含量的数据,因而本研究采用对比剖面 A、B、C 各层稀土含量的几何平均值为本底值(表 3-5),对泄洪渠土壤剖面稀土分布特征进行详细研究。

1. 土壤剖面 A 层稀土元素分析

土壤剖面 A 层稀土元素含量特征分析包括地质累积指数和污染负荷指数。

1) A 层稀土地质累积指数

计算土壤剖面 A 层稀土地质累积指数,结果见表 8-15。

表 8-15　泄洪渠土壤剖面 A 层稀土地质累积指数

剖面号	PM1	PM2	PM3	PM4	PM5	PM6	PM7	PM8	PM9	PM10
La	4.642	4.207	4.461	4.376	3.216	4.867	2.719	5.208	4.308	1.548
Ce	4.582	4.006	4.185	4.215	3.039	4.683	2.457	4.423	4.114	0.859
Pr	4.621	3.961	4.185	4.357	3.085	4.597	2.454	4.650	4.130	1.322
Nd	4.536	3.831	4.053	4.384	2.937	4.449	2.401	4.633	4.014	1.120
Sm	3.618	2.999	3.281	3.645	2.192	3.488	1.631	3.876	3.167	0.883
Eu	3.618	3.257	3.780	4.034	2.338	3.411	2.078	4.325	3.282	1.233

(续表)

剖面号	PM1	PM2	PM3	PM4	PM5	PM6	PM7	PM8	PM9	PM10
Gd	3.209	2.545	2.773	3.007	1.786	3.239	1.224	3.236	2.800	0.327
Tb	1.665	1.265	1.454	1.656	0.716	1.820	0.289	1.864	1.534	−0.229
Dy	0.989	0.652	0.863	1.080	0.324	1.194	−0.063	1.312	0.983	−0.432
Ho	0.488	0.243	0.417	0.623	0.040	0.738	−0.277	0.814	0.562	−0.592
Er	0.159	0.004	0.158	0.336	−0.074	0.402	−0.370	0.522	0.269	−0.634
Tm	−0.306	−0.316	−0.247	−0.079	−0.316	−0.090	−0.618	0.062	−0.168	−0.801
Yb	−0.296	−0.271	−0.210	−0.053	−0.283	−0.098	−0.513	0.113	−0.157	−0.748
Lu	−0.488	−0.391	−0.344	−0.239	−0.358	−0.286	−0.585	−0.129	−0.289	−0.814
Sc	0.007	−0.375	−0.160	0.235	−0.435	−0.540	−0.695	−0.040	−0.411	−0.656
Y	0.249	0.083	0.349	0.553	−0.117	0.264	−0.547	0.764	0.233	−0.718

根据表 8-15 对泄洪渠土壤剖面 A 层土壤污染程度即地质累积指数分级进行统计,见表 8-16。

表 8-16 泄洪渠土壤剖面 A 层稀土地质累积指数评价结果统计(单位:样品个数)

等级	0	1	2	3	4	5	6
范围值	Igeo≤0	0<Igeo≤1	1<Igeo≤2	2<Igeo≤3	3<Igeo≤4	4<Igeo≤5	5<Igeo
La			1	1	1	6	1
Ce		1		1	1	7	
Pr			1	1	2	6	
Nd			1	1	1	6	
Sm		1	1	2	6		
Eu		1	2	5	2		
Gd		1	2	3	4		
Tb	1	2	7				
Dy	2	5	3				
Ho	2	8					
Er	3	7					
Tm	9	1					
Yb	9	1					
Lu	10						

（续表）

等级	0	1	2	3	4	5	6
范围值	Igeo≤0	0＜Igeo≤1	1＜Igeo≤2	2＜Igeo≤3	3＜Igeo≤4	4＜Igeo≤5	5＜Igeo
Sc	8	2					
Y	3	7					
土壤质量	无污染	无污染到中度污染	中度污染	中度污染到强污染	强污染	强污染到极强污染	极强污染

根据表 8-16，完成泄洪渠土壤剖面 A 层地质累积指数污染等级乘积法计算表，见表 8-17。

表 8-17　泄洪渠土壤剖面 A 层地质累积指数污染等级乘积法计算表

元素	La	Ce	Pr	Nd	Sm	Eu	Gd	Tb	Dy	Ho	Er	Tm	Yb	Lu	Sc	Y
T	34	38	40	33	32	28	30	16	11	8	7	1	1	0	2	7
土壤质量	强污染到极强污染				中度污染到强污染			中度污染		无污染到中度污染						

根据表 8-17，完成泄洪渠土壤剖面 A 层地质累积指数污染等级乘积法曲线图，见图 8-6。

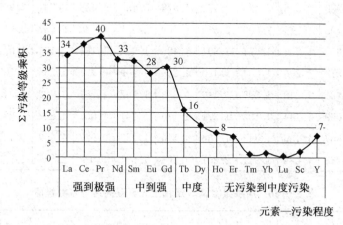

图 8-6　A 层地质累积指数污染等级乘积法曲线

结合图 8-6，从泄洪渠土壤剖面 A 层稀土元素地质累积指数分析中可以看出，土壤 A 层轻稀土元素 La、Ce、Pr、Nd 属于中度污染—强污染到极强污染，

Sm、Eu、Gd 属于无污染到中度污染—强污染到极强污染且以中度污染到强污染—强污染为主，Tb、Dy 属于无污染—中度污染且以中度污染为主，Ho、Er、Tm、Yb、Lu 和 Sc、Y 属于无污染—无污染到中度污染且以无污染到中度污染为主。

2）A 层稀土污染负荷指数

计算土壤剖面 A 层稀土元素最高污染系数，见表 8-18。

表 8-18a　泄洪渠土壤剖面 A 层稀土元素最高污染系数

剖面号	PM1	PM2	PM3	PM4	PM5	PM6	PM7	PM8	PM9	PM10
La	37.440	27.701	33.035	31.156	13.942	43.783	9.879	55.427	29.711	4.386
Ce	35.934	24.094	27.277	27.867	12.331	38.531	8.234	32.180	25.973	2.720
Pr	36.919	23.357	27.284	30.737	12.725	36.310	8.217	37.655	26.255	3.751
Nd	34.789	21.353	24.904	31.326	11.488	32.771	7.921	37.229	24.233	3.260
Sm	18.420	11.990	14.581	18.761	6.855	16.831	4.645	22.023	13.473	2.766
Eu	18.417	14.336	20.609	24.565	7.583	15.952	6.332	30.069	14.594	3.525
Gd	13.870	8.757	10.254	12.055	5.173	14.160	3.505	14.132	10.446	1.881
Tb	4.758	3.604	4.110	4.728	2.464	5.295	1.832	5.460	4.343	1.280
Dy	2.978	2.358	2.728	3.172	1.878	3.432	1.436	3.724	2.965	1.112
Ho	2.103	1.775	2.002	2.310	1.542	2.501	1.238	2.637	2.215	0.995
Er	1.675	1.504	1.674	1.894	1.425	1.982	1.161	2.154	1.807	0.967
Tm	1.213	1.205	1.264	1.420	1.205	1.409	0.977	1.565	1.335	0.861
Yb	1.221	1.243	1.296	1.446	1.233	1.402	1.051	1.622	1.345	0.893
Lu	1.069	1.144	1.182	1.271	1.170	1.231	1.000	1.372	1.228	0.853
Sc	1.507	1.156	1.343	1.766	1.110	1.032	0.927	1.459	1.128	0.952
Y	1.783	1.589	1.911	2.201	1.383	1.801	1.027	2.547	1.763	0.912

表 8-18b　泄洪渠土壤 A 层稀土元素最高污染系数极值

元素	La	Ce	Pr	Nd	Sm	Eu	Gd	Tb
最小值	4.386	2.720	3.751	3.260	2.766	3.525	1.881	1.280
最大值	55.427	38.531	37.655	37.229	22.023	30.069	14.160	5.460
平均值	28.646	23.514	24.321	22.927	13.035	15.598	9.423	3.787

（续表）

元素	Dy	Ho	Er	Tm	Yb	Lu	Sc	Y
最小值	1.112	0.995	0.967	0.861	0.893	0.853	0.927	0.912
最大值	3.724	2.637	2.154	1.565	1.622	1.372	1.766	2.547
平均值	2.578	1.932	1.624	1.245	1.275	1.152	1.238	1.692

　　计算泄洪渠土壤剖面 A 层稀土元素污染负荷指数，见表 8 - 19。表中的 $F^{1/5}$ 是再次计算每个剖面土壤 A 层 5 组稀土元素的污染负荷指数，$F^{1/10}$ 是再次计算每个稀土元素组在 10 个剖面土壤 A 层中的污染负荷指数。

表 8 - 19　泄洪渠土壤剖面 A 层稀土元素污染负荷指数

剖面号	REE1	REE2	REE3	REE4	REE5	$F^{1/5}$
PM1	36.256	16.757	4.509	1.276	1.639	5.644
PM2	24.020	11.460	3.390	1.267	1.355	4.375
PM3	27.973	14.552	3.895	1.342	1.602	5.088
PM4	30.238	17.711	4.521	1.491	1.972	5.895
PM5	12.591	6.455	2.465	1.255	1.239	3.153
PM6	37.641	15.607	5.037	1.482	1.363	5.692
PM7	8.530	4.689	1.838	1.045	0.976	2.371
PM8	39.765	21.073	5.247	1.655	1.928	6.752
PM9	26.471	12.711	4.155	1.413	1.410	4.886
PM10	3.475	2.637	1.278	0.892	0.932	1.576
最小值	3.475	2.637	1.278	0.892	0.932	1.576
最大值	39.765	21.073	5.247	1.655	1.972	6.752
平均值	24.696	12.365	3.634	1.312	1.442	4.543
$F^{1/10}$	20.124	10.514	3.337	1.294	1.402	4.183

　　根据表 8 - 19，完成土壤剖面 A 层稀土元素 5 分组 $F^{1/10}$ 的二级区域污染负荷指数曲线变化图，见图 8 - 7。

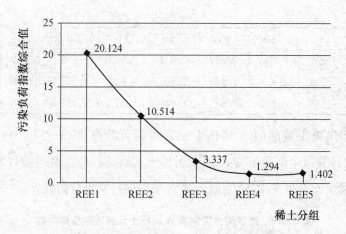

图 8‐7　泄洪渠土壤剖面 A 层二级区域污染负荷指数变化曲线

对泄洪渠土壤剖面 A 层土壤污染程度即污染负荷指数分级进行统计,见表 8‐20。

表 8‐20　泄洪渠土壤剖面 A 层 5 组稀土元素污染负荷指数等级统计(单位:样品个数)

污染等级	I_{PL} 值	REE1	REE2	REE3	REE4	REE5	污染等级合计	A层5组复合污染	污染程度
0	<1				1	2	11		无污染
I	1~2			2	9	8	13	1	中度污染
II	2~3		1	1	7		16	1	强污染
III	≥3	10	9	7			10	8	极强污染

按分组而言,并结合图 8‐7 可明显看出,泄洪渠土壤剖面 A 层 REE1、REE2 和 REE3 都属于极强污染,且 A 层 REE1 的二级区域污染负荷指数 20.124 是 REE2 二级区域污染负荷指数 10.514 的 1.91 倍、是 REE3 二级区域污染负荷指数 3.337 的 6.03 倍;REE4 和 REE5 以中度污染为主。所有稀土元素的复合污染则属于极强,二级区域污染负荷指数为 4.183。

以内蒙古河套地区土壤 A 层(AN)和本研究对比剖面土壤 A 层(CKA)稀土元素为基础数据,分别进行地质累积指数和污染负荷指数的计算,对比两个 A 层的结果。

　　在土壤剖面 A 层不同背景值基础上,对地质累积指数污染等级和污染负荷指数曲线进行对比。根据表 8-11 和表 8-17 完成地质累积指数污染等级乘积法对比曲线,见图 8-8;根据表 8-13 和表 8-19 完成污染负荷指数综合值对比曲线,见图 8-9。

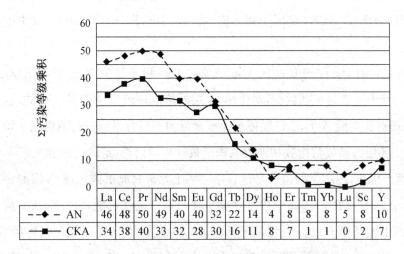

	La	Ce	Pr	Nd	Sm	Eu	Gd	Tb	Dy	Ho	Er	Tm	Yb	Lu	Sc	Y
‒‒◆‒ AN	46	48	50	49	40	40	32	22	14	4	8	8	8	5	8	10
──■── CKA	34	38	40	33	32	28	30	16	11	8	7	1	1	0	2	7

图 8-8　地质累积指数污染等级乘积法对比曲线

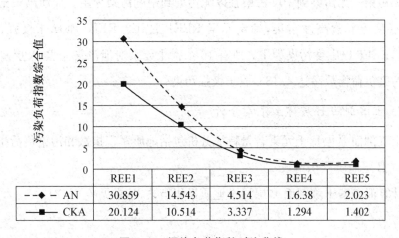

	REE1	REE2	REE3	REE4	REE5
‒‒◆‒ AN	30.859	14.543	4.514	1.6.38	2.023
──■── CKA	20.124	10.514	3.337	1.294	1.402

图 8-9　污染负荷指数对比曲线

　　从图 8-8 和图 8-9 的对比曲线可以明显看出,虽然土壤剖面 A 层采用了不同的背景值进行污染负荷指数计算,且对比剖面土壤 A 层稀土元素含量

(CKA)基本上都是内蒙古河套土壤 A 层稀土元素含量(AN)的 1.5 倍,但地质累积指数等级乘积法计算分析结果是,轻稀土元素 La、Ce、Pr、Nd 属于强污染到极强污染,Sm、Eu、Gd 属于中度污染到强污染,Tb、Dy 属于中度污染,Ho、Er、Tm、Yb、Lu 和 Sc、Y 属于无污染到中度污染。而稀土元素二级区域污染负荷指数 REE1、REE2、REE3 都属于强污染—极强污染,REE4 和 REE5 以中度污染为主。

可见,以内蒙古河套地区土壤 A 层(AN)和本研究对比剖面土壤 A 层(CKA)稀土元素为基础数据,对土壤 A 层质量的评价结果都是一致的,这也说明,采用对比剖面 A、B、C 各层稀土元素含量为参照背景值进行泄洪渠土壤剖面 A、B、C 各层污染负荷指数和地质累积指数计算,具有一定的应用意义。

综上所述,地质累积指数是计算单个稀土元素对泄洪渠土壤 A 层的污染程度,其中 La、Ce、Pr、Nd 属于中度污染—强污染到极强污染,Sm、Eu、Gd 属于无污染到中度污染—强污染到极强污染且以中度污染到强污染—强污染为主,Tb、Dy 属于无污染—中度污染且以中度污染为主,Ho、Er、Tm、Yb、Lu 和 Sc、Y 属于无污染—无污染到中度污染且以无污染到中度污染为主。而泄洪渠土壤剖面 A 层稀土元素高度富集,稀土元素 REE1、REE2、REE3 都属于极强污染,REE4、REE5 以中度污染为主。所有 16 个稀土元素对泄洪渠土壤 A 层复合污染的污染负荷指数高达 4.183,属于极强污染。

2. 土壤剖面 B 层稀土元素分析

土壤剖面 B 层稀土元素含量特征分析包括地质累积指数和污染负荷指数。

1) B 层地质累积指数

计算泄洪渠土壤剖面 B 层稀土地质累积指数,结果见表 8-21。

表8－21 泄洪渠土壤剖面B层稀土地质累积指数

剖面号	PM1	PM2	PM3	PM4	PM5	PM6	PM7	PM8	PM9	PM10
La	1.047	5.597	2.604	2.025	−0.052	−0.556	0.403	−0.517	0.743	−0.681
Ce	0.904	4.966	2.575	1.788	−0.082	−0.578	0.353	−0.634	0.656	−0.719
Pr	0.354	4.241	1.786	1.741	−0.063	−0.575	0.384	−0.633	0.620	−0.691
Nd	0.151	3.747	1.527	1.617	−0.066	−0.587	0.336	−0.659	0.586	−0.686
Sm	−0.122	2.478	0.671	0.949	−0.062	−0.511	0.268	−0.740	0.347	−0.631
Eu	−0.171	2.098	0.624	0.979	−0.235	−0.533	−0.081	−0.553	0.390	−0.554
Gd	−0.048	2.880	0.850	0.684	−0.149	−0.530	0.145	−0.796	0.182	−0.689
Tb	−0.319	1.049	0.029	0.176	−0.156	−0.482	0.037	−0.805	−0.048	−0.662
Dy	−0.396	0.326	−0.205	−0.027	−0.201	−0.523	−0.072	−0.846	−0.148	−0.673
Ho	−0.353	0.124	−0.190	−0.169	−0.151	−0.487	−0.068	−0.793	−0.128	−0.642
Er	−0.305	0.014	−0.185	−0.251	−0.113	−0.473	−0.066	−0.769	−0.133	−0.614
Tm	−0.366	−0.206	−0.284	−0.308	−0.173	−0.538	−0.138	−0.848	−0.216	−0.669
Yb	−0.323	−0.197	−0.264	−0.246	−0.123	−0.498	−0.076	−0.847	−0.212	−0.640
Lu	−0.314	−0.318	−0.297	−0.339	−0.112	−0.502	−0.042	−0.865	−0.304	−0.659
Sc	−0.586	−0.600	−0.604	−0.518	−0.650	−0.527	−0.882	−0.126	−0.739
Y	−0.512	−0.053	−0.305	−0.292	−0.277	−0.651	−0.209	−0.913	−0.300	−0.747

　　根据表8－21对泄洪渠土壤剖面B层土壤污染程度即地质累积指数分级统计,结果见表8－22。

表8－22 泄洪渠B层稀土地质累积指数评价结果统计表(单位:样品个数)

等级	0	1	2	3	4	5	6
范围值	Igeo≤0	0<Igeo≤1	1<Igeo≤2	2<Igeo≤3	3<Igeo≤4	4<Igeo≤5	5<Igeo
La	4	2	1	2		1	
Ce	7	1	1			1	
Pr	4	3	2			1	
Nd	4	3	2		1		
Sm	5	4		1			
Eu	6	3	1				
Gd	5	4		1			

（续表）

等级	0	1	2	3	4	5	6
范围值	Igeo≤0	0＜Igeo≤1	1＜Igeo≤2	2＜Igeo≤3	3＜Igeo≤4	4＜Igeo≤5	5＜Igeo
Tb	7	2	1				
Dy	10						
Ho	10						
Er	10						
Tm	10						
Yb	10						
Lu	10						
Sc	10						
Y	10						
土壤质量	无污染	无污染到中度污染	中度污染	中度污染到强污染	强污染	强污染到极强污染	极强污染

根据表 8-22,完成泄洪渠土壤剖面 B 层地质累积指数污染等级乘积法计算表,见表 8-23。

表 8-23　泄洪渠土壤剖面 B 层地质累积指数污染等级乘积法计算表

元素	La	Ce	Pr	Nd	Sm	Eu	Gd	Tb	Dy	Ho	Er	Tm	Yb	Lu	Sc	Y
T	15	8	12	11	7	5	7	4	0	0	0	0	0	0	0	0
土壤质量	无污染—中度污染到极强污染				无污染—中度污染到强污染				无污染							

根据表 8-23,完成泄洪渠土壤剖面 B 层地质累积指数污染等级乘积法曲线图,见图 8-10。

结合图 8-10,从泄洪渠土壤剖面 B 层稀土元素地质累积指数分析中可以看出,土壤 B 层轻稀土元素 La、Ce、Pr、Nd 属于无污染—中度污染到极强污染,其中 La 元素有 4 个剖面属于无污染级别,Ce 元素有 7 个剖面属于无污染级别,Pr、Nd 元素各有 4 个剖面属于无污染级别,Sm、Eu、Gd、Tb 各有 5~7 个剖面属于无污染级别,总体上 Sm—Tb 都属于无污染—中度污染到强污染,Dy、Ho、Er、Tm、Yb、Lu 和 Sc、Y 在 10 个剖面中都属于无污染。

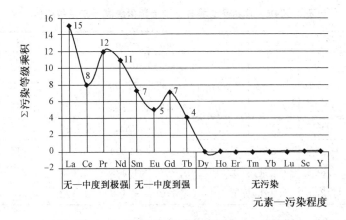

图 8－10 B 层地质累积指数污染等级乘积法曲线

2) B 层污染负荷指数

计算泄洪渠土壤剖面 B 层稀土元素最高污染系数,见表 8－24。

表 8－24a 泄洪渠土壤剖面 B 层稀土元素最高污染系数

剖面号	PM1	PM2	PM3	PM4	PM5	PM6	PM7	PM8	PM9	PM10
La	3.099	72.580	9.117	6.105	1.447	1.020	1.984	1.048	2.510	0.935
Ce	2.808	46.888	8.940	5.178	1.417	1.005	1.916	0.966	2.364	0.912
Pr	1.918	28.355	5.174	5.014	1.436	1.007	1.958	0.967	2.306	0.929
Nd	1.665	20.135	4.323	4.602	1.433	0.998	1.893	0.950	2.252	0.932
Sm	1.378	8.359	2.388	2.897	1.437	1.053	1.807	0.898	1.908	0.969
Eu	1.333	6.420	2.312	2.957	1.274	1.037	1.418	1.023	1.965	1.022
Gd	1.451	11.040	2.703	2.410	1.353	1.039	1.659	0.864	1.702	0.930
Tb	1.203	3.105	1.531	1.695	1.347	1.074	1.540	0.859	1.452	0.948
Dy	1.140	1.880	1.302	1.472	1.305	1.044	1.427	0.835	1.354	0.941
Ho	1.174	1.634	1.315	1.335	1.351	1.070	1.431	0.866	1.372	0.961
Er	1.214	1.515	1.320	1.261	1.387	1.081	1.432	0.881	1.368	0.980
Tm	1.164	1.301	1.232	1.211	1.330	1.033	1.363	0.833	1.292	0.943
Yb	1.199	1.308	1.249	1.265	1.377	1.062	1.423	0.834	1.295	0.963
Lu	1.207	1.205	1.222	1.187	1.389	1.061	1.458	0.824	1.216	0.951
Sc	0.999	0.989	0.987	0.907	1.048	0.956	1.041	0.814	1.374	0.899
Y	1.052	1.446	1.215	1.226	1.238	0.955	1.298	0.797	1.219	0.894

表 8‑24b　泄洪渠土壤 B 层稀土元素最高污染系数极值

元素	La	Ce	Pr	Nd	Sm	Eu	Gd	Tb
最小值	0.935	0.912	0.929	0.932	0.898	1.022	0.864	0.859
最大值	72.580	46.888	28.355	20.135	8.359	6.420	11.040	3.105
平均值	9.985	7.239	4.906	3.918	2.309	2.076	2.515	1.475
元素	Dy	Ho	Er	Tm	Yb	Lu	Sc	Y
最小值	0.835	0.866	0.881	0.833	0.834	0.824	0.814	0.797
最大值	1.880	1.634	1.515	1.363	1.423	1.458	1.374	1.446
平均值	1.270	1.251	1.244	1.170	1.198	1.172	1.001	1.134

计算泄洪渠土壤剖面 B 层稀土元素污染负荷指数,见表 8‑25。表中的 $F^{1/5}$ 是再次计算每个剖面土壤 B 层 5 组稀土元素的污染负荷指数,$F^{1/10}$ 是再次计算每个稀土元素组在 10 个剖面土壤 B 层中的污染负荷指数。

表 8‑25　泄洪渠土壤剖面 B 层稀土元素污染负荷指数

稀土分组	REE1	REE2	REE3	REE4	REE5	$F^{1/5}$
PM1	2.296	1.386	1.236	1.196	1.025	1.370
PM2	37.335	8.399	3.203	1.328	1.196	4.371
PM3	6.534	2.462	1.632	1.255	1.095	2.049
PM4	5.197	2.743	1.683	1.231	1.055	1.989
PM5	1.433	1.353	1.339	1.371	1.139	1.323
PM6	1.007	1.043	1.057	1.059	0.955	1.023
PM7	1.937	1.620	1.511	1.419	1.162	1.509
PM8	0.982	0.926	0.856	0.843	0.805	0.880
PM9	2.356	1.855	1.464	1.292	1.294	1.606
PM10	0.927	0.973	0.945	0.959	0.896	0.940
最小值	0.927	0.926	0.856	0.843	0.805	0.880
最大值	37.335	8.399	3.203	1.419	1.294	4.371
平均值	6.000	2.276	1.493	1.195	1.062	1.706
$F^{1/10}$	2.656	1.769	1.393	1.181	1.053	1.521

根据表 8‑25,完成土壤剖面 B 层稀土元素 5 分组 $F^{1/10}$ 的二级区域污染负荷指数曲线变化图,见图 8‑11。

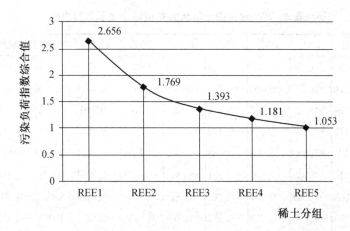

图 8－11　泄洪渠土壤剖面 B 层二级区域污染负荷指数变化曲线

对泄洪渠土壤剖面 B 层土壤污染程度即污染负荷指数分级进行统计,见表 8－26。

表 8－26　泄洪渠土壤剖面 B 层 5 组稀土元素污染负荷指数等级统计(单位:样品个数)

污染等级	I_{PL} 值	REE1	REE2	REE3	REE4	REE5	污染等级合计	B 层 5 组复合污染	污染程度
0	<1	2	2	2	3	2	14	3	无污染
I	1～2	3	5	7	7	6	26	5	中度污染
II	2～3	2					4		强污染
III	≥3	3	1	1		1	6	1	极强污染

按分组而言,并结合图 8－11 可明显看出,泄洪渠土壤剖面 B 层 REE1 属于强污染;REE2 属于中度污染—强污染,以中度污染为主;REE3、REE4 和 REE5 都以中度污染为主。所有稀土元素的污染负荷指数为 1.521,复合污染则以中度污染为主。

3. 土壤剖面 C 层稀土元素分析

土壤剖面 C 层稀土元素含量特征分析包括地质累积指数和污染负荷指数。

1)C 层地质累积指数

计算泄洪渠土壤剖面 C 层稀土地质累积指数,结果见表 8－27。

表 8-27　泄洪渠土壤剖面 C 层稀土地质累积指数

剖面号	PM1	PM2	PM3	PM4	PM5	PM6	PM7	PM8	PM9	PM10
La	0.023	−0.376	−0.442	−0.064	−0.381	0.121	−0.754	−1.071	−0.657	−0.319
Ce	−0.076	−0.427	−0.592	−0.063	−0.379	0.115	−0.819	−1.078	−0.688	−0.377
Pr	−0.129	−0.507	−0.667	−0.071	−0.371	0.070	−0.806	−1.059	−0.717	−0.420
Nd	−0.173	−0.548	−0.743	−0.112	−0.394	0.021	−0.808	−1.061	−0.743	−0.497
Sm	−0.120	−0.483	−0.768	−0.136	−0.307	0.103	−0.701	−1.005	−0.665	−0.494
Eu	−0.010	−0.453	−0.607	−0.221	−0.311	−0.375	−0.255	−0.928	−0.488	−0.455
Gd	−0.083	−0.551	−0.787	−0.227	−0.376	0.055	−0.710	−1.093	−0.592	−0.505
Tb	−0.036	−0.527	−0.673	−0.237	−0.307	0.076	−0.581	−1.055	−0.380	−0.485
Dy	−0.034	−0.543	−0.608	−0.241	−0.246	0.015	−0.519	−1.025	−0.254	−0.469
Ho	−0.046	−0.610	−0.583	−0.266	−0.230	−0.043	−0.472	−1.012	−0.219	−0.482
Er	0.012	−0.530	−0.482	−0.177	−0.085	0.019	−0.333	−0.883	−0.124	−0.399
Tm	−0.113	−0.637	−0.581	−0.277	−0.122	−0.052	−0.348	−0.960	−0.253	−0.477
Yb	−0.108	−0.634	−0.565	−0.248	−0.035	0.024	−0.228	−0.952	−0.267	−0.427
Lu	−0.087	−0.591	−0.573	−0.220	0.052	0.118	−0.109	−0.909	−0.262	−0.371
Sc	0.108	−0.486	−0.759	−0.468	−0.440	−0.410	−0.097	−0.822	−0.616	−0.484
Y	−0.147	−0.772	−0.697	−0.383	−0.351	−0.211	−0.626	−1.148	−0.338	−0.598

从表 8-27 可见,剖面的地质累积指数都是小于 0,说明 C 层单个稀土元素都处于无污染状态,也无法作出泄洪渠土壤剖面 C 层地质累积指数污染等级乘积法曲线图。

地质累积指数是计算单个稀土元素对表层土壤的污染程度,土壤剖面 C 层单个稀土元素都处于无污染状态。

2) C 层污染负荷指数

计算泄洪渠土壤剖面 C 层稀土元素最高污染系数,见表 8-28。

表 8－28a　泄洪渠土壤剖面 C 层稀土元素最高污染系数

剖面号	PM1	PM2	PM3	PM4	PM5	PM6	PM7	PM8	PM9	PM10
La	1.524	1.156	1.104	1.435	1.152	1.631	0.889	0.714	0.951	1.202
Ce	1.423	1.116	0.995	1.435	1.153	1.625	0.850	0.711	0.931	1.155
Pr	1.372	1.056	0.945	1.428	1.160	1.575	0.858	0.720	0.912	1.121
Nd	1.330	1.026	0.896	1.388	1.141	1.522	0.857	0.719	0.896	1.063
Sm	1.380	1.074	0.881	1.365	1.213	1.611	0.923	0.747	0.946	1.065
Eu	1.490	1.096	0.985	1.287	1.209	1.157	1.258	0.789	1.070	1.095
Gd	1.416	1.024	0.870	1.282	1.156	1.559	0.917	0.703	0.995	1.057
Tb	1.463	1.041	0.941	1.273	1.212	1.581	1.003	0.722	1.153	1.072
Dy	1.465	1.029	0.984	1.269	1.265	1.516	1.047	0.737	1.258	1.084
Ho	1.453	0.983	1.001	1.248	1.279	1.456	1.081	0.744	1.289	1.074
Er	1.513	1.039	1.074	1.327	1.414	1.520	1.191	0.813	1.377	1.138
Tm	1.387	0.964	1.003	1.238	1.378	1.446	1.179	0.771	1.259	1.077
Yb	1.392	0.967	1.014	1.263	1.464	1.526	1.281	0.776	1.247	1.116
Lu	1.413	0.997	1.009	1.289	1.556	1.629	1.392	0.799	1.252	1.161
Sc	1.617	1.071	0.886	1.084	1.106	1.129	1.403	0.849	0.979	1.072
Y	1.355	0.879	0.926	1.150	1.176	1.296	0.972	0.677	1.187	0.991

表 8－28b　泄洪渠土壤 C 层稀土元素最高污染系数极值

元素	La	Ce	Pr	Nd	Sm	Eu	Gd	Tb
最小值	0.714	0.711	0.720	0.719	0.747	0.789	0.703	0.722
最大值	1.631	1.625	1.575	1.522	1.611	1.490	1.559	1.581
平均值	1.176	1.139	1.115	1.084	1.121	1.144	1.098	1.146
元素	Dy	Ho	Er	Tm	Yb	Lu	Sc	Y
最小值	0.737	0.744	0.813	0.771	0.776	0.799	0.849	0.677
最大值	1.516	1.456	1.520	1.446	1.526	1.629	1.617	1.355
平均值	1.165	1.161	1.241	1.170	1.205	1.250	1.120	1.061

计算泄洪渠土壤剖面 C 层污染负荷指数,见表 8－29。表中的 $F^{1/5}$ 是再次计算每个剖面土壤 C 层 5 组稀土元素的污染负荷指数, $F^{1/10}$ 是再次计算每个稀土元素组在 10 个剖面土壤 C 层中的污染负荷指数。

表 8-29　泄洪渠土壤剖面 C 层稀土元素污染负荷指数

稀土分组	REE1	REE2	REE3	REE4	REE5	$F^{1/5}$
PM1	1.410	1.428	1.449	1.425	1.480	1.438
PM2	1.087	1.064	1.019	0.991	0.970	1.025
PM3	0.982	0.911	0.948	1.025	0.906	0.953
PM4	1.421	1.311	1.268	1.279	1.117	1.275
PM5	1.151	1.192	1.227	1.451	1.14	1.227
PM6	1.588	1.427	1.527	1.529	1.21	1.45
PM7	0.863	1.021	1.010	1.258	1.168	1.055
PM8	0.716	0.746	0.726	0.790	0.758	0.747
PM9	0.922	1.002	1.168	1.283	1.078	1.083
PM10	1.134	1.072	1.072	1.123	1.031	1.086
最小值	0.716	0.746	0.726	0.790	0.758	0.747
最大值	1.588	1.428	1.527	1.529	1.480	1.450
平均值	1.127	1.117	1.141	1.215	1.086	1.134
$F^{1/10}$	1.097	1.097	1.118	1.194	1.070	1.114

根据表 8-29,完成土壤剖面 C 层稀土元素 5 分组 $F^{1/10}$ 的二级区域污染负荷指数曲线变化图,见图 8-12。

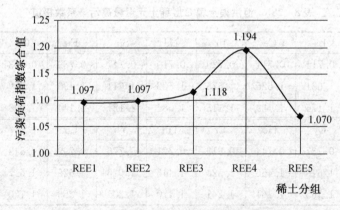

图 8-12　C 层二级区域污染负荷指数变化曲线

根据表 8-29 对泄洪渠土壤剖面 C 层土壤污染程度即污染负荷指数分级统计。结果见表 8-30。

表 8‐30　泄洪渠土壤剖面 C 层 5 组稀土元素污染负荷指数等级统计(单位:样品个数)

污染等级	I_{PL} 值	REE1	REE2	REE3	REE4	REE5	污染等级合计	C 层 5 组复合污染	污染程度
0	<1	4	2	2	2	3	13	2	无污染
Ⅰ	1~2	6	8	8	8	7	37	8	中度污染
Ⅱ	2~3								强污染
Ⅲ	≥3								极强污染

　　按分组而言,并结合图 8‐12 可明显看出,泄洪渠土壤剖面 C 层稀土元素各分组从无污染到中度污染且以中度污染为主。所有稀土元素的复合污染则以中度污染为主,二级区域污染负荷指数为 1.114。

　　4. 土壤剖面整体稀土元素几何平均值

　　以表 7‐3 系列泄洪渠土壤剖面整体稀土元素含量为基础,下面进行地质累积指数和污染负荷指数的计算和评价。

　　1) 地质累积指数

　　计算土壤剖面整体稀土地质累积指数,见表 8‐31。

表 8‐31　土壤剖面整体稀土地质累积指数

剖面号	PM1	PM2	PM3	PM4	PM5	PM6	PM7	PM8	PM9	PM10
La	3.114	4.316	3.526	2.455	2.042	3.492	1.447	3.831	3.463	0.787
Ce	3.049	3.849	3.313	2.285	1.890	3.320	1.246	3.074	3.280	0.268
Pr	3.027	3.425	3.139	2.352	1.919	3.224	1.243	3.278	3.278	0.595
Nd	2.936	3.131	2.988	2.334	1.794	3.085	1.194	3.262	3.168	0.436
Sm	2.081	2.158	2.188	1.664	1.181	2.186	0.679	2.503	2.341	0.255
Eu	2.142	2.251	2.673	1.956	1.309	2.146	0.947	3.005	2.516	0.564
Gd	1.742	2.078	1.805	1.199	0.855	1.952	0.411	1.891	1.987	-0.123
Tb	0.639	0.720	0.701	0.417	0.220	0.883	-0.016	0.743	0.948	-0.405
Dy	0.251	0.192	0.276	0.141	0.019	0.463	-0.175	0.323	0.543	-0.504
Ho	0.040	-0.060	0.038	-0.046	-0.084	0.211	-0.231	-0.002	0.280	-0.562
Er	-0.061	-0.178	-0.078	-0.120	-0.089	0.050	-0.223	-0.176	0.102	-0.559
Tm	-0.271	-0.395	-0.312	-0.264	-0.214	-0.194	-0.326	-0.471	-0.185	-0.668

（续表）

剖面号	PM1	PM2	PM3	PM4	PM5	PM6	PM7	PM8	PM9	PM10
Yb	−0.250	−0.382	−0.293	−0.219	−0.166	−0.168	−0.236	−0.454	−0.191	−0.628
Lu	−0.296	−0.452	−0.360	−0.286	−0.168	−0.209	−0.206	−0.577	−0.286	−0.649
Sc	−0.181	−0.491	−0.420	−0.446	−0.463	−0.538	−0.526	−0.512	−0.333	−0.630
Y	−0.133	−0.225	−0.047	−0.155	−0.220	−0.110	−0.254	−0.069	0.021	−0.678

根据表 8-31 对土壤剖面整体土壤污染程度即地质累积指数分级进行统计,结果见表 8-32。

表 8-32　土壤剖面整体稀土地质累积指数评价结果统计(单位:样品个数)

等级	0	1	2	3	4	5	6
范围值	$Igeo \leqslant 0$	$0 < Igeo \leqslant 1$	$1 < Igeo \leqslant 2$	$2 < Igeo \leqslant 3$	$3 < Igeo \leqslant 4$	$4 < Igeo \leqslant 5$	$5 < Igeo$
La	1		3	6			
Ce	1	2	1	6			
Pr	1	2	1	6			
Nd	1	2	3	4			
Sm	2	2	6				
Eu	1	4	5				
Gd	2	7	1				
Tb	10						
Dy	10						
Ho	10						
Er	10						
Tm	10						
Yb	10						
Lu	10						
Sc	10						
Y	10						
土壤质量	无污染	无污染到中度污染	中度污染	中度污染到强污染	强污染	强污染到极强污染	极强污染

根据表 8-32,完成泄洪渠土壤剖面整体稀土地质累积指数污染等级乘积法计算表,见表 8-33。

表 8-33　泄洪渠土壤剖面整体稀土地质累积指数污染等级乘积法计算表

元素	La	Ce	Pr	Nd	Sm	Eu	Gd	Tb	Dy	Ho	Er	Tm	Yb	Lu	Sc	Y
T	24	22	22	20	14	14	9	0	0	0	0	0	0	0	0	0
土壤质量	强污染				中度污染			无污染								

根据表 8-33,完成泄洪渠土壤剖面整体稀土地质累积指数污染等级乘积法曲线图,见图 8-13。

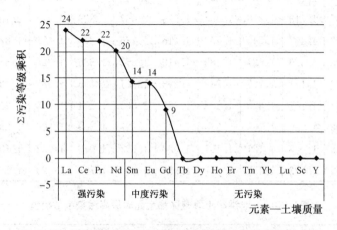

图 8-13　剖面整体稀土地质累积指数污染等级乘积法曲线

结合图 8-13,从泄洪渠土壤剖面整体水平而言,稀土元素地质累积指数分析中,轻稀土元素 La、Ce、Pr、Nd 属于中度污染到强污染且以强污染为主;Sm、Eu、Gd 属于无污染到中度污染且以中度污染为主,Tb、Dy、Ho、Er、Tm、Yb、Lu 和 Sc、Y 在 10 个剖面中都属于无污染。

2) 污染负荷指数

计算土壤剖面整体稀土元素加权后的最高污染系数,结果见表 8-34。

表 8－34a　泄洪渠土壤剖面整体稀土元素最高污染系数

剖面号	PM1	PM2	PM3	PM4	PM5	PM6	PM7	PM8	PM9	PM10
La	12.984	29.871	17.278	8.224	6.177	16.873	4.091	21.352	16.541	2.589
Ce	12.411	21.611	14.906	7.312	5.561	14.976	3.559	12.633	14.565	1.807
Pr	12.225	16.112	13.212	7.660	5.672	14.020	3.550	14.549	14.551	2.265
Nd	11.479	13.139	11.897	7.563	5.200	12.724	3.431	14.389	13.483	2.030
Sm	6.346	6.695	6.835	4.754	3.400	6.826	2.401	8.503	7.598	1.790
Eu	6.619	7.140	9.563	5.819	3.717	6.637	2.891	12.040	8.581	2.217
Gd	5.019	6.334	5.242	3.445	2.713	5.804	1.994	5.563	5.948	1.378
Tb	2.335	2.471	2.439	2.003	1.747	2.766	1.483	2.511	2.895	1.133
Dy	1.785	1.713	1.816	1.654	1.520	2.067	1.329	1.877	2.185	1.058
Ho	1.542	1.438	1.540	1.453	1.415	1.736	1.278	1.498	1.821	1.016
Er	1.438	1.326	1.421	1.380	1.410	1.553	1.286	1.328	1.610	1.018
Tm	1.243	1.141	1.208	1.249	1.293	1.311	1.196	1.082	1.320	0.944
Yb	1.261	1.151	1.225	1.288	1.337	1.335	1.274	1.095	1.314	0.971
Lu	1.222	1.096	1.169	1.230	1.335	1.297	1.300	1.006	1.230	0.956
Sc	1.323	1.068	1.121	1.101	1.088	1.033	1.042	1.052	1.191	0.969
Y	1.368	1.283	1.452	1.347	1.288	1.390	1.258	1.429	1.522	0.937

表 8－34b　泄洪渠土壤整体稀土元素最高污染系数极值

元素	La	Ce	Pr	Nd	Sm	Eu	Gd	Tb
最小值	2.589	1.807	2.265	2.030	1.790	2.217	1.378	1.133
最大值	29.871	21.611	16.112	14.389	8.503	12.040	6.334	2.895
平均值	13.598	10.934	10.382	9.534	5.515	6.522	4.344	2.178

元素	Dy	Ho	Er	Tm	Yb	Lu	Sc	Y
最小值	1.058	1.016	1.018	0.944	0.971	0.956	0.969	0.937
最大值	2.185	1.821	1.610	1.320	1.337	1.335	1.323	1.522
平均值	1.700	1.474	1.377	1.199	1.225	1.184	1.099	1.327

计算污染负荷指数，见表 8－35。表中的 $F^{1/5}$ 是再次计算每个剖面 5 组稀土元素的污染负荷指数，$F^{1/10}$ 是再次计算每个稀土元素组在 10 个剖面中的污染负荷指数。

表 8-35　泄洪渠土壤剖面整体稀土元素污染负荷指数

稀土分组	REE1	REE2	REE3	REE4	REE5	$F^{1/5}$
PM1	12.263	5.952	2.383	1.288	1.345	3.132
PM2	19.227	6.715	2.492	1.175	1.171	3.382
PM3	14.185	6.998	2.445	1.252	1.276	3.294
PM4	7.683	4.568	2.018	1.285	1.218	2.564
PM5	5.642	3.249	1.787	1.343	1.184	2.205
PM6	14.571	6.407	2.755	1.370	1.198	3.350
PM7	3.649	2.401	1.497	1.263	1.145	1.801
PM8	15.415	8.289	2.503	1.122	1.226	3.378
PM9	14.745	7.292	2.877	1.361	1.346	3.554
PM10	2.154	1.762	1.138	0.972	0.953	1.320
最小值	2.154	1.762	1.138	0.972	0.953	1.320
最大值	19.227	8.289	2.877	1.370	1.346	3.554
平均值	10.953	5.363	2.190	1.243	1.206	2.798
$F^{1/10}$	9.072	4.822	2.112	1.237	1.201	2.676

根据表 8-35,完成土壤剖面整体稀土元素 5 分组 $F^{1/10}$ 的二级区域污染负荷指数曲线变化图,见图 8-14。

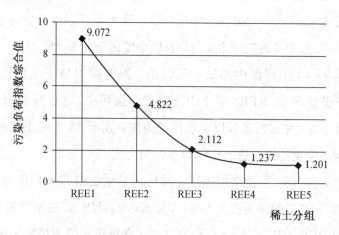

图 8-14　剖面整体二级区域污染负荷指数变化曲线

根据表 8-35 对泄洪渠土壤剖面整体土壤污染程度即污染负荷指数分级统计,结果见表 8-36。

表 8-36　泄洪渠土壤剖面整体 5 组稀土元素污染负荷指数等级统计(单位:样品个数)

污染等级	I_{PL}值	REE1	REE2	REE3	REE4	REE5	污染程度
0	<1				1	1	无污染
I	1~2		1	3	9	9	中度污染
II	2~3	1	1	7			强污染
III	≥3	9	8				极强污染

结合图 8-14,按分组而言,泄洪渠整个土壤剖面 REE1、REE2 属于极强污染,且 10 个剖面二级区域污染负荷指数 REE1 高达 9.072,是 REE2 二级区域污染负荷指数 4.822 的 1.88 倍;REE3 属于中度污染—强污染,以强污染为主;REE4、REE5 以无污染—中度污染且以中度污染为主。所有稀土元素的复合污染属于中度污染—强污染—极强污染,复合污染的二级区域污染负荷指数达 2.676,以强污染为主。

综上所述,地质累积指数法是计算单个稀土元素对表层土壤的污染程度,其中轻稀土元素 La、Ce、Pr、Nd 属于中度污染—强污染且以强污染为主,Sm、Eu、Gd 属于无污染到中度污染—中度污染且以中度污染为主,Dy、Ho、Er、Tm、Yb、Lu 和 Sc、Y 在 10 个剖面中都属于无污染。而泄洪渠整个土壤剖面 REE1、REE2 属于极强污染;REE3 属于中度污染—强污染,以强污染为主;REE4、REE5 以无污染—中度污染且以中度污染为主。所有 16 个稀土元素复合污染的二级区域污染负荷指数达 2.676,以强污染为主。

综合以上各节所述,泄洪渠表层土壤稀土总量 ΣREE 平均值为 5 975.049 mg/kg,其中 LREE 的平均值为 5 867.390 mg/kg,HREE 的平均值为 107.659 mg/kg,且 LREE/HREE 平均值为 53.855。在整个土壤表层所有稀土元素都表现为高度富集的同时,还表现为常见的轻稀土元素高度富集。土壤表层 5 组稀土元素的污染程度,与土壤剖面 A 层具有高度的一致性。因为采取表层土壤样品所代表的深度是 20 cm,其属于土壤 A 层最上层的一部分。

对泄洪渠土壤剖面 A、B、C 各层污染分析的结果如下。

A 层地质累积指数分析中 La、Ce、Pr、Nd 属于中度污染到极强污染,Sm、Eu、Gd 属于中度污染到强污染,Tb、Dy 以中度污染为主,Ho、Er、Tm、Yb、Lu 和 Sc、Y 以无污染到中度污染为主。而污染负荷指数评价中 A 层稀土元素 REE1、REE2、REE3 都属于极强污染,REE4、REE5 以中度污染为主。所有稀土元素对泄洪渠土壤 A 层复合污染的污染负荷指数高达 4.183,属于极强污染。

B 层稀土元素地质累积指数分析中,轻稀土元素 La、Ce、Pr、Nd 属于无污染—中度污染到极强污染,其中 La 元素有 4 个剖面属于无污染级别,Ce 元素有 7 个剖面属于无污染级别,Pr、Nd 元素各有 4 个剖面属于无污染级别,Sm、Eu、Gd、Tb 各有 5~7 个剖面属于无污染级别,总体上 Sm—Tb 都属于无污染—中度污染到强污染,Dy、Ho、Er、Tm、Yb、Lu 和 Sc、Y 在 10 个剖面中都属于无污染。而污染负荷指数计算中,泄洪渠土壤剖面 B 层 REE1 属于强污染;REE2 属于中度污染—强污染,以中度污染为主;REE3、REE4 和 REE5 都以中度污染为主。所有稀土元素的污染负荷指数为 1.521,复合污染则以中度污染为主。

C 层地质累积指数分析中单个稀土元素都处于无污染状态。而污染负荷指数评价中 C 层稀土元素各分组从无污染到中度污染且以中度污染为主。所有稀土元素的复合污染则以中度污染为主,综合污染负荷指数为 1.114。

地质累积指数是计算单个稀土元素对表层土壤的污染程度,其中轻稀土元素 La、Ce、Pr、Nd 属于中度污染—强污染且以强污染为主,Sm、Eu、Gd 属于无污染到中度污染—中度污染且以中度污染为主,Dy、Ho、Er、Tm、Yb、Lu 和 Sc、Y 在 10 个剖面中都属于无污染。而污染负荷指数评价中泄洪渠整个土壤剖面 REE1、REE2 属于极强污染;REE3 属于中度污染—强污染,以强污染为主;REE4、REE5 以中度污染为主。所有 16 个稀土元素复合污染的二级区域污染负荷指数达 2.676,以强污染为主。

由于对比剖面(CK)土壤稀土含量值高于当地背景值,在土壤污染程度要比国家级、内蒙古地区或河套地区土壤剖面 A、B、C 各层背景值基础上计算的结果

(土壤污染程度)要低的情况下,所有 16 个稀土元素对泄洪渠土壤的复合污染程度达到强污染。因此,这么严重的土壤污染程度是不能忽视的。

有关包头市土壤外源稀土元素等研究成果,已经在第 4 章进行了详细的对比分析,此处不再赘述。关于稀土元素对生物毒性作用的分析与讨论,详见第 10 章。

第9章 泄洪渠土壤剖面重金属元素分布规律

在第6章到第8章专门研究泄洪渠土壤剖面稀土分布规律的基础上,本章以第6章为基础专门研究泄洪渠土壤剖面毒性重金属元素铬(Cr)、镍(Ni)、铜(Cu)、锌(Zn)、镉(Cd)、铅(Pb)和放射性元素钍(Th)、铀(U)分布规律。由于泄洪渠表层土壤是土壤剖面最上层的一部分,故将泄洪渠表层土壤重金属分析结果与土壤剖面重金属分析结果相结合,进行对比性研究。研究泄洪渠表层土壤及其剖面重金属元素含量、分布特征采用的相关背景值见第3章表3-6。下面应用单因子污染指数法、地质累积指数法和污染负荷指数法分析泄洪渠土壤剖面重金属元素分布规律及其土壤质量(土壤污染程度)。

9.1 泄洪渠表层土壤及其剖面重金属元素分析结果

研究泄洪渠表层土壤及其剖面重金属元素含量的样品与研究表层土壤及其剖面稀土的样品是同一批样品,化验分析稀土元素的同时,也专门分析了毒性重金属元素 Cr、Ni、Cu、Zn、Cd、Pb 和放射性元素 Th、U 元素含量。有关泄洪渠(XHQ)表层土壤及其剖面(PM1—PM10)毒性重金属元素 Cr、Ni、Cu、Zn、Cd、Pb 和放射性元素 Th、U 元素含量值,分别见表9-1和表9-2系列。

表9-1 泄洪渠表层土壤重金属含量分析结果表(mg/kg)

样号	XHQ1	XHQ2	XHQ3	XHQ4	XHQ5	XHQ6	最小值	最大值	平均值
Cr	68.050	71.920	70.890	64.960	73.980	63.790	63.790	73.980	68.932
Ni	33.650	31.270	30.810	31.150	38.050	26.410	26.410	38.050	31.890

样号	XHQ1	XHQ2	XHQ3	XHQ4	XHQ5	XHQ6	最小值	最大值	平均值
Cu	52.570	44.980	56.420	43.990	70.550	33.070	33.070	70.550	50.263
Zn	493.100	387.700	1 199.600	638.300	915.900	346.000	346.000	1 199.600	663.433
Cd	0.456	0.404	0.753	0.451	0.645	0.324	0.324	0.753	0.506
Pb	208.500	244.300	675.200	324.500	433.400	138.600	138.600	675.200	337.417
Th	41.290	50.360	169.000	91.100	75.550	53.220	41.290	169.000	80.087
U	4.016	3.789	4.601	4.145	5.181	2.933	2.933	5.181	4.111

将土壤剖面 A、B、C 三层重金属元素含量归类建立分表，见表 9 - 2a、表 9 - 2b 和表 9 - 2c。

表 9 - 2a　土壤剖面 A 层重金属元素含量几何平均值(mg/kg)

剖面 A 层	分层距离 (cm)	分层厚度 (cm)	Cr	Ni	Cu	Zn	Cd	Pb	Th	U
PM1	120～170	50	55.730	21.830	27.880	277.400	0.233	126.900	70.140	3.429
PM2	106～159	53	69.820	25.940	32.070	286.400	0.255	99.160	44.310	3.698
PM3	96～158	62	73.956	29.035	52.017	490.544	0.343	154.858	53.473	5.107
PM4	159～189	30	70.780	30.500	51.030	619.500	0.401	249.600	64.680	4.838
PM5	94～142	48	74.375	26.365	27.710	196.975	0.206	110.190	26.780	3.262
PM6	108～141	60	64.602	24.068	26.806	389.420	0.339	399.550	55.720	3.889
PM7	119～169	50	63.563	23.461	25.872	212.736	0.211	77.158	19.901	3.045
PM8	111～175	64	75.635	27.567	58.959	727.769	0.481	278.428	56.703	5.191
PM9	77～158	81	76.790	27.169	33.953	264.196	0.281	418.644	34.557	4.011
PM10	89～161	72	51.309	28.671	29.339	127.929	0.137	35.589	13.653	2.275
最小值			51.309	21.830	25.872	127.929	0.137	35.589	13.653	2.275
最大值			76.790	30.500	58.959	727.769	0.481	418.644	70.140	5.191
平均值			67.656	26.461	36.564	359.287	0.289	195.008	43.992	3.875

表 9‑2b 土壤剖面 B 层重金属元素含量几何平均值(mg/kg)

剖面 B 层	分层距离(cm)	分层厚度(cm)	Cr	Ni	Cu	Zn	Cd	Pb	Th	U
PM1	51~120	69	88.699	23.640	23.027	69.939	0.259	20.160	18.876	3.010
PM2	62~106	44	68.813	27.039	38.414	114.982	0.169	57.510	97.275	5.395
PM3	30~96	66	65.648	24.977	18.352	71.553	0.173	26.150	13.877	3.126
PM4	79~159	80	55.530	19.405	14.585	97.665	0.108	78.765	12.634	2.475
PM5	31~94	63	114.365	26.141	18.003	60.362	0.291	17.681	17.461	3.196
PM6	56~108	52	96.140	19.420	11.720	54.040	0.158	16.350	16.600	2.707
PM7	45~115	74	140.616	21.394	14.802	58.585	0.404	15.542	20.847	3.775
PM8	32~111	79	76.718	22.384	18.322	59.695	0.104	18.203	8.449	1.809
PM9	29~77	48	60.360	17.810	16.260	83.470	0.065	29.010	14.710	1.690
PM10	42~89	47	54.070	22.960	18.090	50.980	0.147	14.140	10.470	2.405
最小值			54.070	17.810	11.720	50.980	0.065	14.140	8.449	1.690
最大值			140.616	27.039	38.414	114.982	0.404	78.765	97.275	5.395
平均值			82.096	22.517	19.158	72.127	0.188	29.351	23.120	2.959

表 9‑2c 土壤剖面 C 层重金属元素含量几何平均值(mg/kg)

剖面 C 层	分层距离(cm)	分层厚度(cm)	Cr	Ni	Cu	Zn	Cd	Pb	Th	U
PM1	0~51	51	109.900	49.250	56.670	95.520	0.161	28.850	16.780	3.180
PM2	0~62	62	78.930	27.100	24.630	67.930	0.124	19.510	11.570	2.493
PM3	0~30	30	60.220	21.450	15.900	57.020	0.130	14.350	9.320	2.205
PM4	0~79	79	84.123	20.627	14.346	58.854	0.208	15.139	15.426	2.518
PM5	13~31	18	137.900	24.330	18.810	61.220	0.290	15.660	12.420	2.993
PM6	0~56	56	84.100	19.600	11.070	54.940	0.361	17.330	22.830	3.828
PM7	0~45	45	81.750	20.210	12.770	64.840	0.199	15.310	5.332	1.624
PM8	0~32	32	82.270	15.380	8.982	44.040	0.085	14.930	8.191	1.592
PM9	0~29	29	63.120	23.050	20.130	56.110	0.141	16.600	9.282	2.123
PM10	0~42	42	89.250	21.070	13.740	59.880	0.220	13.820	11.660	2.489
最小值			60.220	15.380	8.982	44.040	0.085	13.820	5.332	1.592
最大值			137.900	49.250	56.670	95.520	0.361	28.850	22.830	3.828
平均值			87.156	24.207	19.705	62.035	0.192	17.150	12.281	2.505

根据表 9-2 系列,计算泄洪渠土壤剖面整体重金属元素含量的几何平均值,见表 9-3。

表 9-3 泄洪渠土壤剖面整体重金属元素含量几何平均值(mg/kg)

元素	Cr	Ni	Cu	Zn	Cd	Pb	Th	U
PM1	85.363	30.791	34.547	138.631	0.222	54.161	33.325	3.184
PM2	73.094	26.696	30.924	153.774	0.180	56.576	46.200	3.698
PM3	67.877	25.900	31.097	233.208	0.232	74.415	28.549	3.728
PM4	69.902	21.677	20.270	164.273	0.196	79.287	22.062	2.868
PM5	102.769	25.972	21.728	111.314	0.259	51.821	20.225	3.192
PM6	80.863	21.140	16.891	174.119	0.290	153.534	32.648	3.503
PM7	102.145	21.690	17.536	105.857	0.292	33.710	16.436	2.986
PM8	77.337	22.999	31.476	301.157	0.238	112.773	26.049	3.006
PM9	69.290	23.570	26.041	171.099	0.190	226.481	23.888	2.959
PM10	62.013	25.021	21.986	87.714	0.162	23.649	12.204	2.369
最小值	62.013	21.140	16.891	87.714	0.162	23.649	12.204	2.369
最大值	102.769	30.791	34.547	301.157	0.292	226.481	46.200	3.728
平均值	79.065	24.546	25.250	164.115	0.226	86.641	26.159	3.149

从上表中可见,根据泄洪渠土壤剖面整体重金属元素含量的大小排序,依次为 Zn>Pb>Cr>Th>Cu>Ni>U>Cd。

9.2 泄洪渠表层土壤及其剖面重金属元素分布规律

本节以表 9-1 泄洪渠表层土壤重金属元素含量为基础,应用 Hakanson 潜在生态风险指数法、地质累积指数法和污染负荷指数法(这些方法的详细内容见第 3 章)研究泄洪渠土壤毒性重金属元素和放射性元素分布规律及其土壤质量(土壤污染程度)。

9.2.1 泄洪渠表层土壤重金属元素分布规律

下面通过 Hakanson 潜在生态风险指数、地质累积指数和污染负荷指数的计算和评价,研究泄洪渠表层土壤重金属元素分布规律。

1. Hakanson 潜在生态风险指数法

先计算单项污染指数,见表 9－4。

表 9－4 泄洪渠表层土壤重金属元素单项污染指数和潜在生态风险单项指数

样 号		XHQ1	XHQ2	XHQ3	XHQ4	XHQ5	XHQ6
Cr	①	1.732	1.830	1.804	1.653	1.882	1.623
	②	3.463	3.660	3.608	3.306	3.765	3.246
Ni	①	1.799	1.672	1.648	1.666	2.035	1.412
	②	8.997	8.361	8.238	8.329	10.174	7.061
Cu	①	37.021	31.676	39.732	30.979	49.683	23.289
	②	185.106	158.380	198.662	154.894	248.415	116.444
Zn	①	9.165	7.206	22.297	11.864	17.024	6.431
	②	9.165	7.206	22.297	11.864	17.024	6.431
Cd	①	10.133	8.978	16.733	10.022	14.333	7.200
	②	304.000	269.333	502.000	300.667	430.000	216.000
Pb	①	15.000	17.576	48.576	23.345	31.180	9.971
	②	75.000	87.878	242.878	116.727	155.899	49.856

上表中的①表示单项污染指数,$C_f^i = C_{表层}^i / C_n^i$,②表示潜在生态风险单项指数,$E_r^i = T_r^i \times C_f^i$,计算潜在生态风险单项指数时使用的各元素毒性系数 T_r^i,分别是 Cr＝2,Ni＝Cu＝Pb＝5,Zn＝1,Cd＝30。由于目前无法找到放射性元素 Th 和 U 的毒性响应参数,因此本研究中没有计算 Th 和 U 的潜在生态风险指数。泄洪渠表层土壤潜在生态风险综合指数值见表 9－5。

表 9 – 5   泄洪渠表层土壤重金属元素潜在生态风险综合指数

元素	Cr	Ni	Cu	Zn	Cd	Pb	$E_i = \Sigma E_r^i$
E_r^i	21.048	51.160	1 061.901	73.989	2 022.00	728.237	3 958.335

根据表 9 – 5,完成表层土壤重金属元素潜在生态风险综合指数曲线,见图 9 – 1。

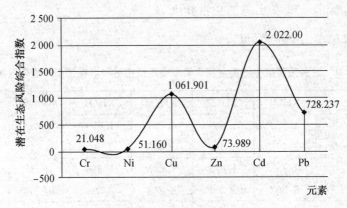

图 9 – 1   泄洪渠表层土壤重金属元素潜在生态风险综合指数对比曲线

结合表 9 – 5,完成泄洪渠表层土壤重金属元素单项和综合潜在生态风险指数与程度的评价,见表 9 – 6。

表 9 – 6   泄洪渠表层土壤重金属元素单项和综合潜在生态风险指数与程度

单项潜在生态风险指数	元素	单污染物生态风险程度	综合潜在生态风险指数	毒性重金属 E_i	综合潜在生态风险程度
$E_r^i < 40$	Cr	轻度	$E_i < 90$		轻度
40~80	Ni、Zn	中等	90~180		中等
80~160		强	180~360		强
160~320		很强	360~720		很强
$E_r^i > 320$	Cu、Cd、Pb	极强	$E_r^i > 720$	3 958.335	极强

从表 9 – 6 明显看出,各个毒性重金属元素的生态风险程度中,Cr 元素属于轻度,Ni、Zn 元素属于中等,Cu、Cd、Pb 元素是极强。6 个毒性重金属元素的综

合潜在生态风险程度达到极强。

2. 地质累积指数法

计算泄洪渠（XHQ）表层土壤重金属元素地质累积指数，见表9-7。

表 9-7 泄洪渠表层土壤重金属元素地质累积指数

样号	Cr	Ni	Cu	Zn	Cd	Pb	Th	U
XHQ1	0.207	0.263	4.625	2.611	2.756	3.322	1.649	0.277
XHQ2	0.287	0.157	4.400	2.264	2.581	3.551	1.935	0.193
XHQ3	0.266	0.135	4.727	3.894	3.480	5.017	3.682	0.473
XHQ4	0.140	0.151	4.368	2.984	2.740	3.960	2.790	0.322
XHQ5	0.328	0.440	5.050	3.505	3.256	4.378	2.520	0.644
XHQ6	0.114	−0.087	3.957	2.100	2.263	2.733	2.015	−0.177

根据上表对泄洪渠表层土壤污染程度即地质累积指数分级进行统计，见表9-8。

表 9-8 泄洪渠表层土壤重金属元素地质累积指数评价结果统计（单位：样品个数）

等级	范围值	Cr	Ni	Cu	Zn	Cd	Pb	Th	U	土壤质量
0	Igeo≤0		1						1	无污染
1	0<Igeo≤1	6	5						5	无污染到中度污染
2	1<Igeo≤2							2		中度污染
3	2<Igeo≤3				4	4	2	3		中度污染到强污染
4	3<Igeo≤4			1	2	2	3	3		强污染
5	4<Igeo≤5			4			4			极强污染
6	Igeo>5			1			1			超极强污染

根据上表，完成泄洪渠表层土壤重金属元素地质累积指数污染等级乘积法计算表，并根据土壤污染程度排序，见表9-9。本章应用的地质累积指数污染等级乘积法原理的详细内容见第8章（8.1.2 地质累积指数法）。

表9-9　泄洪渠表层土壤重金属元素地质累积指数污染等级乘积法计算表

等级	范围值	Pb	Cu	Th	Zn	Cd	Cr	Ni	U	土壤质量
0	Igeo≤0							0	0	无污染
1	0＜Igeo≤1						6	5	5	无污染到中度污染
2	1＜Igeo≤2			4						中度污染
3	2＜Igeo≤3	6		9	12	12				中度污染到强污染
4	3＜Igeo≤4	12	4	12	8	8				强污染
5	4＜Igeo≤5	20	20							极强污染
6	Igeo＞5	6	6							超极强污染
T		44	30	25	20	20	6	5	5	
土壤质量		极强污染		中度污染到强污染			无污染到中度污染			

根据表9-9,完成泄洪渠表层土壤重金属元素地质累积指数污染等级乘积法曲线图,见图9-2。

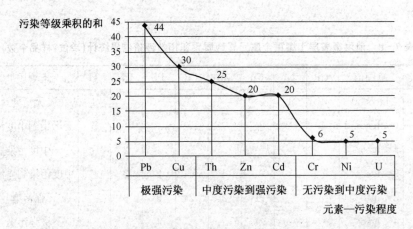

图9-2　泄洪渠表层土壤重金属元素地质累积指数污染等级乘积法曲线

结合图9-2,从泄洪渠表层土壤重金属元素地质累积指数分析中可以看出,土壤 Pb、Cu 元素属于极强污染,Zn、Th、Cd 元素属于中度污染到强污染,Cr、Ni、U 元素属于无污染到中度污染。

3. 污染负荷指数法

计算泄洪渠表层土壤重金属元素最高污染系数,见表9-10。

表 9 - 10　泄洪渠表层土壤重金属元素最高污染系数

样　号	毒性重金属元素						放射性元素	
	Cr	Ni	Cu	Zn	Cd	Pb	Th	U
XHQ1	1.732	1.799	37.021	9.165	10.133	15.000	4.703	1.817
XHQ2	1.830	1.672	31.676	7.206	8.978	17.576	5.736	1.714
XHQ3	1.804	1.648	39.732	22.297	16.733	48.576	19.248	2.082
XHQ4	1.653	1.666	30.979	11.864	10.022	23.345	10.376	1.876
XHQ5	1.882	2.035	49.683	17.024	14.333	31.180	8.605	2.344
XHQ6	1.623	1.412	23.289	6.431	7.200	9.971	6.062	1.327
最小值	1.623	1.412	23.289	6.431	7.200	9.971	4.703	1.327
最大值	1.882	2.035	49.683	22.297	16.733	48.576	19.248	2.344
平均值	1.754	1.705	35.397	12.331	11.233	24.275	9.122	1.860

计算步骤 1：

根据表 9 - 10 计算泄洪渠表层土壤重金属元素污染负荷指数，针对毒性重金属元素和放射性元素计算的污染负荷指数见表 9 - 11a。

表 9 - 11a　泄洪渠表层土壤重金属元素污染负荷指数

样　号	XHQ1	XHQ2	XHQ3	XHQ4	XHQ5	XHQ6	$F^{1/6}$
毒性重金属元素	7.373	6.924	11.353	7.866	10.636	5.394	7.997
放射性元素	2.923	3.136	6.330	4.412	4.491	2.836	3.851

根据表 9 - 11a 分析土壤毒性重金属元素和放射性元素的污染程度，见表 9 - 12a。

表 9 - 12a　泄洪渠表层土壤毒性重金属元素和放射性元素污染程度

污染等级	I_{PL} 值	毒性重金属元素	放射性元素	污染程度
0	<1			无污染
Ⅰ	1~2			中度污染
Ⅱ	2~3			强污染
Ⅲ	≥3	7.997	3.851	极强污染

根据表 9-11a 和表 9-12a,完成泄洪渠表层土壤毒性重金属元素和放射性元素 $F^{1/6}$ 的污染负荷指数综合值曲线变化图,见图 9-3a,其中图幅内右侧的 F,也就是表 9-12a 中 $F^{1/6}$ 的数据。

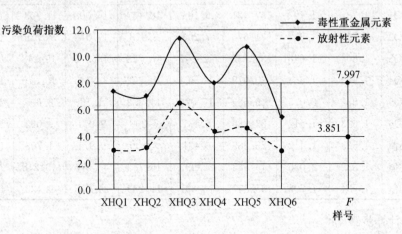

图 9-3a   泄洪渠表层土壤毒性重金属元素和放射性元素污染负荷指数综合值变化曲线

计算步骤 2:

再根据表 9-10,按 6 个采样点(二级区域)计算表层土壤重金属元素污染负荷指数 F,并按指数值的大小排序,见表 9-11b。

表 9-11b   泄洪渠表层土壤重金属元素污染负荷指数

元素	Cu	Pb	Zn	Cd	Th	U	Cr	Ni	$F^{1/8}$
F	34.445	21.283	11.141	10.786	8.093	1.832	1.751	1.695	6.661

根据表 9-11b,分析泄洪渠表层土壤重金属元素污染程度,见表 9-12b。

表 9-12b   泄洪渠表层土壤重金属元素污染程度

污染等级	I_{PL} 值	重金属元素	污染程度
0	<1		无污染
I	1~2	Cr、Ni、U	中度污染
II	2~3		强污染
III	≥3	Cu、Zn、Cd、Pb 和 Th	极强污染

根据表 9-11b 和表 9-12b,完成泄洪渠表层土壤重金属元素 $F^{1/8}$ 的污染负荷指数综合值曲线变化图,见图 9-3b。

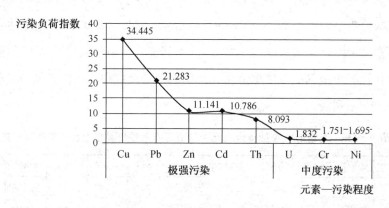

图 9-3b　泄洪渠表层土壤重金属元素污染负荷指数综合值变化曲线

根据表 9-11a 和表 9-12a 并结合图 9-3a 可见,毒性重金属元素和放射性元素都属于极强污染,且毒性重金属元素污染负荷指数 7.997 是放射性元素 3.851 的 2.08 倍,毒性重金属元素的污染程度更强。根据表 9-12b 并结合图 9-3b 可见,Cu、Zn、Cd、Pb 和 Th 属于极强污染,Cr、Ni、U 为中度污染。所有重金属元素污染负荷指数综合值达到 6.661,属于极强污染。

综合上述 Hakanson 潜在生态风险指数法、地质累积指数法和污染负荷指数法评价结果,前两种方法的评价中,污染程度都属于极强的元素是 Cu、Pb,都属于中度污染的元素应该是 Cd、Zn、Ni 元素,Cr、Th、U 元素归属于无污染到中度污染。但污染负荷指数评价结果是毒性重金属元素和放射性元素都属于极强污染,且毒性重金属元素的污染程度比放射性元素更强。

9.2.2　泄洪渠土壤剖面重金属元素分布规律

下面通过 Hakanson 潜在生态风险指数、地质累积指数和污染负荷指数的计算和评价,研究泄洪渠表层土壤剖面重金属元素分布规律。

1. Hakanson 潜在生态风险指数法

计算潜在生态风险单项指数,其中计算潜在生态风险单项指数时,各元素的毒性系数分别是 Cr=2,Ni=Cu=Pb=5,Zn=1,Cd=30。由于目前无法找到放射性元素 Th 和 U 的毒性响应参数,因此本研究中没有计算 Th 和 U 的潜在生态风险指数。土壤剖面各层重金属元素单项污染指数和潜在生态风险单项指数见表 9-13 系列表。

表 9-13a　土壤剖面 A 层重金属元素单项污染指数和潜在生态风险单项指数

剖面 A 层		PM1	PM2	PM3	PM4	PM5	PM6	PM7	PM8	PM9	PM10
Cr	①	1.527	1.913	2.026	1.939	2.038	1.770	1.741	2.072	2.104	1.406
	②	3.054	3.826	4.052	3.878	4.075	3.540	3.483	4.144	4.208	2.811
Ni	①	1.262	1.499	1.678	1.763	1.524	1.391	1.356	1.593	1.570	1.657
	②	6.309	7.497	8.392	8.815	7.620	6.956	6.781	7.967	7.852	8.286
Cu	①	2.161	2.486	4.032	3.956	2.148	2.078	2.006	4.570	2.632	2.274
	②	10.806	12.430	20.162	19.779	10.740	10.390	10.028	22.852	13.160	11.372
Zn	①	5.708	5.893	10.093	12.747	4.053	8.013	4.377	14.975	5.436	2.632
	②	5.708	5.893	10.093	12.747	4.053	8.013	4.377	14.975	5.436	2.632
Cd	①	6.297	6.892	9.270	10.838	5.568	9.162	5.703	13.000	7.595	3.703
	②	188.919	206.757	278.108	325.135	167.027	274.865	171.081	390.000	227.838	111.081
Pb	①	8.460	6.611	10.324	16.640	7.346	26.637	5.144	18.562	27.910	2.373
	②	42.300	33.053	51.619	83.200	36.730	133.183	25.719	92.809	139.548	11.863

表 9-13b　土壤剖面 B 层重金属元素单项污染指数和潜在生态风险单项指数

剖面 B 层		PM1	PM2	PM3	PM4	PM5	PM6	PM7	PM8	PM9	PM10
Cr	①	2.520	1.955	1.865	1.578	3.249	2.731	3.995	2.179	1.715	1.536
	②	5.040	3.910	3.730	3.155	6.498	5.463	7.990	4.359	3.430	3.072
Ni	①	1.382	1.580	1.460	1.134	1.528	1.135	1.250	1.308	1.041	1.342
	②	6.908	7.902	7.299	5.671	7.639	5.675	6.252	6.541	5.205	6.710
Cu	①	1.854	3.093	1.478	1.174	1.450	0.944	1.192	1.475	1.309	1.457
	②	9.270	15.465	7.388	5.872	7.248	4.718	5.959	7.376	6.546	7.283

(续表)

剖面 B 层		PM1	PM2	PM3	PM4	PM5	PM6	PM7	PM8	PM9	PM10
Zn	①	1.564	2.571	1.600	2.184	1.350	1.208	1.310	1.335	1.867	1.140
	②	1.564	2.571	1.600	2.184	1.350	1.208	1.310	1.335	1.867	1.140
Cd	①	7.194	4.694	4.806	3.000	8.083	4.389	11.222	2.889	1.806	4.083
	②	215.833	140.833	144.167	90.000	242.500	131.667	336.667	86.667	54.167	122.500
Pb	①	1.396	3.983	1.811	5.455	1.224	1.132	1.076	1.261	2.009	0.979
	②	6.981	19.913	9.055	27.273	6.122	5.661	5.382	6.303	10.045	4.896

表 9 - 13c　土壤剖面 C 层重金属元素单项污染指数和潜在生态风险单项指数

剖面 C 层		PM1	PM2	PM3	PM4	PM5	PM6	PM7	PM8	PM9	PM10
Cr	①	3.557	2.554	1.949	2.722	4.463	2.722	2.646	2.662	2.043	2.888
	②	7.113	5.109	3.898	5.445	8.926	5.443	5.291	5.325	4.085	5.777
Ni	①	3.219	1.771	1.402	1.348	1.590	1.281	1.321	1.005	1.507	1.377
	②	16.095	8.856	7.010	6.741	7.951	6.405	6.605	5.026	7.533	6.886
Cu	①	5.105	2.219	1.432	1.292	1.695	0.997	1.150	0.809	1.814	1.238
	②	25.527	11.095	7.162	6.462	8.473	4.986	5.752	4.046	9.068	6.189
Zn	①	2.166	1.540	1.293	1.335	1.388	1.246	1.470	0.999	1.272	1.358
	②	2.166	1.540	1.293	1.335	1.388	1.246	1.470	0.999	1.272	1.358
Cd	①	5.031	3.875	4.063	6.500	9.063	11.281	6.219	2.656	4.406	6.875
	②	150.938	116.250	121.875	195.000	271.875	338.438	186.563	79.688	132.188	206.250
Pb	①	1.963	1.327	0.976	1.030	1.065	1.179	1.041	1.016	1.129	0.940
	②	9.813	6.636	4.881	5.149	5.327	5.895	5.207	5.078	5.646	4.701

表 9 - 13a—表 9 - 13c 中,① 表示单项污染指数 $C_f^i = C_{表层}^i / C_n^i$,② 表示潜在生态风险单项指数:$E_r^i = T_r^i \times C_f^i$,且 T_r^i 是各元素的毒性系数,其中 Cr=2,Ni=Cu=Pb=5,Zn=1,Cd=30。将上述表 9 - 13a—表 9 - 13c 中各元素的②即潜在生态风险单项指数 $E_r^i = T_r^i \times C_f^i$ 合并,完成潜在生态风险综合指数计算,土壤剖面 A、B、C 各层重金属元素潜在生态风险综合指数 Ei 见表 9 - 14。

表 9‑14　土壤剖面 A、B、C 各层重金属元素潜在生态风险综合指数

元　素	Cr	Ni	Cu	Zn	Cd	Pb	Ei
剖面 A 层	37.072	76.476	141.719	73.927	2 340.811	650.026	3 320.031
剖面 B 层	46.645	65.801	77.124	16.129	1 565.000	101.631	1 759.884
剖面 C 层	56.412	79.107	88.76	14.067	1 799.063	58.333	2 095.742

根据表 9‑14，完成土壤剖面 A、B、C 各层重金属元素潜在生态风险综合指数对比曲线，见图 9‑4。

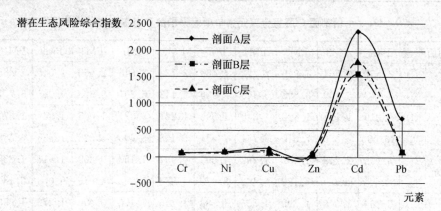

图 9‑4　土壤剖面 A、B、C 各层重金属元素潜在生态风险综合指数对比曲线

根据表 9‑14，完成土壤剖面 A、B、C 各层重金属元素单项与综合潜在生态风险指数与程度表，见表 9‑15 和表 9‑16。

表 9‑15　土壤剖面 A、B、C 各层重金属元素单项潜在生态风险指数与程度

单项潜在生态风险指数	A 层元素	B 层元素	C 层元素	单污染物生态风险程度
$E_r^i < 40$	Cr	Zn	Zn	轻度
40～80	Ni、Zn	Cu、Ni、Cr	Cr、Ni、Pb	中等
80～160	Cu	Pb	Cu	强
160～320				很强
$E_r^i > 320$	Cd、Pb	Cd	Cd	极强

表9-16　土壤剖面A、B、C各层重金属元素综合潜在生态风险指数与程度

综合潜在生态风险指数	A层	B层	C层	综合潜在生态风险程度
$Ei<90$				轻度
90~180				中等
180~360				强
360~720				很强
$Ei>720$	3 320.031	1 759.884	2 095.742	极强

综上所述，土壤剖面A层重金属元素单项潜在生态风险程度，Cr元素属于轻度，Ni、Zn元素属于中等，Cu元素属于强，Cd、Pb元素属于极强；B层土壤重金属元素单项潜在生态风险程度，Zn元素属于轻度，Cu、Ni、Cr元素属于中等，Pb元素属于强，Cd元素属于极强；C层土壤重金属元素单项潜在生态风险程度，Zn元素属于轻度，Cr、Ni、Pb元素属于中等，Cu元素属于强，Cd元素属于极强；土壤剖面A、B、C各层的综合潜在生态风险程度都属于极强。

2. 地质累积指数法

下面分别计算泄洪渠土壤剖面A、B、C各层的重金属元素地质累积指数。

1）A层重金属元素地质累积指数

计算土壤剖面A层重金属元素地质累积指数，计算结果见表9-17。

表9-17　泄洪渠土壤剖面A层重金属元素地质累积指数

剖面A层	Cr	Ni	Cu	Zn	Cd	Pb	Th	U
PM1	0.026	−0.249	0.527	1.928	2.054	2.496	2.475	0.157
PM2	0.351	−0.001	0.729	1.974	2.184	2.140	1.812	0.266
PM3	0.434	0.162	1.427	2.750	2.612	2.783	2.083	0.732
PM4	0.370	0.233	1.399	3.087	2.838	3.472	2.358	0.654
PM5	0.442	0.023	0.518	1.434	1.877	2.292	1.085	0.085
PM6	0.239	−0.109	0.470	2.417	2.595	4.150	2.142	0.339
PM7	0.215	−0.145	0.419	1.545	1.911	1.778	0.657	−0.014
PM8	0.466	0.087	1.607	3.319	3.100	3.629	2.168	0.755
PM9	0.488	0.066	0.811	1.858	2.324	4.218	1.453	0.383
PM10	−0.094	0.144	0.600	0.811	1.288	0.662	0.114	−0.435

根据表 9-17 对泄洪渠土壤剖面 A 层重金属元素土壤污染程度即地质累积指数分级进行统计,见表 9-18。

表 9-18　泄洪渠土壤剖面 A 层重金属元素地质累积指数评价结果统计(单位:样品个数)

等级	范围值	Cr	Ni	Cu	Zn	Cd	Pb	Th	U	土壤质量
0	Igeo≤0	1	4						2	无污染
1	0<Igeo≤1	9	6	7	1		1	2	8	无污染到中度污染
2	1<Igeo≤2			3	5	3	1	3		中度污染
3	2<Igeo≤3				2	6	4	5		中度污染到强污染
4	3<Igeo≤4				2	1	2			强污染
5	4<Igeo≤5						2			极强污染

根据表 9-18,完成泄洪渠土壤剖面 A 层重金属元素地质累积指数污染等级乘积法计算表,并根据土壤污染程度排序,见表 9-19。

表 9-19　泄洪渠土壤剖面 A 层重金属元素地质累积指数污染等级乘积法计算表

等级	范围值	Pb	Cd	Zn	Th	Cu	Cr	Ni	U	土壤质量
0	Igeo≤0						0	0		无污染
1	0<Igeo≤1	1			2	7	9	6		无污染到中度污染
2	1<Igeo≤2	2	6	10	6	6				中度污染
3	2<Igeo≤3	12	18	6	15					中度污染到强污染
4	3<Igeo≤4	8	4	8						强污染
5	4<Igeo≤5	10								极强污染
T		33	38	25	23	13	9	6	8	
土壤质量		极强污染	中度污染到强污染			无污染到中度污染				

根据表 9-19,完成土壤剖面 A 层重金属元素地质累积指数污染等级乘积法曲线图,见图 9-5。

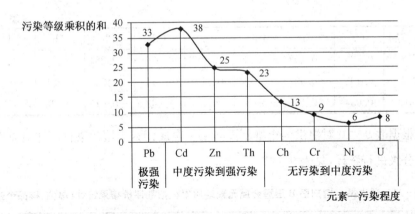

图 9 - 5　泄洪渠土壤剖面 A 层重金属元素地质累积指数污染等级乘积法曲线

结合图 9 - 5,从泄洪渠土壤剖面 A 层重金属元素地质累积指数分析中可以看出,土壤 A 层 Pb 元素有 PM6 和 PM9 两个剖面地质累积指数大于 4,分别为 4.150 和 4.218,这在地质累积指数正常的评价等级分类中都是很少见的情况,污染等级应该是 5 级,土壤质量应该属于极强污染,但是 Pb 元素的 T 值略低于 Cd 元素,故在图 9 - 5 曲线点位也就同样低于 Cd 元素。泄洪渠土壤剖面 A 层土壤质量中 Cd、Zn、Th 元素属于中度污染到强污染,Cu、Cr、U、Ni 元素属于无污染到中度污染。

2) B 层重金属元素地质累积指数

计算土壤剖面 B 层重金属元素地质累积指数,计算结果见表 9 - 20。

表 9 - 20　泄洪渠土壤剖面 B 层重金属元素地质累积指数

剖面 B 层	Cr	Ni	Cu	Zn	Cd	Pb	Th	U
PM1	0.748	−0.119	0.306	0.06	2.266	−0.104	0.581	−0.031
PM2	0.382	0.075	1.044	0.777	1.650	1.409	2.946	0.811
PM3	0.314	−0.039	−0.022	0.093	1.684	0.272	0.137	0.024
PM4	0.073	−0.404	−0.353	0.542	1.004	1.863	0.002	−0.313
PM5	1.115	0.026	−0.049	−0.152	2.434	−0.293	0.468	0.056
PM6	0.865	−0.403	−0.669	−0.312	1.553	−0.406	0.395	−0.184
PM7	1.414	−0.263	−0.332	−0.195	2.907	−0.479	0.724	0.296

(续表)

剖面 B 层	Cr	Ni	Cu	Zn	Cd	Pb	Th	U
PM8	0.539	−0.198	−0.024	−0.168	0.950	−0.251	−0.579	−0.765
PM9	0.193	−0.527	−0.196	0.315	0.271	0.422	0.221	−0.864
PM10	0.034	−0.161	−0.042	−0.396	1.449	−0.615	−0.269	−0.355

　　根据表 9-20 对泄洪渠土壤剖面 B 层重金属元素土壤污染程度即地质累积指数分级进行统计,见表 9-21。

表 9-21　泄洪渠土壤剖面 B 层重金属元素地质累积指数评价结果统计(单位:样品个数)

等级	范围值	Cr	Ni	Cu	Zn	Cd	Pb	Th	U	土壤质量
0	Igeo≤0		8	8	5		6	2	6	无污染
1	0<Igeo≤1	8	2	1	5	2	2	7	4	无污染到中度污染
2	1<Igeo≤2	2		1		5	2			中度污染
3	2<Igeo≤3					3		1		中度污染到强污染
4	3<Igeo≤4									强污染
5	4<Igeo≤5									极强污染

　　根据表 9-21,完成泄洪渠土壤剖面 B 层重金属元素地质累积指数污染等级乘积法计算表,并根据土壤质量污染程度排序(表中省略 T 值计算过程),见表 9-22。

表 9-22　泄洪渠土壤剖面 B 层重金属元素地质累积指数污染等级乘积法计算表

重金属	Cd	Cr	Th	Pb	Zn	U	Cu	Ni
T	21	14	10	6	5	4	3	2
土壤质量	中度污染到强污染			无污染到中度污染			无污染	

　　根据表 9-22,泄洪渠土壤剖面 B 层重金属元素地质累积指数污染等级乘积法曲线图见图 9-6。

　　结合图 9-6,从泄洪渠土壤剖面 B 层重金属元素地质累积指数分析中可以看出,Cr、Cd、Th 元素属于中度污染到强污染,Zn、Pb、U 元素属于无污染到中度污染,Cu、Ni 元素属于无污染。

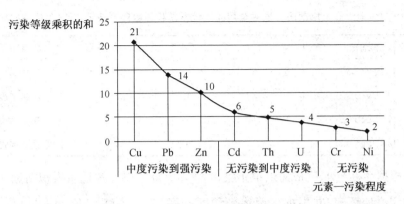

图 9-6 泄洪渠土壤剖面 B 层重金属元素地质累积指数污染等级乘积法曲线

3) C 层重金属元素地质累积指数

计算土壤剖面 C 层重金属元素地质累积指数,计算结果见表 9-23。

表 9-23 泄洪渠土壤剖面 C 层重金属元素地质累积指数

剖面 C 层	Cr	Ni	Cu	Zn	Cd	Pb	Th	U
PM1	1.246	1.102	1.767	0.530	1.746	0.388	0.411	0.048
PM2	0.768	0.240	0.565	0.038	1.369	−0.177	−0.125	−0.303
PM3	0.378	−0.098	−0.066	−0.214	1.437	−0.620	−0.437	−0.480
PM4	0.860	−0.154	−0.215	−0.169	2.115	−0.543	0.290	−0.288
PM5	1.573	0.084	0.176	−0.112	2.595	−0.494	−0.023	−0.039
PM6	0.860	−0.228	−0.589	−0.268	2.911	−0.348	0.855	0.316
PM7	0.819	−0.183	−0.383	−0.029	2.052	−0.526	−1.243	−0.921
PM8	0.828	−0.577	−0.890	−0.587	0.824	−0.563	−0.624	−0.950
PM9	0.446	0.006	0.274	−0.237	1.555	−0.410	−0.443	−0.534
PM10	0.945	−0.123	−0.277	−0.144	2.196	−0.674	−0.114	−0.305

根据表 9-23 对泄洪渠土壤剖面 C 层重金属元素土壤污染程度即地质累积指数分级进行统计,见表 9-24。

表9-24 泄洪渠土壤剖面C层重金属元素地质累积指数评价结果统计(单位:样品个数)

等级	范围值	Cr	Ni	Cu	Zn	Cd	Pb	Th	U	土壤质量
0	Igeo≤0		6	6	8		9	7	8	无污染
1	0<Igeo≤1	8	3	3	2	1	1	3	2	无污染到中度污染
2	1<Igeo≤2	2	1	1		4				中度污染
3	2<Igeo≤3					5				中度污染到强污染

根据表9-24,完成泄洪渠土壤剖面C层重金属元素地质累积指数污染等级乘积法计算表,并根据土壤污染程度排序(表中省略 T 值计算过程),见表9-25。

表9-25 泄洪渠土壤剖面C层地质累积指数污染等级乘积法计算表

重金属	Cd	Cr	Ni	Cu	Th	Zn	U	Pb
T	24	12	5	5	3	2	2	1
土壤质量	中度污染到强污染	无污染到中度污染			无污染			

根据上表,完成泄洪渠土壤剖面C层重金属元素地质累积指数污染等级乘积法曲线图,见图9-7。

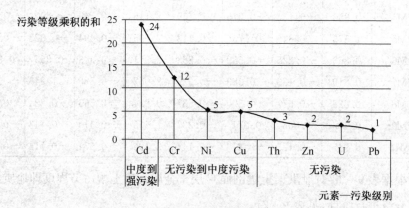

图9-7 泄洪渠土壤剖面C层重金属元素地质累积指数污染等级乘积法曲线

结合图9-7,从泄洪渠土壤剖面C层重金属元素地质累积指数分析中可以看出,Cd元素属于中度污染到强污染,Cr、Ni、Cu元素属于无污染到中度污染,

Th、Zn、U、Pb 元素属于无污染。

　　综上所述,将泄洪渠土壤剖面 A、B、C 各层重金属元素地质累积指数污染等级乘积法曲线进行综合对比,见图 9 - 8。

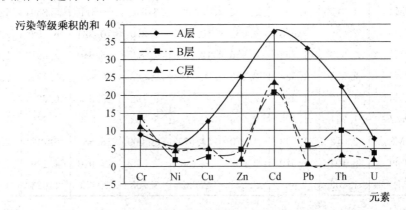

图 9 - 8　泄洪渠土壤剖面 A、B、C 各层重金属元素地质累积指数污染等级乘积法曲线综合对比

　　从图 9 - 8 明显看出,Cd 元素是 A、B、C 各层都达到强污染程度的元素;Pb 元素在 A 层属于极强污染、B 层属于无污染到中度污染、C 层属于无污染;Zn 元素在 A 层是中度污染到强污染、B 层属于无污染到中度污染、C 层属于无污染;Th 元素在 A、B 层属于中度污染到强污染,C 层属于无污染;Cr 元素在 A 层属于无污染到中度污染,B 层属于中度污染到强污染,C 层属于无污染到中度污染;Ni 元素是 A、C 各层属于无污染到中度污染,在 B 层属于无污染;Cu 元素在 A、C 层属于无污染到中度污染,但在 B 层却属于无污染;U 元素在 A、C 层属于无污染,在 B 层属于无污染到中度污染。

　　3. 污染负荷指数法

　　下面分别计算泄洪渠土壤剖面 A、B、C 各层的重金属元素污染负荷指数。

　　1) A 层重金属元素污染负荷指数

　　计算土壤剖面 A 层重金属元素最高污染系数,见表 9 - 26。

表 9 - 26　泄洪渠土壤剖面 A 层重金属元素最高污染系数

剖面 A 层	Cr	Ni	Cu	Zn	Cd	Pb	Th	U
PM1	1. 527	1. 262	2. 161	5. 708	6. 297	8. 460	8. 340	1. 673
PM2	1. 913	1. 499	2. 486	5. 893	6. 892	6. 611	5. 269	1. 804
PM3	2. 026	1. 678	4. 032	10. 093	9. 270	10. 324	6. 358	2. 491
PM4	1. 939	1. 763	3. 956	12. 747	10. 838	16. 640	7. 691	2. 360
PM5	2. 038	1. 524	2. 148	4. 053	5. 568	7. 346	3. 184	1. 591
PM6	1. 770	1. 391	2. 078	8. 013	9. 162	26. 637	6. 625	1. 897
PM7	1. 741	1. 356	2. 006	4. 377	5. 703	5. 144	2. 366	1. 485
PM8	2. 072	1. 593	4. 570	14. 975	13. 000	18. 562	6. 742	2. 532
PM9	2. 104	1. 570	2. 632	5. 436	7. 595	27. 910	4. 109	1. 957
PM10	1. 406	1. 657	2. 274	2. 632	3. 703	2. 373	1. 623	1. 110

计算步骤 1：

根据表 9 - 26，计算泄洪渠土壤剖面 A 层污染负荷指数，针对土壤剖面毒性重金属元素和放射性元素计算的污染负荷指数见表 9 - 27a。

表 9 - 27a　泄洪渠土壤剖面 A 层毒性重金属元素和放射性元素污染负荷指数

剖面 A 层	PM1	PM2	PM3	PM4	PM5	PM6	PM7	PM8	PM9	PM10	$F^{1/10}$
毒性重金属元素	3. 289	3. 524	4. 864	5. 607	3. 216	4. 642	2. 911	6. 158	4. 643	2. 229	3. 928
放射性元素	1. 293	1. 343	1. 578	1. 536	1. 261	1. 377	1. 219	1. 591	1. 399	1. 054	1. 335

根据表 9 - 27a 分析土壤毒性重金属元素和放射性元素的污染程度，见表 9 - 28a。

表 9 - 28a　泄洪渠土壤剖面 A 层毒性重金属元素和放射性元素污染程度

污染等级	I_{PL} 值	毒性重金属元素	放射性元素	污染程度
0	<1			无污染
Ⅰ	1～2		1. 335	中度污染
Ⅱ	2～3			强污染
Ⅲ	≥3	3. 928		极强污染

根据表 9 - 27a 和表 9 - 28a，完成泄洪渠土壤剖面 A 层毒性重金属元素和放射性元素 $F^{1/10}$ 的污染负荷指数综合值曲线变化图，见图 9 - 9a，其中图幅内右侧的 F，就是表 9 - 27a 中 $F^{1/10}$ 的数据。

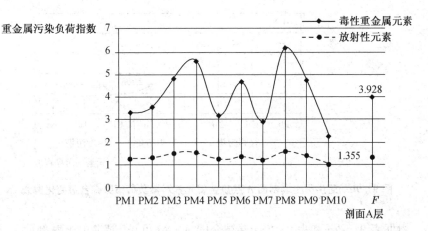

图 9 - 9a　泄洪渠土壤剖面 A 层毒性重金属和放射性元素污染负荷指数综合值变化曲线

计算步骤 2：

再根据表 9 - 26 计算 10 个土壤剖面（二级区域）A 层重金属元素污染负荷指数 F，并按指数值的大小排序，见表 9 - 27b。

表 9 - 27b　泄洪渠土壤剖面 A 层重金属元素污染负荷指数

元素	Pb	Cd	Zn	Th	Cu	Cr	U	Ni	$F^{1/8}$
F	10.175	7.356	6.486	4.659	2.705	1.839	1.837	1.522	3.649

根据表 9 - 27b，分析泄洪渠土壤剖面 A 层重金属元素污染程度，见表 9 - 28b。

表 9 - 28b　泄洪渠土壤剖面 A 层重金属元素污染程度

污染等级	I_{PL} 值	重金属元素	污染程度
0	<1		无污染
I	$1\sim2$	Cr、U、Ni	中度污染
II	$2\sim3$	Cu	强污染
III	$\geqslant3$	Pb、Cd、Zn、Th	极强污染

根据表 9-27b 和表 9-28b,完成泄洪渠土壤剖面 A 层重金属元素 $F^{1/8}$ 的污染负荷指数综合值曲线变化图,见图 9-9b。

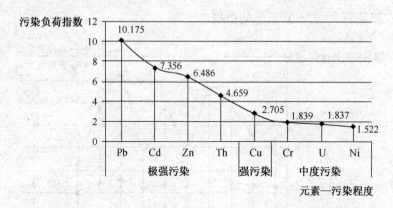

图 9-9b 泄洪渠土壤剖面 A 层重金属元素污染负荷指数综合值变化曲线

根据表 9-27a 和表 9-28a 并结合图 9-8a 可见,泄洪渠土壤剖面 A 层毒性重金属元素属于极强污染,放射性元素属于中度污染。再根据表 9-28b 并结合图 9-9b 可见,Cd、Pb、Zn、Th 元素属于极强污染,Cu 元素为强污染,Cr、Ni、U 为中度污染程度。

2) B 层重金属元素污染负荷指数

计算土壤剖面 B 层重金属元素最高污染系数,见表 9-29。

表 9-29 泄洪渠土壤剖面 B 层重金属元素最高污染系数

剖面 B 层	Cr	Ni	Cu	Zn	Cd	Pb	Th	U
PM1	2.520	1.382	1.854	1.564	7.194	1.396	2.244	1.468
PM2	1.955	1.580	3.093	2.571	4.694	3.983	11.567	2.632
PM3	1.865	1.460	1.478	1.600	4.806	1.811	1.650	1.525
PM4	1.578	1.134	1.174	2.184	3.000	5.455	1.502	1.207
PM5	3.249	1.528	1.450	1.350	8.083	1.224	2.076	1.559
PM6	2.731	1.135	0.944	1.208	4.389	1.132	1.974	1.320
PM7	3.995	1.250	1.192	1.310	11.222	1.076	2.479	1.841
PM8	2.179	1.308	1.475	1.335	2.889	1.261	1.005	0.882
PM9	1.715	1.041	1.309	1.867	1.806	2.009	1.749	0.824
PM10	1.536	1.342	1.457	1.140	4.083	0.979	1.245	1.173

步骤 1：根据表 9-29，计算泄洪渠土壤剖面 B 层污染负荷指数，针对土壤剖面毒性重金属元素和放射性元素计算的污染负荷指数见表 9-30a。

表 9-30a　泄洪渠土壤剖面 B 层毒性重金属元素和放射性元素污染负荷指数

剖面 B 层	PM1	PM2	PM3	PM4	PM5	PM6	PM7	PM8	PM9	PM10	$F^{1/10}$
毒性重金属元素	2.159	2.778	1.956	2.054	2.140	1.612	2.133	1.654	1.585	1.547	1.930
放射性元素	1.212	1.622	1.235	1.099	1.249	1.149	1.357	0.939	0.908	1.083	1.170

根据表 9-30a 分析土壤毒性重金属元素和放射性元素的污染程度，见表 9-31a。

表 9-31a　泄洪渠土壤剖面 B 层毒性重金属元素和放射性元素污染程度

污染等级	I_{PL} 值	毒性重金属元素	放射性元素	污染程度
0	<1			无污染
Ⅰ	1~2	1.930	1.170	中度污染
Ⅱ	2~3			强污染
Ⅲ	≥3			极强污染

根据表 9-30a 和表 9-31a，完成泄洪渠土壤剖面 B 层毒性重金属元素和放射性元素 $F^{1/10}$ 的污染负荷指数综合值曲线变化图，见图 9-10a，其中图幅内右侧的 F，就是表 9-30a 中 $F^{1/10}$ 的数据。

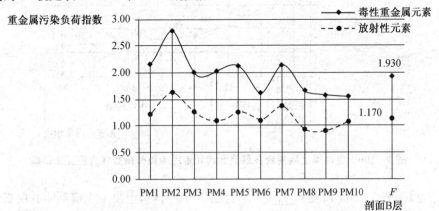

图 9-10a　泄洪渠土壤剖面 B 层毒性重金属元素和放射性元素污染负荷指数综合值变化曲线

步骤2：再根据表9－29计算10个土壤剖面（二级区域）B层重金属元素污染负荷指数 F，并按指数值的大小排序，见表9－30b。

表9－30b 泄洪渠土壤剖面B层重金属元素污染负荷指数

元素	Cd	Cr	Th	Pb	Zn	Cu	U	Ni	$F^{1/8}$
F	4.588	2.223	2.068	1.701	1.560	1.465	1.368	1.305	1.865

根据表9－30b，分析泄洪渠土壤剖面B层重金属元素污染程度，见表9－31b。

表9－31b 泄洪渠土壤剖面B层重金属元素污染程度

污染等级	I_{PL} 值	重金属元素	污染程度
0	<1		无污染
Ⅰ	1～2	Ni、Cu、Zn、Pb、U	中度污染
Ⅱ	2～3	Cr、Th	强污染
Ⅲ	≥3	Cd	极强污染

根据表9－30b，完成泄洪渠土壤剖面B层重金属元素 $F^{1/8}$ 的污染负荷指数综合值曲线变化图，见图9－10b。

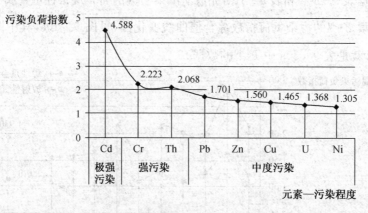

图9－10b 泄洪渠土壤剖面B层重金属元素污染负荷指数综合值变化曲线

根据表9－30a和表9－31a并结合图9－9a可见，泄洪渠土壤剖面B层毒性重金属元素和放射性元素都属于中度污染。再根据表9－31b并结合图9－10b可见，Cd元素属于极强污染，Cr、Th元素为强污染，Ni、Cu、Zn、Pb、U 为中度污染程度。

3）C 层重金属元素污染负荷指数

计算土壤剖面 C 层重金属元素最高污染系数，见表 9－32。

表 9－32　泄洪渠土壤剖面 C 层重金属元素最高污染系数

剖面 C 层	Cr	Ni	Cu	Zn	Cd	Pb	Th	U
PM1	3.557	3.219	5.105	2.166	5.031	1.963	1.995	1.551
PM2	2.554	1.771	2.219	1.540	3.875	1.327	1.376	1.216
PM3	1.949	1.402	1.432	1.293	4.063	0.976	1.108	1.076
PM4	2.722	1.348	1.292	1.335	6.500	1.030	1.834	1.228
PM5	4.463	1.590	1.695	1.388	9.063	1.065	1.477	1.460
PM6	2.722	1.281	0.997	1.246	11.281	1.179	2.715	1.867
PM7	2.646	1.321	1.150	1.470	6.219	1.041	0.634	0.792
PM8	2.662	1.005	0.809	0.999	2.656	1.016	0.974	0.777
PM9	2.043	1.507	1.814	1.272	4.406	1.129	1.104	1.036
PM10	2.888	1.377	1.238	1.358	6.875	0.940	1.386	1.214

步骤 1：根据表 9－32，计算泄洪渠土壤剖面 C 层污染负荷指数，针对土壤剖面毒性重金属元素和放射性元素计算的污染负荷指数见表 9－33a。

表 9－33a　泄洪渠土壤剖面 C 层毒性重金属元素和放射性元素污染负荷指数

剖面 C 层	PM1	PM2	PM3	PM4	PM5	PM6	PM7	PM8	PM9	PM10	$F^{1/10}$
毒性重金属元素	3.282	2.074	1.648	1.867	2.333	1.965	1.836	1.342	1.812	1.873	1.952
放射性元素	1.245	1.103	1.037	1.108	1.208	1.366	0.89	0.881	1.018	1.102	1.087

根据表 9－33a 分析土壤毒性重金属元素和放射性元素的污染程度，见表 9－34a。

表 9－34a　泄洪渠土壤剖面 C 层毒性重金属元素和放射性元素污染程度

污染等级	I_{PL} 值	毒性重金属元素	放射性元素	污染程度
0	<1			无污染
Ⅰ	1～2	1.952	1.087	中度污染
Ⅱ	2～3			强污染
Ⅲ	≥3			极强污染

根据表9-33a 和表9-34a,完成泄洪渠土壤剖面 C 层毒性重金属元素和放射性元素 $F^{1/10}$ 的污染负荷指数综合值曲线变化图,见图9-11a,其中图幅内右侧的 F,就是表9-33a 中 $F^{1/10}$ 的数据。

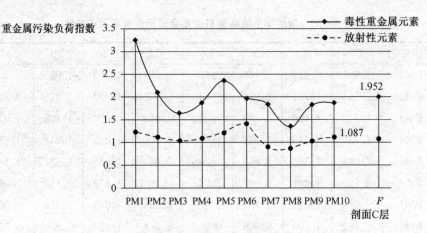

图9-11a 泄洪渠土壤剖面 C 层污染负荷指数综合值变化曲线

步骤2:再根据表9-32计算10个土壤剖面(二级区域)C 层重金属元素污染负荷指数 F,并按指数值的大小排序,见表9-33b。

表9-33b 泄洪渠土壤剖面 C 层重金属元素污染负荷指数

元素	Cd	Cr	Cu	Ni	Zn	Th	U	Pb	$F^{1/8}$
F	5.522	2.745	1.538	1.507	1.381	1.357	1.181	1.139	1.751

根据表9-33b,分析泄洪渠土壤剖面 C 层重金属元素污染程度,见表9-34b。

表9-34b 泄洪渠土壤剖面 C 层重金属元素污染程度

污染等级	I_{PL} 值	重金属元素	污染程度
0	<1		无污染
I	1~2	Cu、Ni、Zn、Th、U、Pb	中度污染
II	2~3	Cr	强污染
III	≥3	Cd	极强污染

根据表 9-34b,完成泄洪渠土壤剖面 C 层重金属元素 $F^{1/8}$ 的污染负荷指数综合值曲线变化图,见图 9-11b。

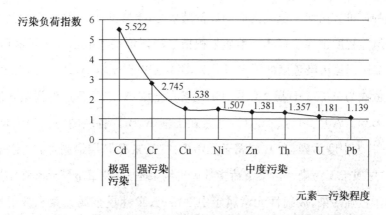

图 9-11b 泄洪渠土壤剖面 C 层重金属元素污染负荷指数综合值变化曲线

根据表 9-33a 和表 9-34a 并结合图 9-11a 可见,泄洪渠土壤剖面 C 层毒性重金属元素和放射性元素都属于中度污染。再根据表 9-34b 并结合图 9-11b 可见,Cd 元素属于极强污染,Cr 元素属于强污染,Cu、Ni、Zn、Th、U、Pb 为中度污染程度。

综上所述,污染负荷指数评价结果是,泄洪渠土壤剖面 A 层毒性重金属元素属于极强污染,放射性元素属于中度污染,其中 Cd、Pb、Zn、Th 元素属于极强污染,Cu 元素为强污染,Cr、Ni、U 为中度污染程度。B 层毒性重金属元素和放射性元素都属于中度污染,其中 Cd 元素属于极强污染,Cr、Th 元素为强污染,Ni、Cu、Zn、Pb、U 为中度污染程度。C 层毒性重金属元素和放射性元素都属于中度污染,其中 Cd 元素属于极强污染,Cr 元素属于强污染,Cu、Ni、Zn、Th、U、Pb 为中度污染程度。所以,土壤剖面 A 层毒性重金属元素属于极强污染,所有元素在 B、C 层都属于中度污染。

综合以上各节所述,泄洪渠土壤表层评价结果是,Hakanson 潜在生态风险指数法和地质累积指数法的评价中,污染程度都属于极强的元素是 Cu、Pb,都属于中度污染的元素是 Cd、Zn、Ni 元素,Cr、Th、U 元素归属于无污染到中度污染,但污染负荷指数评价结果是毒性重金属元素和放射性元素都属于极强污染,且毒性重金属元素的污染程度比放射性元素更强。结合对比三种评价方法的评价结果是,毒性重金属元素和放射性元素的污染程度都属于中等到极强。

三种评价方法对于土壤剖面的评价结果是,土壤剖面 A、B、C 各层的综合潜在生态风险程度都属于极强。地质累积指数法评价结果显示,Cd 元素是 A、B、C 各层都达到强污染程度的元素;Pb、Zn、Th 元素在土壤 A、B、C 各层的污染程度大小依次为 A 层>B 层>C 层;Cr 元素在土壤 A、B、C 各层的污染程度大小依次为 B 层>A 层>C 层;Ni、Cu 元素在土壤 A、B、C 各层的污染程度是在 A、C 层最高,为中度污染,在 B 层属于无污染;U 元素在 B 层最高,为中度污染,而在 A、C 层属于无污染。污染负荷指数评价结果是,毒性重金属元素在土壤剖面 A 层属于极强污染,放射性元素属于中度污染;毒性重金属元素和放射性元素在 B、C 层都属于中度污染。

根据上述评价结果,再结合土壤剖面的物质成分分析,泄洪渠土壤表层属于污染极强,不能种植农作物。而土壤剖面 B、C 层由于黏土及土壤有机质含量明显减少,而砂质成分含量增加,渗水性良好,对毒性重金属元素和放射性元素吸附率降低的同时,毒性重金属元素和放射性元素沿垂直方向向地下含水层迁移的速度提高。

对于水平方向农田表层土壤质量的研究结果是 Cu、Cd 元素都属于 K 区和 S 区污染程度大的元素,Cr 以无污染到中度污染为主,Pb、Zn、Ni 和放射性元素 Th、U 元素的污染程度最低。可见重点研究区泄洪渠剖面方向(垂直方向)上土壤毒性重金属元素和放射性元素污染程度都很严重。李若愚等(2014)证实,白云鄂博矿区周边表层土壤中 ^{232}Th 含量平均值为 12.79 mg/kg,矿区东南部(全年主风向为西北风下风侧)表层土壤 ^{232}Th 含量平均值为 23.88 mg/kg。本研究中泄洪渠表层土壤中 Th 平均含量为 80.087 mg/kg(表 9-1),是白云鄂博矿区东南部(全年主风向为西北风下风侧)表层土壤 23.88 mg/kg 的 3.35 倍、矿区周边表层土壤平均值 12.79 mg/kg 的 6.26 倍。对于包头市表层土壤 U 的研究,目前未见公开报道的成果,有待于以后更加详细的研究。有关包头地区土壤毒性重金属元素 Cr、Ni、Cu、Zn、Cd、Pb 的研究成果很多,且在第 5 章末进行了对比分析,此处不再赘述。

前面第 4 章到第 5 章从水平方向(即农田污灌区)、第 6 章到第 8 章从垂直方向(即泄洪渠土壤剖面),分别研究了土壤稀土元素、毒性重金属元素和放射性元素的分布规律。后面两章分别针对稀土元素(第 10 章)、毒性重金属元素及放射性元素(第 11 章)对生物的毒性作用进行详细的分析讨论。

参考文献

李若愚,李强,陈胜,等.2014.包头白云鄂博采矿区周边表层土壤中[232]Th 的分布特征[J].环境科学研究,27(1):51-56.

第 10 章　稀土元素对生物的毒性作用

本章内容主要结合第 4 章污灌区农田土壤、第 6 章到第 8 章泄洪渠土壤稀土元素分布规律及土壤质量(污染程度)的研究成果,针对土壤稀土元素对生物的毒性作用进行综合、全面的分析与讨论。

《中国的稀土状况与政策》白皮书(中华人民共和国国务院新闻办公室,2012)指出:"轻稀土矿多为多金属共伴生矿,在冶炼、分离过程中会产生大量有毒有害气体、高浓度氨氮废水、放射性废渣等污染物。一些地方因为稀土的过度开采,还造成山体滑坡、河道堵塞、突发性环境污染事件,甚至造成重大事故灾难,给公众的生命健康和生态环境带来重大损失。而生态环境的恢复与治理,也成为一些稀土产区的沉重负担。"中国已将稀土元素确定为稀土产区主要的环境污染物。稀土矿产资源被长期无序地开采,低技术含量的作坊式选冶,导致稀土生产区水系、土壤等环境中外源稀土元素含量严重超标,与稀土矿物伴生的重金属元素的存在,使土壤呈现出更为复杂严重的复合污染特征。稀土—重金属复合污染导致水质下降、耕地退化、粮食减产、蔬菜水果品质变差,稀土生产区域居民的身体健康受到严重威胁。

稀土元素在生物的生长发育过程中,低剂量时对生物体表现为有益作用,如刺激生长发育等现象,而在高剂量时表现为负面影响,如抑制生物生长发育等。生物的生长发育与稀土元素的含量高低存在着明显的剂量—效应关系,也就是"低促高抑",这非常类似于生物必需营养元素的最适宜营养浓度。生物必需元素在生物体内必须保证最适宜的营养浓度,如果其含量远远大于或远远小于最适宜生物体的营养浓度,生物体在生长发育过程中必然出现病变。

10.1　生物必需营养元素

生物必需营养元素又称为生物有益元素,是维持生物正常生命,对生物生长、发育、生殖等过程起促进作用的元素。生物必需营养元素或组成生物体的结构,或构成有机分子的基本元素,或为电解质成分,一些元素还直接参加代谢作用,或作为新陈代谢产物的基本组成部分,或具有多种重要的酶学功能和其他重要的生化功能。当从饮食(或饲料)中去除某一种必需元素,生物体就会出现缺乏该元素引起的生理症状或状态。

生物必需营养元素分为常量元素和微量元素两大部分:常量元素中原子序数在 8 以下的元素包括 C、H、O、N 共 4 种元素,占生物元素总的 95% 以上;原子序数在 8~20 之间的元素包括 P、S、K、Na、Ca、Mg、Cl 共 7 种元素,和前 4 种一起(共 11 种元素)共同构成生物体全部质量的 99% 以上,称为常量元素。微量元素原子序数在 53 以下包括 B、F、Si、Se、As、I、V、Cr、Mn、Fe、Co、Ni、Cu、Zn、Sn、Mo 共 16 种,占人体总量不足 1%。

但是,生物体如果摄入过量的必需元素,也会引起生物体的异常,其中人们最熟悉、也最有代表性的事例就是碘元素。

正常人每天对碘的最低生理需要量为 $60\ \mu g$,该含量所合成的甲状腺激素就能满足人体基本代谢的需要。一般而言,正常成年人摄入碘的量为 $150\ \mu g/d$,3 岁以下儿童碘的供应量为成人的一半,即 $75\ \mu g/d$。人体含碘共有 15~20 mg,其中的 70%~80% 储存在重量仅有 15~25 g 的甲状腺组织中。这个含量,就是碘元素在人体中的最适宜营养浓度。如果人体中碘的含量偏离最适宜营养浓度,分别有如下情况。

当人体缺乏碘元素时,人群中最常见的碘缺乏病症是地方性甲状腺肿和克汀病。碘是甲状腺合成甲状腺素所必需的元素。食用碘缺乏的地区,成人缺碘症患者表现为甲状腺肿大(俗称"大脖子病"),即地方性甲状腺肿,甲状腺肿大可引起吞咽困难、气促、声音嘶哑、精神不振,严重的甚至演变为甲状腺肿瘤,病人十分痛苦。而克汀病是发生于甲状腺肿流行地区胚胎期缺乏碘引起的患儿呆小症,当小儿胚胎 4 个月后,甲状腺已能合成甲状腺素,但是母亲缺碘使胎儿期甲状腺素合成不足,严重影响胎儿中枢神经系统,尤其是大脑的发育。胎儿缺碘不仅会造成体重异常、先天畸形、单纯性聋哑等,更重要的是引起不可恢复的大脑发育损害,重者呆傻、矮小、聋哑、瘫痪,轻者智力低下、影响学习。但是人体摄入过量碘引起的高碘,同低碘一样会危害人体健康。人体摄入过量的碘可导致甲状腺功能亢进症(简称"甲亢"),甲亢虽然引起人体食量增加,但人体却表现出消瘦、肌肉无力以及心悸、出冷汗、神经和血管兴奋增强等其他系列性的不健康症状,严重时会引起昏迷甚至是危及人体生命。

再比如,氮、磷、钾是人们非常熟悉的元素,它们也是植物生长不可缺少的三个极重要元素。下面以氮、磷、钾为例说明适量元素对植物体的作用。

氮是构成蛋白质的主要成分,促进植物茎叶生长和果实发育,是影响作物产量最密切的营养元素。缺氮时,植株矮小,叶片黄化,花芽分化延迟,花芽数减少,果实小,坐果少或不结果,产量低,品质差;但是,如果氮素过多,植株滥长,虽然表面看是枝繁叶茂,实际情况是极易造成大量落花,果实发育停滞,含糖量降低,植株抗病力减弱。

磷能促进植株花芽分化,及时开花结果,并促进幼苗根系生长和改善果实品质。缺磷时,幼芽和根系生长缓慢,植株矮小,叶色暗绿无光泽;但是,如果磷过量,会促使作物呼吸作用过于旺盛,干物质的生成小于消耗,营养生长和生殖生长失调,生殖生长加快,使作物植株矮小、早衰,无效分蘖增多,秕粒增加,产量下降。

钾是植物体内许多酶的活化剂,酶是作物体中新陈代谢过程中的催化剂,没有酶的作用,许多生理过程无法进行。钾能够促进植物的光合作用,明显提高植物对氮的吸收和利用,促进氨基酸、蛋白质和碳水化合物的合成和运输,进而能促进植株茎秆健壮,改善果实品质,增强植株抗寒能力,提高果实的糖分和维生素 C 的含量,对延迟植株衰老、延长结果期、增加后期产量有良好的作用。钾元素供应不足时,碳水化合物代谢受到干扰,光合作用受抑制,而呼吸作用加强。因此,缺钾时植株抗逆能力减弱,易受病害侵袭,果实品质下降,着色不良。但是,如果钾过量,会造成作物对钙、镁等阳离子的吸收量下降或盐分中毒,影响新细胞的形成,使植株生长发育不完全,近新叶的叶尖及叶缘枯死。

同样,适量的稀土元素也有利于生物生长发育,但过量的稀土元素对生物体具有毒性。对于稀土元素在生物工程中的应用而言,中国作为稀土生产大国,是最早展开深入细致的研究且将稀土应用于农业种植以改善民生、将稀土应用于林业绿化以治理生态环境,实现生物固碳而发展低碳经济的世界性大国。

中国的稀土研究成果及生物工程应用实例证实,稀土在农业中的奇效主要表现为:适量的稀土元素可促进植物根系的生长发育,提高根系活力,促进根系分化和代谢活动,提高根对营养元素的吸收能力;适量的稀土元素对大田作物如小麦、水稻、玉米、大豆、白菜、油菜、茶叶、黄瓜、草莓、芝麻和甘蔗等种子萌发、生根发芽和根系生长均有明显的促进作用,提高农产品的产量并改善品质;施用适当浓度稀土元素能促进植物对养分的吸收、转化和利用,比如用富镧稀土对春小麦喷施或拌种,春小麦生长发育得到促进,结实穗数和籽粒数也有所增加,表明使用稀土可提高春小麦对氮肥和磷肥的吸收、运转、利用,并减少土壤中氮素损失;适量的稀土元素对植物的光合作用有明显的影响,可增加叶肉组织中叶绿体的数量,提高微管束的排列密度,因此可提高光合作用效率;大田作物栽培常会遇到诸如干旱、高温、低温、盐渍、病虫害等逆境条件,适量使用稀土元素,可以增强作物对上述不良环境条件的抵抗能力。

稀土在林业上的应用效果也非常显著,用稀土浸种可明显促进林木种子生长发育,提高林产品产量,改善产品质量等。比如用适量的稀土化合物溶液处理油松、柠条及华北落叶松种子,可提高种子活力指数。目前应用树种已达 40 个以上,通过浸种、拌种、沾根、插条和叶面喷施等方式用于苗木培养,促进树木生长,防病抗逆,极大地提高了育林效率和生态效益。因而稀土在林业系统适量而广泛的应用,在生态恢复工程方面极大地提高了植物固碳能力,对于降低地球的温室效应、建立自然碳库、保证可持续发展具有不可估量的现实性应用意义。

中国对稀土在大农业等方面取得如此显著的应用成果，成为全球稀土产业发展中的示范性工程。

稀土尽管具有上述无与伦比、不可胜数的优点，但是在稀土矿冶产区如果随意排放稀土工业"三废"，使其在生态环境中过量积累，势必会成为严重影响生态环境质量的污染元素。下面详细分析稀土元素对生物体的毒性效果。

针对稀土元素对动物体毒性大小的研究中，最常使用的指标是半数致死量及半数致死浓度。

在毒理学中，半数致死量简称 LD50（即 Median Lethal Dose），医学定义 LD50 是指"能杀死一半实验总体之有害物质、有毒物质或游离辐射的剂量"。LD50 数值越小表示外源化学物的毒性越强，反之 LD50 数值越大，则毒性越低。LD50 还有一种表示方法指有毒物质的质量和实验生物体重之比，例如给雌性大鼠静脉注射硝酸钐的半数致死量（LD50）表述为 $8.9\ mg/kg\ BW$[BW 是体重（Body Weight），$mg/kg\ BW$ 就是根据体重来给药，一般是指每次给药量]。虽然毒性不一定和体重成正比，但这种表达方式仍有助于比较不同物质的相对毒性，以及估计同一物质在不同大小动物之间的毒性剂量。然而 LD50 并非是所有实验生物的致死量——有些生物可能死于远低于 LD50 的剂量，有些生物却能在远高于 LD50 的剂量下生存。最通俗的例子如乙醇对年轻和年老大鼠的口服 LD50 分别为 $10.6\ g/kg$ 和 $7.06\ g/kg$。在特殊需要下，研究人员亦可能会量度 LD1 或 LD99 等指标（即杀死 1% 或 99% 实验总体之剂量）。

半数致死浓度（LC50）是指能使一群动物在接触外源化学物一定时间（一般固定为 2~4 小时）后并在一定观察期限内（一般为 14 小时）死亡 50% 所需的浓度。一般以 mg/kg 表示土壤中的外源化学物浓度，以 mg/m^3 表示空气中的外源化学物浓度，以 mg/L 表示水中的外源化学物浓度。在测定某种毒物的半数致死浓度（LC50）时，经常用到四个指标，分别是 24 小时半数致死浓度，即 24 h LC50；48 小时半数致死浓度，即 48 h LC50；72 小时半数致死浓度，即 72 h LC50；96 小时半数致死浓度，即 96 h LC50。

物质的毒性往往受到给予方式的影响。一般而言，口服实验物剂量的毒性会低于静脉注射的毒性。

10.2　稀土的毒性

稀土的中毒分为急性毒性和慢性毒性两种(秦俊法等,2002)。

10.2.1　稀土的急性毒性

研究稀土的急性毒性从中毒症状和半数致死量两个方面进行。

1. 中毒症状

稀土引起的全身急性中毒症状主要有:恶心、呕吐、腹泻、呼吸困难、心跳加快、全身抽搐等,严重者心跳、呼吸停止,并迅速死亡,若没有立即死亡,将发生弥漫性腹膜炎、腹膜粘连、血性腹水、肝混浊肿胀、局灶性肺出血等病理现象。大剂量的稀土对动物可引起一系列组织器官的中毒效应,其中包括神经系统、呼吸系统、心血管系统、血液系统、免疫系统和肌肉系统,对内分泌系统、生殖系统、视觉系统和皮肤、骨骼等亦有一定的影响。比如给大鼠以高剂量活性氯化稀土灌胃后出现抑郁、少动、无力等症状,死亡峰值为 $24\sim72\,h$,死亡动物的胃泡和(或)肠壁多呈明显扩张,胃黏膜表面可见白色沉淀物,镜检可见黏膜腺上皮细胞空泡变性、间质小血管高度扩张淤血、血停滞等病理改变。再比如,当大鼠一次性口服大剂量氯化钇后,可引起大鼠消化道、肝、心、肺、肾及睾丸等组织病变。

2. 半数致死量

稀土毒性的大小与稀土的状态、剂量、服用途径及动物种类有关,其中以口服方式毒性最小,静脉注射的毒性最大。以硝酸钐对雌性大鼠的毒性为例,口服、腹腔注射和静脉注射的半数致死量(LD50)分别为 2 900、285、8.9(单位:mg/kg BW),静脉注射硝酸钐的毒性比口服大约 325 倍,比腹腔注射大约 31

倍。给大鼠、小鼠等分别实施口服、腹腔注射稀土化合物等方式的 LD50 详见表 10-1 至表10-4(秦俊法等,2002)。

表 10-1　口服稀土化合物的 LD50(单位:mg/kg BW)

元　素		La	Ce	Pr	Nd	Sm	Eu	Gd
大鼠 (♀)	化合物	氧化镧	硝酸镧	硝酸铈	硝酸镨	硝酸钕	硝酸钐	硝酸铕	硝酸钆
	LD50	4 200	4 500	4 200	3 500	2 750	2 900	>5 000	>5 000
小鼠 (♂)	化合物	—	—	—	氧化铈	氯化钕	氧化钐	—	氯化钆
	LD50	—	—	—	4 500	5 250	>2 000	—	>2 000

元　素		Tb	Dy	Ho	Er	Tm	Yb	Lu
大鼠 (♀)	化合物	硝酸铽	硝酸镝	硝酸钬	—		硝酸镱	
	LD50	>5 000	3 100	3 000	—		3 000	
小鼠 (♂)	化合物	氯化铽	氯化镝	氯化钬	氯化铒	氯化铥	氯化镱	氯化镥
	LD50	5 100	7 650	7 200	6 200	6 250	6 700	7 100

表 10-2　腹腔注射稀土化合物的 LD50(单位:mg/kg BW)

元　素		La	Ce	Pr	Nd	Sm	Eu	Gd
大鼠 (♀)	化合物	硝酸镧	硝酸铈	硝酸镨	硝酸钕	硝酸钐	硝酸铕	硝酸钆
	LD50	450	290	245	270	285	210	230
豚鼠	化合物	柠檬酸镧	柠檬酸铈	柠檬酸镨	—	柠檬酸钐	柠檬酸铕	柠檬酸钆
	LD50	71	104	97	—	75	72	60

元　素		Tb	Dy	Ho	Er	Tm	Yb	Lu
大鼠 (♀)	化合物	硝酸铽	硝酸镝	硝酸钬	硝酸铒	硝酸铥	硝酸镱	硝酸镥
	LD50	260	295	270	230	285	255	325
豚鼠	化合物	柠檬酸铽	柠檬酸镝	柠檬酸钬	柠檬酸铒	柠檬酸铥	柠檬酸镱	柠檬酸镥
	LD50	74	54	63	63	55	69	81

表 10 - 3　小鼠腹腔注射稀土化合物的 LD50(单位:mg/kg BW)

元　素		La	Ce	Pr	Nd	Sm	Eu	Gd
大鼠类幼鼠(♀)	化合物	硝酸镧	硝酸铈	硝酸镨	硝酸钕	硝酸钐	硝酸铕	硝酸钆
	LD50	410	470	290	270	315	320	300
小　鼠	化合物	氯化镧	氯化铈	氯化镨	氯化钕	—	氯化铕	氯化钆
	LD50	362	353	359	347	—	387	379
元　素		Tb	Dy	Ho	Er	Tm	Yb	Lu
大鼠类幼鼠(♀)	化合物	硝酸铽	硝酸镝	硝酸钬	硝酸铒	硝酸铥	硝酸镱	硝酸镥
	LD50	480	310	320	225	255	250	290
小　鼠	化合物	氯化铽	氯化镝	氯化钬	氯化铒	氯化铥	氯化镱	—
	LD50	333	343	312	227	281	300	—

表 10 - 4　几种稀土化合物经口染毒的 LD50(单位:mg/kg BW)

化合物	混合硝酸稀土	硝酸稀土(含量 80.5%)	硝酸稀土(含量 99%)			包头氯化稀土
动物	大鼠、小鼠、豚鼠	小鼠(♀)	小鼠(♀)	大鼠	豚鼠(♀)	小鼠(♂)
LD50	1 397~1 832	1 422	1 875	1 832	1 397	2 205
化合物	龙南氯化稀土		桃江氯化稀土	水杨酸稀土	磺基水杨酸稀土	活性氯化稀土
动物	小鼠(♂)		小鼠(♂)	小鼠	小鼠	大鼠
LD50	1 045(以氧化稀土计)		3 701	1 314	3 284	2 553

表 10 - 1 到表 10 - 4 为动物口服、腹注稀土化合物的急性毒性实验结果。从表中可见,所有稀土元素的毒理学行为大致相同。

稀土毒性实验中利用半数致死浓度常用的方法,如吴晶等(2012)用滤纸接触法测得硝酸钇 $Y(NO_3)_3$ 对蚯蚓的半数致死浓度 LC50 为 0.18 g/L,土壤法所测 LC50 为 1.08 g/kg。可见,稀土钇对蚯蚓的毒性作用在自然土壤法中的半数致死浓度要低于滤纸接触法中的结果,这是因为复杂的土壤成分如粘土、有机质等对稀土具有较强的吸附性,而且稀土(如钇)与土壤中某些成分结合形成其他化学形态,从而降低了稀土钇的毒性。冯秀娟等(Xiujuan FENG, et al., 2014)在此基础上进一步就浸矿剂硫酸铵和外源稀土钇复合污染毒性的研究证实,稀土钇$[Y(NO_3)_3]$单一染毒,蚯蚓 48 h LC50 = 213. 41 mg/L、24 h LC50 = 322.63 mg/L;硫酸铵$[(NH_4)_2SO_4]$单一染毒下,蚯蚓的 48 h LC50 = 13.89 g/L、24 h LC50 = 15.05 g/L。而中浓度 14 g/L$(NH_4)_2SO_4$与$Y(NO_3)_3$复合染毒,蚯蚓的 48 h LC50 = 167. 3 mg/L、24 h LC50 = 256.73 mg/L;高浓度 20 g/L$(NH_4)_2SO_4$与$Y(NO_3)_3$复合染毒,蚯蚓的 48 h LC50 = 31.03 mg/L、24 h LC50 = 127.65 mg/L。可见,$(NH_4)_2SO_4$与重稀土 Y 对蚯蚓的毒性产生较明显的协同作用,高浓度$(NH_4)_2SO_4$显著增加了重稀土 Y 对蚯蚓的毒性。重稀土 Y 染毒下蚯蚓死体更易断裂,而活体对针刺反应相对不灵敏。农田土壤环境中如果将硫酸铵作为化肥施用时,过量的硫酸铵与过量积累的外源稀土元素,将会增加生态风险。

稀土元素易溶于盐酸、硫酸、硝酸。稀土的氢氧化物在水中溶解度大小的顺序为:镧>镨>铈>钕>钐>铥>镥。其氯化物、硫化物易溶于水和酸,并能与螯合剂的代表性物质·EDTA[乙二胺四乙酸($C_{10}H_{16}N_2O_8$)]和氨基酸形成稳定的络合物。在血清中与球蛋白结合,与核酸生成络合物。

稀土元素盐类的毒性:硝酸盐>硫酸盐>乙酸盐>丙酸盐>氯盐>氧化物。王文学(2002)经研究证实稀土铥盐类对鼠类毒性:小鼠经口服铥氯化物,LD50 为 2 630 mg/kg;小鼠腹腔注射铥氯化物,LD50 为 204 mg/kg,豚鼠腹腔注射铥氯化物,LD50 为 88 mg/kg;大鼠腹腔注射铥硝酸盐 LD50 为 104 mg/kg,小鼠腹腔注射铥硝酸盐 LD50 为 94 mg/kg;小鼠腹腔注射柠檬酸盐 LD50 为 38 mg/kg,豚鼠腹腔注射柠檬酸盐 LD50 为 26 mg/kg。用含铥食料喂养小鼠,引起肝脏变性,出现肝细胞灶性坏死,干扰糖代谢等。

10.2.2 稀土的慢性毒性

长期投用稀土可引起动物生长减慢、肝脏等组织损伤以及血液成分改变等一系列生理和病理变化,详细内容见表 10 - 5(秦俊法等,2002)。

表 10 - 5　稀土对动物的蓄积毒性

实验动物	生理或病理变化
仓鼠	脂肪浸润
小鼠	血浆游离脂肪酸浓度升高;血浆胆固醇升高;抑制孕酮分泌;影响铁、镍和钴的吸收、代谢
大鼠	脂肪肝;肝损伤;肉芽肿;肺纤维化;肝线粒体中甘油三酯、磷脂和细胞质中磷脂增高;多病灶性肝炎
	肝脏汇管处有炎细胞浸润,抑制肝细胞糖原合成
	血清鸟氨酸氨基甲酰转移酶含量升高,肝内非特异性酯酶、酸性磷酸酶、磷酸化酶、乳酸脱氢酶等活性降低
	血红蛋白症;血浆碱性磷酸酶、血清总蛋白降低;血磷升高;食物利用率降低
	血清生长激素和胰岛素水平升高,甲状腺素浓度下降;凝血第Ⅶ因子降低
	组织器官病变;眼、骨骼和睾丸染色体畸变;体重增长降低;仔鼠外观畸形
	长期饮用含钇水有致癌作用;抑制肥大细胞分泌组胺;海马乙酰胆碱酯酶活性降低;神经元胞体肿胀
鸡、大鼠	影响多种同工酶
狗	食欲丧失;血压下降;肝、脾钙化;高血钙、高血磷酸盐

　　稀土生产区外源稀土元素对当地居民身体健康的不良影响,已有冯嘉等(2000)研究指出,江西赣南轻稀土高背景区人群具有血清总蛋白(TSP)、白蛋白(AL)、β-球蛋白(β-G)、谷丙转氨酶(GPT)、血清甘油三酯(STG)、免疫球蛋白A(IgA)等含量的总体均数降低以及胆固醇(CHO)含量总体均数升高的趋势,稀土的长期摄取必定加重人体肝、肾的负担以及对人体的某些免疫功能产生一定的影响。

　　所以,稀土元素并不是生物必需元素,只是一种生理活性物质,而且是对生物体具有一定毒性的重金属。对人或动物生理现象产生影响的活性物质属于动物的生理活性物质,例如神经传递物质乙酰胆碱、神经生长因子、多肽、多糖、多种活性酶、酶原等都是生理活性物质,辅酶、辅机等都是生理活性物质的组成部分。对植物生理现象产生影响的活性物质属于植物的生理活性物质。植物的生理活性物质主要在植物栽培、提高产量等方面应用,如肥料(包括化肥和农家有机肥)、作为农药使用的植物生长调节剂等。植物的生长发育现象并非某种植物激素或生理活性物质单独作用的结果,而是多种生理活性物质相互对植物起到促进或抑制的作用。

10.3 稀土元素对生物的毒性作用

模式生物是生物学家在科学研究中,用于揭示某种具有普遍规律的生命现象等所选定的生物物种。目前在人口与健康领域应用最广的模式生物包括噬菌体、大肠杆菌、酿酒酵母、四膜虫、果蝇、斑马鱼、小鼠等,比较常用的模式生物植物类主要有拟南芥、水稻、玉米、豆类(豌豆、蚕豆等)等。模式生物的基本共同点:能够代表生物界的某一大类群解答研究者关注的问题;容易获得并易于在实验室条件下种植、饲养和繁殖,且对人体和环境无害;世代短、子代多、遗传背景清楚;容易进行重金属元素毒性实验的操作,特别是具有遗传操作的手段和表型分析的方法。由于所有稀土元素化学性质的高度相似性,研究者通过其中一种稀土元素在某一种模式生物或类似生物学研究中取得的毒性研究成果,对判断其他稀土元素影响人体健康等方面都具有类比意义。

10.3.1 土壤稀土单个或数个元素污染对生物的毒性作用

本节主要根据第 4 章地质累积指数的评价结果进行讨论。

K-S 区(昆都仑河灌溉区-四道沙河灌溉区)海拔高度在 1 003~1 011 m 之间。污灌区土质多为沙壤土、砂土和灌淤土,渗透力强。K 区表层土 pH 平均值为 8.28,S 区表层土(0~25 cm)pH 平均值为 7.90,K-S 区表层土 pH 平均值为 8.14,总体上都偏碱性。研究区内种植农作物的灌溉用水大多数情况下是污水渠的污水,种植的粮食作物主要有玉米,种植的蔬菜大多为大白菜、圆白菜、白萝卜、胡萝卜、苣莲、芹菜、西兰花、菜花、菠菜、辣椒、芫荽、芥菜等。K-S 区的稀土元素含量特征见表 4 - 2,K 区 LREE/HREE 在 8.515～16.522,平均值为11.189;S 区 LREE/HREE 在 7.754～15.960,平均值为 11.830。所有研究区农田土壤都属于轻稀土元素高度富集。该区种植的玉米和蔬菜中稀土元素含量较高的主要是 La、Ce、Pr、Nd 和 Sc,玉米中 Pr 和 Sc 的含量较低,而 La、Ce、Nd含量之和在 0.2 μg/g～0.8 μg/g 之间,La、Ce、Nd 含量平均值之和为 0.5 μg/g;包括大白菜、圆白菜在内的蔬菜类 La、Ce、Pr、Nd 和 Sc 含量之和在 0.4 μg/g～5.0 μg/g 之间,5 个元素平均值之和为 2.244 μg/g;根菜类如白萝卜、胡萝卜、苣莲等 La、Ce、Pr、Nd 和 Sc 含量之和在 0.3 μg/g～1.3 μg/g 之间,5 个元素平均值之和为 0.56 μg/g;其他蔬菜中 La、Ce、Pr、Nd 和 Sc 含量之和在 0.3 μg/g～6.8 μg/g 之间,5 个元素平均值之和为 1.618 μg/g。包括所有这些粮食、蔬菜样品在内,全部样品 La、Ce、Pr、Nd 和 Sc 含量之和在 0.2 μg/g～6.8 μg/g 之间,5个元素平均值之和为 1.197 μg/g。

运用地质累积指数法对 K-S 区农田土壤质量评价结果显示,K 区土壤质量稀土元素属于无污染或轻度污染;而 S 区农田土壤质量 La、Ce 属于中度污染,其他稀土元素都是无污染或无污染到中度污染。同时,就重点研究的泄洪渠土壤剖面整体水平而言,稀土元素地质累积指数分析中,轻稀土元素 La、Ce、Pr、Nd 属于中度污染—强污染且以强污染为主;Sm、Eu、Gd 属于无污染到中度污染—中度污染且以中度污染为主,Dy、Ho、Er、Tm、Yb、Lu 和 Sc、Y 在 10 个剖面中都属于无污染。

农作物如玉米、水稻、大豆和小麦等,既属于中国农业广域性的大田农作物,也是生物学研究中的模式生物,有关稀土元素对玉米、水稻、大豆和小麦等植物以及四膜虫等动物生长过程中的影响,都具有很强的代表性和普遍性。

1. 稀土对玉米的影响

研究区 K-S 区土质多为沙壤土、砂土和灌淤土,大面积种植的粮食作物主要有玉米。祁俊生等(2004)研究证实,用外源稀土处理后的 5 种土壤,其可给稀土的能力大小顺序为黑土＞石灰岩土＞水稻土＞紫色土＞黄棕壤,土壤的 pH 值越高,土壤可给稀土的能力就越差,农作物吸收率也越差。K-S 区农田中大面积种植的玉米中稀土含量普遍都低,可能与土壤 pH 值高有一定的关系。因为 K 区表层土 pH 平均值为 8.28,S 区表层土(0～25 cm)pH 平均值为 7.90,K-S 区表层土 pH 平均值为 8.14,总体上都偏碱性。而且在黑土、石灰岩土、水稻土、紫色土、黄棕壤等代表不同类型土壤栽培的玉米中,稀土含量的大小顺序均为根＞叶＞茎＞玉米籽,玉米中各器官吸收稀土量正好与对应类型土壤中可给稀土的高低一致。无论外源稀土添加多大量或何种类型土壤,玉米中稀土的含量占根、茎、叶、玉米籽中总量的百分数几乎为 80% 左右的定值。不论何种土壤以及外源稀土添加多少,玉米籽中的稀土含量稳定在 1.5～3.5 μg/g 范围内(祁俊生等,2004)。因此,在稀土污水灌溉农田的地区,一定要注意种植对稀土吸收微少的农作物,如玉米等。

关于玉米对于多个稀土元素的吸收特征及玉米不同部位吸收稀土元素特征的研究,有徐星凯等(2001)使用"常乐"制备氯化物稀土以玉米为对象进行的实验(见表 10-6)。

表 10-6　由"常乐"制备的贮备液中氯化物稀土种类及其含量(mg/L)

元素	La	Ce	Pr	Nd	Sm	Eu	Gd	Tb	Dy
含量	2 146	920	295	289	45.6	4.6	389	529	551
元素	Ho	Er	Tm	Yb	Lu	Y	TLRE	THRE	TMRE
含量	36.6	466	1	3.8	2.7	6.1	3 706.3	1 979.1	1 555.8

研究证实,当混合稀土施用量在 50 mg/kg 以上时,无论是玉米地上部分还是根系,均出现明显 Ce 负异常和 Gd 正异常现象。在高剂量作用时,玉米根系和地上部分中 Gd 含量的富集倍数显著增加;在 La 施用量为 5 mg/kg 时,玉米根系中 Gd 含量显著增加,并随施用量增加而增加。尽管如此,玉米地上部分中 Gd 含量只有在 La 施用量为 100 mg/kg 时才出现显著性增加(徐星凯等,2001)。因此,当 La 施用量增至一定程度时,玉米根系对土壤中 Gd 的吸收将增

加,并且促进根系中 Gd 向地上部分运移。当 La 施用量增至 100 mg/kg 时,玉米地上部分中除 La 以外的其他 13 种稀土含量均显著增加,这是由于高剂量 La(100 mg/kg)对植株细胞的毒性作用,结果导致细胞通道对非 La 离子开放。

植株中两种稀土选择性积累程度通常用两种稀土含量的比值来表示。土壤中 La/Ce 和 La/Sm 值相对稳定,因此,此比值常用来定量描述轻稀土的选择性积累程度。当施用量增至 50 mg/kg 时,玉米根系中 La/Ce 和 La/Sm 值显著高于茎叶。因此,在低剂量 La(<10 mg/kg)作用时,玉米根系中单一稀土(如 La、Ce、Sm)按照吸收的比例向茎叶运移,但当施用量增至 50 mg/kg 时,玉米根系吸收的 La 向茎叶运移明显受抑制。也就是说,在高剂量 La(>50 mg/kg)作用时,苗期玉米吸收的 La 大量富集在根中。施加混合稀土后,苗期玉米根系和茎叶 La/Ce 和 La/Sm 值均随稀土施用量增大而呈增加趋势,当施用量增至 50 mg/kg 时,增加均达显著水平。该结果类似于 La 施加时玉米各部分 La/Ce 和 La/Sm 值的变化。在混合稀土施用量为 50 mg/kg 以上时,玉米根系 La/Ce 和 La/Sm 值高于地上部分,但未达显著水平。显然,在高剂量稀土作用时,混合稀土对苗期玉米体内 La 的吸收与运移有别于 La,且玉米根系吸收的 La 向地上部分运移明显受到抑制。

徐星凯等(2005)在上述研究基础上进一步证实,玉米体内单一稀土含量依根系>叶>茎>籽实的顺序减少;土壤中 Gd 较容易被玉米吸收并从根系转移到地上部分;稀土施加后玉米体内 La 的吸收和运移明显快于 Ce 和 Sm,并随生育期而发生变化。

关于稀土影响玉米遗传毒性强度大小的研究,黄淑峰等(2007)通过对 6 种硝酸稀土 $La(NO_3)_3$、$Ce(NO_3)_3$、$Sm(NO_3)_3$、$Eu(NO_3)_3$、$Er(NO_3)_3$、$Y(NO_3)_3$ 对玉米根尖细胞遗传毒性的研究指出,在 0.5～625 mg/L 浓度范围内,随着浓度的增加,除 $La(NO_3)_3$ 以外的其他 5 种硝酸稀土对玉米根尖产生细胞微核率的遗传毒性阈值分别为:硝酸钐 125 mg/L、硝酸铕 125 mg/L、硝酸铈 25 mg/L、硝酸钇 5 mg/L、硝酸铒 5 mg/L,其毒性大小分别是 $Y^{3+} = Er^{3+} > Ce^{3+} > Sm^{3+} = Eu^{3+}$。在 5.5～2 626 mg/L 浓度范围内,混合稀土化合物随总浓度的增加,玉米根尖细胞微核率显著上升，表现出一定的联合毒性作用。高建国等（2007）用叠氮化钠处理玉米根尖时，微核率先升后降，叠氮化钠≥20 mg/L 时微核率最高，有丝分裂指数随质量浓度升高递减；当用硫酸铈铵处理玉米根尖时，微核率随质量浓度升高而升高，浓度≥20 mg/L 时微核率显著升高，有丝分裂指数随质量浓度升高而降低，说明硫酸铈铵对玉米根尖细胞具有一定的遗传毒性，但毒性比叠氮化钠要缓和一些。

2. 稀土对水稻的影响

对于不同类型土壤中水稻对稀土元素吸收特征的研究，祁俊生等（2004）在曾经种植玉米的黑土、石灰岩土、水稻土、紫色土、黄棕壤等代表不同类型土壤的实验条件下栽培水稻，稻米中的稀土含量在 2.20～3.50 $\mu g/g$ 范围内，其中 La、Ce、Pr、Sm 是籽实含量最多的稀土元素，它们的总和占水稻籽实中稀土元素总量的 85% 以上，在不同土壤中水稻各器官稀土的分布均为根＞叶＞茎＞穗轴、谷壳＞籽粒（稻米）。水稻根部稀土元素含量高的原因是，稀土元素的性质和钙相似，在低浓度下具有"超级钙"的作用。以稀土元素镧为例，镧通过细胞壁到达质膜的外表面，与钙竞争质膜上的同一结合位点，阻碍了钙与质膜的结合，并且镧与植物细胞质膜的结合常数（2 200/mol）比钙（30/mol）高。当镧（$LaCl_3$）的浓度小于 50 $\mu g/mL$ 时，一旦镧与质膜结合，因稳定性高而不易被钙取代，使膜透性降低，影响了根的分泌作用，使根分泌氨基酸和有机酸的量比对照低。但当镧（$LaCl_3$）的浓度超过 50 $\mu g/mL$，并逐渐升高为 100 $\mu g/mL$、200 $\mu g/mL$、300 $\mu g/mL$ 和 500 $\mu g/mL$ 时，根系分泌物中氨基酸如谷氨酸、丝氨酸、甘氨酸、组氨酸、精氨酸、苏氨酸、丙氨酸、脯氨酸、酪氨酸、缬氨酸、蛋氨酸、亮氨酸、赖氨酸、半胱氨酸、异亮氨酸、天冬氨酸、苯丙氨酸等和有机酸草酸、苹果酸、柠檬酸、琥珀酸、乳酸等的含量都逐渐升高，且镧的浓度越高，根分泌的氨基酸和有机酸量越大。这和根质膜的透性有关，因为在高镧浓度下，镧就作为一种胁迫因子分布在根周围，使根系大量浓集镧，细胞膜上大量镧的沉积，进一步使质膜透性增大，从而使根系分泌氨基酸和有机酸的量大大增加。而水稻根系氨基酸和有机酸分泌量的增加，进一步促使更多的稀土元素进入植物体内并主要在根部大量积聚(郜红建等,2004)。

水稻根部单一稀土的分布规律为 La>Ce>Nd>Y>Gd,水稻叶、茎、稻米部位单一稀土的分布规律为 Ce>La>Nd>Y>Gd,说明轻稀土 La、Ce、Nd 较重稀土 Y、Gd 易于被水稻吸收。地上部各器官对中、重稀土的累积能力大于轻稀土,并多数对 Eu 及 Tb 有更强的累积。植株各器官及籽粒对外源稀土中的 Nd 都表现出更强的吸收累积作用(祁俊生等,2004)。

对于不同生长时期的水稻吸收稀土元素特征的研究,王立军等(2006)指出,无论水稻是在苗期还是成熟期,当外施稀土超过 400 mg/kg 时,水稻植株生物量即开始呈下降趋势;当外施稀土达 500 mg/kg 时,生物量降低 10%左右,水稻远低于旱作植物小麦对土壤中外施稀土的耐受能力。水稻各器官稀土分布模式与对照土壤相似,均呈轻稀土富集,中、重稀土相对亏损型,Eu 轻度负异常;但与土壤不同,水稻根部的 Tb 及地上部各器官的 Eu、Tb 均出现正异常。在土壤中施入大量稀土(400~1 200 mg/kg)对土壤及稻根的稀土分布模式有显著影响,对茎、叶略有影响,植株各器官对土壤稀土的累积能力依次为根>叶>茎>穗轴、谷壳>籽粒。对照水稻根部对土壤中各稀土元素的吸收累积能力大致相同,仅对 Tb 有更强的选择性吸收,地上部各器官对中、重稀土的累积能力大于轻稀土,并多数对 Eu 及 Tb 有更强的累积。水稻的根部及叶、茎对外施稀土有更强的吸收累积能力,随外施稀土浓度增加,其富集系数随之增高,而穗轴和谷壳、籽粒的富集系数变化不大。植株各器官及籽粒对外施稀土中的 Nd 都表现出更强的吸收累积作用。

对于轻稀土、中稀土和重稀土等不同稀土元素在配合态或离子态等不同条件下,水稻对其吸收特征的研究,王芹等(1997)选取 La 为轻稀土的代表性元素、Gd 为中稀土的代表性元素、Y 为重稀土的代表性元素研究证实,当以稀土-EDTA 配合态存在时,La、Gd、Y 在水稻根部含量是以轻稀土为代表的 La(568 mg/kg)≫中稀土 Gd(165 mg/kg)≫重稀土 Y(55.5 mg/kg);La、Gd、Y 在水稻茎叶中的含量是以重稀土 Y(126 mg/kg)>中稀土 Gd(117 mg/kg)>轻稀土 La(92.3 mg/kg)。当以稀土 La^{3+}、Gd^{3+}、Y^{3+} 离子态存在时,La、Gd、Y 在水稻根部含量是以中稀土 Gd(834 mg/kg)＞重稀土 Y(821 mg/kg)＞轻稀土 La (760 mg/kg)；La、Gd、Y 在水稻茎叶中的含量是以重稀土 Y(43.4 mg/kg)＞中稀土 Gd(42.6 mg/kg)＞轻稀土 La(29.6 mg/kg)。水稻根部对稀土-EDTA 配合态富集量明显低于离子态,表明稀土离子态是能被水稻根部摄取的有效形态。根据水稻根部吸收 La、Gd、Y 的结果对比证实,水稻根部对 La 为代表的轻稀土元素吸收量为最高。因此,当污染物来源多样,既有有机质污染物也有无机污染物导致类型复杂时,土壤污染层位易在适当环境条件下形成有机结合态或配合物(如 EDTA、柠檬酸钠、腐植酸钠等),进一步使外源稀土极易形成类似于稀土-EDTA(FeEDTA)的稀土配合态,无论是稀土的离子态还是配合态,都能使稀土易被土豆、萝卜类、莒莲、地葫芦等根果类农产品吸收。

3. 稀土对豆类的影响

包头市郊区农田中也种植蔬菜类豆角。豆类农作物泛指所有蝶形花亚科中能长出豆荚并作为食用和饲料用的豆科植物。在成百上千种有用的豆科植物中,至今广为栽培的豆类作物不少于 20 种。豆科植物中的蚕豆、豌豆等品种都属于生物学研究中的模式生物,研究成果具有广泛的应用意义。

屈艾等(2001)用稀土元素化合物 La(NO$_3$)$_3$、Ce(SO$_4$)$_2$、Er$_2$(SO$_4$)$_3$ 对蚕豆染毒处理后证实,有的蚕豆根尖呈现黄褐色甚至深褐色,根尖紧缩且纤维化严重,致使根尖硬化。显微镜下可见有丝分裂指数下降,受损细胞仅有正常细胞的 1/2～2/3 大小,细胞聚集不易散开,有的细胞核与细胞质界限不清,致使微核不易觉察。La(NO$_3$)$_3$、Ce(SO$_4$)$_2$、Er$_2$(SO$_4$)$_3$ 对蚕豆具有遗传毒性,且产生最大遗传毒性的浓度值 La(NO$_3$)$_3$ 是 4 mg/L、Ce(SO$_4$)$_2$ 是 16 mg/L、Er$_2$(SO$_4$)$_3$ 是 4 mg/L。稀土金属离子 La^{3+}、Sm^{3+}、Y^{3+}、Gd^{3+} 不同浓度处理后的微核千分率变化显示,轻稀土 La(NO$_3$)$_3$ 和 SmCl$_3$、重稀土 Y(NO$_3$)$_3$ 和 Gd(NO$_3$)$_3$ 在不同浓度条件下,导致 DNA 等遗传物突变性的程度不同。稀土对蚕豆 DNA 等遗传物质突变性作用由强到弱的顺序是 Gd^{3+}＞Y^{3+}＞Sm^{3+}＞La^{3+}。不同稀土元素的抑制作用阈浓度不同,La^{3+}、Sm^{3+} 均为 12 mmol/L,Gd^{3+} 为 6 mmol/L,Y^{3+} 为

9 mmol/L,且重稀土元素 Y、Gd 对蚕豆早期生长的毒性要大于轻稀土 La 和 Sm（孔志明,1998）。祁俊生等（2004）证实,大豆各部位稀土含量的顺序为:叶＞荚壳＞根＞茎＞荚果。这种分布情况与用稀土处理土壤得到的顺序有点区别,但可食用部分稀土含量增加较小。大豆对稀土的吸收在不同生长期是不同的,其吸收的量的大小顺序为幼苗期＞分枝期＞鼓粒期＞成熟期,这一顺序正好与植物生长所需营养一致。大豆吸收稀土大部分富集于根中,其次是叶,转迁到果实中的稀土大部分沉积到荚壳中而荚果中含量极少,稀土在各器官中的分配规律为根＞叶＞茎＞荚壳＞荚果。

因此建议在土壤稀土含量高的农田中,不要种植青豆角（即豆类荚果未成熟前,将荚壳与荚果一起当新鲜蔬菜吃用）,豆叶与茎秆类不要做饲草喂养牛羊等畜类,以防止外源稀土元素通过食物链的放大作用影响人体健康。

4. 稀土对小麦的影响

小麦是北方地区大面积种植的粮食作物,研究区农民虽然没有种植小麦,但该区属于适宜种植小麦的地带。有关稀土元素对小麦影响的研究有闫军才等（2005）,研究指出,土壤中主要的无机配体有 NO_3^-、Cl^-、SO_4^{2-}、CO_3^{2-} 和 PO_4^{3-} 等,其中 PO_4^{3-} 与 REE 结合较其他无机配体强,且随 REE 原子系数的增加,配合物稳定常数增大,因此 PO_4^{3-} 对 REE 吸收及在植物体内的迁移、分异有非常重要的影响。而有机配体主要来自植物本身的代谢分泌（如柠檬酸、苹果酸、草酸等是植物根的主要分泌物）,土壤中有机配体的配合作用降低土壤固相对稀土离子的吸附,增加土壤溶液中 REE 的浓度并促进植物的吸收。HREE 与很多配体的络合稳定常数通常比 LREE 都高,其络合作用可优先促进 HREE 以可溶态形式向地上部分迁移,因而造成叶中 HREE 富集随 PO_4^{3-} 浓度升高并出现逐渐增强趋势。所以,有机配体是造成 HREE 在小麦叶中出现富集的主要原因。通常情况下,稀土元素在小麦根中具有 MREE 富集及 M-型四重效应分布特征,叶中有 HREE 富集及 W-型四重效应分布特征。在高浓度（有机配体柠檬酸 Cit≥150 μmol/L）时,小麦根和叶中出现轻稀土（LREE）富集。

5. 稀土对动物的影响

如果地表径流水通过漫流、渗流等方式流过外源稀土大量富集的泄洪渠土壤、污染灌溉的农田土壤，溶解其中的稀土离子并再次迁移，汇聚到黄河湿地、黄河或鱼塘等水体而被水生生物吸收，并通过水生生物等食物链的传导影响人体健康。孟晓红等（2000）指出，鲤鱼鱼体的主要可食部位——肌肉对重金属元素的富集量最少，而内脏的富集能力最强。鲤鱼对稀土元素 La、Ce 富集能力顺序为内脏＞鳃＞骨骼＞肌肉，鲤鱼鱼体的富集作用随时间增加而呈增长趋势，轻稀土元素 La、Ce 在 40～45 d 富集趋于平衡。

模式生物四膜虫的代谢功能非常类似于哺乳动物的肾脏和肝脏，包括稀土元素在内的外源重金属元素对四膜虫的影响，可帮助了解其对人体肾脏和肝脏健康的影响。稀土元素对四膜虫生长的最低毒性浓度见表 10 - 7（刘元方等，1986）。

表 10 - 7　三价稀土元素对四膜虫生长的最低毒性浓度(mg/L)

元素	La	Ce	Pr	Nd	Sm	Eu	Y	Tm	Yb
抑制浓度	200	200	200	200	200	200	＞20	＞20	10

稀土元素毒性由小到大的顺序：La→Ce→Pr→Nd→Sm→Eu→Y→Tm→Yb。孔志明等（1998）在不同浓度的稀土溶液 $La(NO_3)_3$、$SmCl_3$、$Y(NO_3)_3$、$Gd(NO_3)_3$ 中对四膜虫培养 24 h 后，4 种稀土元素对梨形四膜虫表现出毒性作用的浓度不相同，轻稀土 La^{3+} 的抑制阈浓度为 1 mmol/L，中稀土 Sm^{3+} 的抑制阈浓度为 0.5 mmol/L，重稀土 Y^{3+} 的抑制阈浓度为 0.25 mmol/L；半数抑制浓度 LD50 分别是 La^{3+} 为 2.02 mmol/L、Sm^{3+} 为 1.52 mmol/L、Y^{3+} 为 0.53 mmol/L、Gd^{3+} 为 0.29 mmol/L，可见毒性大小顺序为 Gd^{3+}＞Y^{3+}＞Sm^{3+}＞La^{3+}，且重稀土的毒性要大于中稀土和轻稀土。实验过程中显微镜下可以观察到稀土元素的毒性致细胞形体缩小，细胞发黑。

10.3.2　土壤稀土元素复合污染对生物的毒性作用

本节主要根据污染负荷指数法的评价结果讨论重点研究的泄洪渠表层及其剖面整体稀土复合污染对生态环境的影响。

泄洪渠表层土壤稀土元素 REE1、REE2、REE3 都属于极强污染,REE4 是中度污染—强污染且以中度污染为主,REE5 是中度污染—强污染且以强污染为主。所有 16 个稀土元素对表层土壤复合污染的污染负荷指数都大于 3,属于极强污染,复合污染的污染负荷指数综合值高达 6.926。泄洪渠土壤剖面(10 个剖面的厚度在 129～189 cm 之间,平均厚度 163.6 cm)整体上 REE1、REE2 属于极强污染;REE3 属于中度污染—强污染,以强污染为主;REE4、REE5 属于无污染—中度污染且以中度污染为主。所有 16 个稀土元素复合污染的污染负荷指数综合值达 2.606,以Ⅱ级强污染为主。

下面就 REE1、REE2、REE3、REE4、REE5 系列的 16 个稀土元素,对生物的严重影响进行详细全面的分析讨论。

1. REE1——La、Ce、Pr、Nd

泄洪渠表层土壤 La、Ce、Pr、Nd 含量的平均值分别为 1 420.867 mg/kg、2 604.85 mg/kg、354.233 mg/kg、1 326.45 mg/kg,这 4 个平均值再次平均也高达 1 426.600 mg/kg。REE1 的污染负荷指数高达 40.297,属于极强污染。

泄洪渠土壤剖面整体 La、Ce、Pr、Nd 含量的平均值分别为 542.023 mg/kg、824.206 mg/kg、95.355 mg/kg、338.047 mg/kg,这 4 个平均值再次平均也达到 449.908 mg/kg。REE1 的污染负荷指数值在 2.154(PM10)～19.227(PM2)之间,10 个剖面的平均值为 11.158,污染负荷指数综合值为 9.484,属于极强污染。包括 La、Ce、Pr、Nd 四个元素在内的 REE1,对生物具有如下严重的影响。

1) 对植物的影响

欧红梅等(2009)研究指出,当 La^{3+}($LaCl_3$)浓度为 10 mg/kg 时,推迟拟南芥种子萌发,在≥5 mg/kg 时对拟南芥主根生长受到的抑制作用不断增强。由

于 La^{3+} 在拟南芥幼苗等植物根部有浓集效应,所以高浓度 La^{3+} 对植物的危害首先发生在根部(欧红梅等,2009)。类似情况在敏感品种小麦根系受 La^{3+} 胁迫后,根系蛋白巯基含量下降,随着 La^{3+} 浓度的升高,蛋白巯基含量持续下降,高浓度 La^{3+} 的胁迫作用在小麦根部更为突出,表现出小麦对 La^{3+} 的耐受程度随之下降(欧红梅等,2017)。

La 对水稻影响的研究中,冉景盛等(2009)证实,当 $La(NO_3)_3$ 浓度 $\geqslant 50\ mg/L$ 时,La^{3+} 对水稻种子的萌发及幼苗的生长表现出抑制作用。谢祖彬等(2004)指出,当 $LaPO_4$ 浓度 $\geqslant 9\ mg/L$ 并增加到 $15\ mg/L$ 时,水稻籽粒产量显著降低;当 $LaPO_4$ 浓度 $\geqslant 1.5\ mg/L$ 并增加到 $30\ mg/L$ 时,La^{3+} 显著抑制水稻根的干物质积累,使干重降低。环境中累积的 La^{3+} 还能影响水稻叶片叶绿体功能元素含量,并通过改变叶绿体元素含量而影响水稻光合作用的正常进行(李岳丽等,2015)。洪法水等(1999)证实,用轻稀土 $Ce(NO_3)_3$ 浸泡水稻种子,当浓度超过 $50\ mg/L$ 时,水稻种子的萌发、呼吸作用及淀粉酶、蛋白酶和脂肪酶的活性均受到抑制。梅启明等(2008)指出,当轻稀土钕($NdCl_3$)浓度达到 $600\ \mu m/ml$ 时,水稻线粒体 DNA 系统受到较大损伤。

HSP70 家族[分子量为 $72\sim80\ kDa$;1 Da(Dalton,道尔顿)$=1\ g/mol$,是分子量的常用单位,即将分子中所有原子按个数求原子量的代数和。大分子蛋白质常用 kDa(千道尔顿)来表示分子量]是一组进化上高度保守的应激蛋白,通常认为具有分子伴侣的功能,参与修复和重折叠受胁迫伤害的蛋白以及正常蛋白的合成、折叠和运输。按表达情况可分为结构型 $hsp70$ 和诱导型 $hsp70$,诱导型 $hsp70$ 仅出现于应激细胞中,在高温、低温、干旱、高盐等胁迫因素的诱导下,植物 $hsp70$ 可被诱导。费红梅等(2010)指出,当玉米根尖细胞 $hsp70$ mRNA 转录的硝酸铈溶液($4\ mg/L$)处理时出现峰值,说明 $Ce(NO_3)_3$ 浓度在 $4\ mg/L$ 时对玉米根尖细胞具有一定的遗传毒性。孙玲等(2008)指出,轻稀土 $PrCl_3$ 浓度在 $\geqslant 8\ \mu g/ml$ 时损伤蚕豆根尖细胞,使染色体发生损伤,诱发蚕豆根尖细胞产生单微核、双微核、小微核和大微核,在一定剂量范围内,可以致蚕豆根尖细胞微核率显著增加,影响根尖的生长;$PrCl_3$ 在 $2\sim64\ \mu g/ml$ 浓度范围内,分裂细胞中有各种类型的染色体畸变,如染色体断片、粘连、融合、滞后、染色体桥等,其中以染色体断片最为多见,具有染色体断裂剂的作用,有丝分裂指数呈剂量-效应关系。所以,稀土元素镨对蚕豆根尖细胞具有一定的遗传毒性和细胞毒性。

2) 对动物的影响

模式生物果蝇属于真核多细胞昆虫,有类似哺乳动物的生理功能和代谢系统,果蝇的染色体是研究遗传特性和基因作用的基础。果蝇在温度 25 ℃左右,10 天左右就繁殖一代,一只雌果蝇一代能繁殖数百只。果蝇因具有生活周期短、容易饲养、繁殖力强、染色体数目少而易于观察等特点,而成为遗传学和发育生物学研究的最佳材料。王秀琴等(2007)指出,当培养基中 $Ce(SO_4)_2$ 浓度$\geqslant$16 mg/L 时,雌雄果蝇的平均寿命、半数死亡时间、最高寿命和繁殖力分别下降52.6%、62.7%、71.4%和 80.4%。随着 $Ce(SO_4)_2$ 浓度的增高,果蝇后代繁殖数量逐渐减少,当培养基中 $Ce(SO_4)_2$ 浓度$\geqslant$16 mg/L 时,繁殖数量明显减少,果蝇数量下降 80.4%;$Ce(SO_4)_2$ 还导致果蝇体内 SOD 和 CAT 活性明显下降,MDA 含量上升(Zongyun LI,et al.,2009);$Ce(SO_4)_2$ 能打断果蝇体内的 DNA,使其片段化;同时,硫酸铈使果蝇中肠细胞出现凋亡特征。故硫酸铈对果蝇具有细胞毒性和遗传毒性作用。

模式生物斑马鱼和人类基因有着 87%的高度同源性,其生长发育过程、组织系统结构与人有很高的相似性,意味着其实验结果大多数情况下适用于人体。贺彦斌等(2018)指出,不同浓度的 $CeCl_3$ 胁迫斑马鱼 28 天后,Ce^{3+} 主要在斑马鱼肝脏中富集,在斑马鱼各器官中的富集系数是:肝脏(5.49~9.33)>腮(3.58~4.49)>肌肉(0.13~0.25),Ce^{3+} 浓度>10 mmol/L 胁迫能够诱导斑马鱼肝脏 DNA 的损伤。陈海燕等(1998)的研究表明,浓度为 2 mg/L 的 $La(NO_3)_3$ 在鲤鱼体内富集作用最大的部位是肾脏。

3) 对藻类等微生物的影响

吕赟等(2012)证实,高浓度 $CeCl_3$(1 mg/L、5 mg/L、10 mg/L)胁迫下,鱼腥藻藻体受到活性氧伤害,POD 活性降低,光合色素含量减少,光合作用减弱,生长速度减慢,藻细胞死亡数增多,MC-LR 微囊藻毒素含量高。其中 MC-LR 是一种急性毒性最强的微囊藻毒素,一般由铜绿微囊藻、水华鱼腥藻、念珠藻等蓝藻产生,微囊藻毒素是分布最广泛的肝毒素,具有生物活性的一类环状七肽化合物,它主要对动物肝脏能够特异性地抑制蛋白磷酸酶活性,从而诱发癌症等一系列病变,严重威胁着人类的健康。

如果流经泄洪渠表层土壤的水体以渗流方式通过富含外源稀土的土壤层并淋溶其中高含量的稀土元素,携带着淋溶液稀土元素的水体,在自然环境的适当条件下,水体中的稀土元素将会胁迫产生 MC-LR 微囊藻毒素。因此,这种水体如果流入黄河湿地,将会对黄河湿地造成严重威胁;这种水体如果注入黄河,将会使黄河生态环境受到不小的污染,其危害方式非常类似于太湖蓝藻水华爆发(杨柳燕等,2019),引起水环境严重恶化的灾害。

2. REE2——Sm、Eu、Gd

泄洪渠表层土壤 Sm、Eu、Gd 含量的平均值分别为 130.567 mg/kg、30.423 mg/kg、75.837 mg/kg,这 3 个平均值再次平均也高达 78.942 mg/kg。REE2 的污染负荷指数综合值高达 18.495,属于极强污染。

泄洪渠土壤剖面整体 Sm、Eu、Gd 含量的平均值分别为 32.460 mg/kg、7.162 mg/kg、21.772 mg/kg,这 3 个平均值再次平均也达到 20.465 mg/kg。REE2 的污染负荷指数值在 1.762(PM10)~8.289(PM8)之间,10 个剖面的平均值为 5.339,污染负荷指数综合值为 4.772,属于极强污染。包括 Sm、Eu、Gd三个元素在内的 REE2,对生物具有如下严重的影响。

1) 对植物的影响

微核效应是环境中的有毒物导致染色体结构变化或纺锤体功能失调而形成微核的作用。稀土元素等重金属离子诱变剂打断 DNA 分子,产生无着丝点的 DNA 断片,这些断片在随后的细胞分裂中被排斥于主核之外形成微核,此外纺锤丝毒剂亦可通过打断纺锤丝造成染色体在分离过程中滞后而产生微核。微核是典型的遗传损伤指标之一。染色体桥是由诱变剂引起的可逆性遗传损伤,而染色体粘连则是一种不可逆的遗传损伤。嵇庆等(1995)证实,当轻稀土 Eu^{3+} ($EuCl_3$)浓度≥64 mg/L 时,能同时诱发蚕豆根尖细胞产生微核、染色体桥和染色体粘连三种遗传损伤;孙玲等(2008)指出,当 $Eu(NO_3)_3$ 浓度在 $1\sim64\ \mu g/ml$ 范围内,随 $Eu(NO_3)_3$ 处理剂量的升高而明显影响蚕豆根尖细胞有丝分裂过程,主要表现为前期的微核,中期的微核、染色体环、染色体断片、染色体分布异常、染色体加倍等,后期的染色体桥、染色体断片、染色体滞后等,这些都说明 $Eu(NO_3)_3$ 对蚕豆根尖细胞具有一定的遗传毒性;卢韫等(2006)证实,当 Gd^{3+} 即 $GdCl_3$ 溶液浓度高于 4 mg/L 时,就能引起蚕豆根尖质地变黑变硬、生长减慢和分裂指数下降,镜检观察到细胞核凝缩、深染、核质颗粒减少、核仁与核质不清晰、细胞聚集成块和组织纤维化逐渐加重等现象,同时还观察到微核、染色体粘连、染色体桥、染色体滞后、染色体断片等多种畸变现象,Gd^{3+} 对蚕豆根尖细胞具有一定的细胞毒性和遗传毒性。

2) 对动物的影响

胡珊珊等(2007)给各组小鼠分别饮用含 5 mg/L、50 mg/L、500 mg/L、2 000 mg/L 的$Sm(NO_3)_3$去离子水溶液,染毒 90 d 后各染毒组雄鼠生育指数和雌鼠受孕率随染毒剂量的增加呈下降的趋势,雄性小鼠染毒后异常胚胎率明显上升,胎仔体长和尾长缩短,体形改变。说明亚慢性钐暴露对雄性小鼠生殖能力具有一定的毒性作用,并可导致其生育力下降,胎仔生长发育也受到抑制。Gd^{3+} 能明显抑制小鼠线粒体超氧化物歧化酶的活性(刘会雪等,2006)。王华婷等(1999)证实,Gd^{3+} 在鲫鱼鱼体各内脏器官中的富集顺序为:卵>肝>胆>脾>肾,当$Gd(NO_3)_3$浓度达到 1.00 mg/L,对过氧化氢酶(CAT)与超氧化物歧化酶(SOD)活性的抑制率均超过 50%,在最高处理浓度 6.00 mg/L,对 CAT 和 SOD 两类酶活性的抑制率均大于 80%。因此,在实验浓度范围中,Gd^{3+} 对鲫鱼鱼体肝脏中过氧化氢酶和超氧化物歧化酶的活性有明显的抑制作用。

3. REE3——Gd、Tb、Dy、Ho

有关 Gd 对生物体的影响,在 REE2 中已经讨论了,此处不再赘述。

泄洪渠表层土壤 Gd、Tb、Dy、Ho 含量的平均值分别为 75.837 mg/kg、

4.351 mg/kg、15.710 mg/kg、2.337 mg/kg，这 4 个平均值再次平均也达

24.559 mg/kg。REE3 的污染负荷指数达 4.721，属于极强污染。泄洪渠土壤剖

面整体 Gd、Tb、Dy、Ho 含量的平均值分别为 21.772 mg/kg、1.527 mg/kg、

6.778 mg/kg、1.162 mg/kg（内蒙古河套地区土壤背景值为 1.00 mg/kg，国家土

壤背景值为0.87 mg/kg），这 4 个平均值再次平均也达到 7.810 mg/kg。REE3

的污染负荷指数值在 0.931（PM7）～2.877（PM9）之间，10 个剖面的平均值为

2.133，污染负荷指数综合值为 2.014，以强污染为主。包括 Gd、Tb、Dy、Ho 四

个元素在内的 REE3，对生物具有如下严重的影响。

1）对植物的影响

泄洪渠 PM8 剖面土壤 A1 层 Tb 含量是 10 个剖面中 Tb 含量的最大值，达

到 4.590 mg/kg，泄洪渠土壤剖面中，Tb 含量大于 3 mg/kg 的剖面 A 层有 6 个。

刘苏静等（2007）证实，当 Tb^{3+}（$TbCl_3$）浓度为 3 mg/kg 时，Tb^{3+} 对辣根生长各

项指标的刺激作用最大，随着 Tb^{3+} 浓度的加大，抑制作用明显，并产生严重的生

态毒害。当 $Tb^{3+} \geqslant 5$ mg/kg 时，Tb^{3+} 诱导辣根细胞产生大量自由基，从而引发

质膜内不饱和脂肪酸产生过氧化反应，破坏膜结构和功能，使辣根质膜透性增

加，并影响叶绿素的合成，HRP 酶（植物代谢的末端氧化酶之一）活性则逐渐降

低。Tb^{3+} 浓度 $\geqslant 3$ mg/kg 时 MDA（膜脂过氧化最重要的产物之一）含量最低。

Tb^{3+} 对辣根毒害作用的阈限浓度为 10 mg/kg 左右。王春侠（2008）指出，Tb^{3+}

能诱发蚕豆根尖细胞产生微核以及诱发染色体畸变，且 $Tb(NO_3)_3$ 在 3～24 $\mu g/ml$

浓度范围内呈剂量—效应关系。汪承润等（2005）指出，随着 $Dy(NO_3)_3$ 溶液浓

度从 4 mg/L 到 32 mg/L 的递增，蚕豆根尖的水解效果逐渐变差，细胞分散程度

越来越低，出现聚集和重叠现象，且细胞核出现凝缩、深染、变形、核仁和核质不

清晰、核质颗粒减少甚至消失的现象，说明一定剂量的 Dy^{3+} 对蚕豆根尖具有细

胞毒性作用；同时，Dy^{3+} 能诱发蚕豆根尖细胞产生微核、染色体粘连、染色体桥、

染色体滞后或断片、染色体粉碎化、核碎裂等多种染色体畸变现象，并诱导染色

体的姐妹染色单体交换频率升高，说明 Dy^{3+} 对蚕豆根尖细胞还具有一定的遗传

毒性。Ho^{3+} 同样可诱导蚕豆根尖细胞微核率、染色体畸变率及彗星尾长等，并

随着剂量的增加而升高,当硝酸钬 Ho(NO₃)₃ 溶液浓度为 4 mg/L 时,变化率达到实验最高数据,显示出稀土钬离子对蚕豆根尖细胞具有一定的遗传毒性(汪承润等,2004)。

2) 对动物的影响

Tb 元素对动物影响的研究成果有钟广涛等(1997),将浓度为 5 mol/L 的 Cl₃ 示踪剂给已经孵育三天、胚胎已发育的蛋清中分别无菌注入,继续孵化到雏鸡出壳。注射了 ^{160}Tb^{3+} 的 10 个鸡蛋只孵化出 7 只雏鸡(正常对照组的 10 个蛋全部正常孵化),出壳雏鸡能存活 1 天、2 天、3 天的各一只,其余出壳后不久死亡。注射稀土的雏鸡最常见的畸形是腿关节变曲,趾爪内翻卷曲,站立不稳,行走困难。雏鸡随着存活时间的延长,骨骼系统(头骨、颈骨、脑骨、脊骨、翅骨、大腿骨、小腿骨)和肝脏中 ^{160}Tb 浓度都增高,符合重稀土亲骨、肝且放射性稀土致毒比稳定稀土显著的特征。

4. REE4——Er、Tm、Yb、Lu

泄洪渠表层土壤 Er、Tm、Yb、Lu 含量的平均值分别为 5.003 mg/kg、0.572 mg/kg、3.362 mg/kg、0.488 mg/kg,这 4 个平均值再次平均值为 2.356 mg/kg。REE4 的污染负荷指数综合值是 1.759,以中度污染为主。

泄洪渠土壤剖面整体 Er、Tm、Yb、Lu 含量的平均值分别为 2.903 mg/kg、0.390 mg/kg、2.587 mg/kg、0.384 mg/kg,4 个稀土元素平均含量值之和为 9.425 mg/kg,这 4 个平均值再次平均也达到 1.566 mg/kg。REE4 的污染负荷指数值在 0.694(PM7)～1.370(PM6)之间,10 个剖面的平均值为 1.186,污染负荷指数综合值为 1.165,以中度污染为主。包括 Er、Tm、Yb、Lu 四个元素在内的 REE4,对生物具有如下严重的影响。

目前 REE4 稀土元素对生物毒性影响的研究以 Lu 元素为代表,主要是针对动物影响的研究成果。吴惠丰等(2004)对大鼠用 Lu(NO₃)₃ 灌胃给药后,24 h 内大鼠体内酶代谢发生紊乱,导致其肝脏和肾脏特定部位受到一定程度的损伤,且随着 Lu(NO₃)₃ 剂量从 0.2 mg/kg 到 100 mg/kg,损害部位及程度也越趋严重。$Lu(NO_3)_3$ 在大鼠体内导致肝、肾损伤的急性毒性症状是：肝损伤是短期内通过核磁共振检测到琥珀酸、柠檬酸、α-酮戊二酸浓度的下降及牛磺酸浓度的上升；肾损伤是短期内通过核磁共振检测到甘氨酸、马尿酸等氨基酸浓度的上升。当 $Lu(NO_3)_3 \geqslant 20\ mg/kg$ 时，导致大鼠尿液中无氧代谢产物乙醇及乳酸含量升高，表明 La^{3+} 抑制了大鼠体内有氧代谢，促进糖酵解，使肝脏受损。

四氯化碳、盐酸肼和异硫氰酸 T-萘酯是医学研究中普遍使用的肝毒模型化合物。吴惠丰等(2005)通过将重稀土硝酸镥[$Lu(NO_3)_3$]与四氯化碳、盐酸肼和异硫氰酸 T-萘酯给大鼠服用，对比研究证实，给成年雄性大鼠服药后 $16\sim24$ h 内，这 3 种肝毒模型化合物均使大鼠尿样中牛磺酸浓度明显上升，其中灌胃四氯化碳的大鼠尿液中，三羧酸循环系统中的柠檬酸、琥珀酸和 T-酮戊二酸的浓度含量均降低。尿液中牛磺酸浓度的增加是急性肝受损的标志，而三羧酸含量的显著变化同样说明作为能量代谢器官的肝脏受到损伤。用重稀土中的 $Lu(NO_3)_3$ 对大鼠灌胃后，在短时间内可导致大鼠肝脏和肾脏的特定部位受到一定程度的损伤，且随 $Lu(NO_3)_3$ 剂量的上升，损伤部位增多及损伤程度也趋严重。当剂量超过 $10\ mg/kg$ BW 时，$Lu(NO_3)_3$ 的毒性就主要表现出对肝脏的损伤，$Lu(NO_3)_3$ 与四氯化碳(CCl_4)毒性类似，可能造成肝脏小叶中心坏疽(指组织坏死后因继发腐败菌的感染和其他因素的影响而呈现黑色、暗绿色等特殊形态改变)。

另有研究表明，REE4 中的 Yb^{3+} 能明显抑制小鼠线粒体超氧化物歧化酶的活性(刘会雪等,2006)。

5. REE5——Sc、Y

泄洪渠表层土壤 REE5(Sc、Y)2 个稀土元素平均含量值之和(Sc+Y)为 81.515 mg/kg，REE5 的污染负荷指数综合值为 2.577，土壤质量属于中度污染—强污染且以强污染为主；土壤剖面 A、B、C 各层整体 Sc、Y 稀土元素平均含量值之和 42.978 mg/kg，REE5 的污染负荷指数综合值为 1.132，土壤质量都属于无污染—中度污染且以中度污染为主。REE5 稀土元素对生物毒性作用的研究有王华婷等(1999),研究证实,Y 在鲫鱼鱼体各内脏器官中的富集顺序为:肝>胆>肾>卵>脾。随着 Y(NO₃)₃ 浓度从 0 mg/L 到 2 mg/L,过氧化氢酶(CAT)与超氧化物歧化酶(SOD)的活性逐渐降低。因此,在实验浓度范围内,稀土元素 Y 对鲫鱼鱼体肝脏中过氧化氢酶和超氧化物歧化酶的活性有明显的抑制作用。Y 对生物影响的研究成果,对于掌握重稀土元素对生物的影响具有重要的借鉴意义。

由于稀土元素化学性质的相似性,上述对 16 个稀土元素中每个稀土元素研究证实的生物毒性,其他元素也有类似的生物毒性。即使考虑到轻、重稀土元素的化学性质差别较大,那么在轻稀土元素系列、重稀土元素系列或较详细地划分出轻稀土、中稀土和重稀土元素系列,或者在划分更加细致的 REE1、REE2、REE3、REE4、REE5 系列中,任何一个稀土元素对生物毒性的研究成果,本系列其他元素也必定会有与此类似甚至完全一样的生物毒性。从上述详细的分析讨论可见,像泄洪渠 16 个稀土元素这么高含量的土壤,地表径流作用使土壤稀土元素随水向地下迁移、积累而严重污染地下水。即使将稀土元素污染的土壤从泄洪渠中挖掘出来沿着泄洪渠堆放,也会在风力吹扬、降水淋溶、淋滤作用下又会变成新的稀土污染源,因为土壤中的稀土元素等重金属(包括毒性重金属元素 Cr、Ni、Cu、Zn、Cd、Pb 和放射性元素 Th、U)进入人体的途径包括食物链、无意口部摄入、呼吸和皮肤接触等,其中人体尤其是儿童的无意口部摄入,成为人体内存在有害金属摄入量的主要途径。尹乃毅等(2016)证实,土壤中 Cd、Cr、Ni 在胃阶段的生物可给性分别为 4.3%～94.0%、6.4%～21.6%、11.3%～47.3%;小肠阶段,土壤中 Cr 和 Ni 的生物可给性与胃阶段一致或有一定升高,但 Cd 的生物可给性降低了 1.4～1.6 倍;结肠阶段,土壤中 Cr 和 Ni 的生物可给性均升高,是小肠阶段的 1.3～2.4 倍和 1.0～2.1 倍,分别达到了 17.6%～38.7% 和 25.4%～56.0%。肠道微生物可以促进土壤中 Cd、Cr、Ni 等毒性重金属元素的溶出释放,提高了毒性重金属元素的生物可给性,可能增加了人体的健康风险。稀土元素都属于重金属元素系列,与其他毒性重金属元素具有相似的环境地球化学性质,对人体健康的危害或潜在生态风险和毒性重金属元素一样都具有相似之处。包田美等(2018)指出,外源性化学物质经肺吸收十分迅速地进入人体组织,其吸收效果仅次于静脉注射,且经呼吸道吸收的外源性化学物质不经过肝脏的解毒作用直接吸收进入血液,其对人体健康的危害越来越引起重视,稀土元素的长期暴露可能会对当地居民造成近期及远期的生物学效应。

10.3.3 稀土元素对稀土产区及其周边土壤环境的综合性影响

山东省微山县轻稀土(主要为氟碳铈矿)矿区是全国目前发现的三大轻稀土基地之一,其中镧、铈、镨、钕四种元素占稀土总量的 98% 以上。刘丹茹等对稀土矿区(KQ)和非矿区(FKQ)粮食中稀土元素含量进行了检测,分析数据见表10-8(刘丹茹等,2017)。

表 10-8　矿区与非矿区粮食中稀土元素含量(单位:μg/kg)

地区	矿区		非矿区		KQ/FKQ
	中位数(KQ)	范　围	中位数(FKQ)	范　围	
小麦	128.79	18.13~4 179.25	85.14	1.55~2 662.31	1.513
玉米	44.89	9.85~4 268.39	37.95	1.61~1 056.99	1.183
大豆	113.84	25.37~1 712.44	61.54	13.77~590.56	1.850
合计	82.47	9.85~4 268.39	54.75	1.55~2 662.31	1.506

从上表可见,稀土矿区小麦、玉米和大豆中镧、铈、镨、钕四种元素总含量分别是非矿区小麦、玉米和大豆中 La、Ce、Pr、Nd 四种元素总含量的 1.513、1.183 和 1.850 倍。

刘攀攀等(2016)对湖南祁阳—郴州、江西赣州等稀土生产矿区及其周边水稻田稀土元素分机特征研究指出,水稻根际土壤中稀土元素的含量在 193.82~965.28 mg/kg 之间,平均值为 332.55 mg/kg,其中,轻稀土元素含量占根际土壤样品中总稀土元素含量的 87% 以上。轻稀土元素中 La、Ce、Nd 在根际土壤中的含量范围分别为 39.65~217.12 mg/kg、91.48~384.70 mg/kg、32.58~

192.01 mg/kg,显著高于 Pr(8.53~50.81 mg/kg)、Sm(5.59~35.00 mg/kg)、Eu(1.00~5.76 mg/kg)在根际土壤中的含量,重稀土各个元素含量的检测值范围在0.15~30.24 mg/kg 之间。与土壤采样点对应的水稻籽粒中 La、Ce、Pr、Sm 是籽实中稀土元素含量最多的元素,4 个元素含量的总和占水稻籽实中稀土元素总量的 85% 以上。如果以轻稀土元素铈(Ce)和重稀土元素钬(Ho)分别作为表征轻稀土元素和重稀土元素系列在水稻植株迁移和积累特征的代表元素,不同采样点稀土元素 Ce、Ho 在水稻各个部位积累含量的高低顺序为:根>叶子>籽实,水稻其他各个部位的迁移系数也具有相似特征。

马倩怡等(2018)对福建省长汀县河田镇东部朱溪流域研究证实,各采样点土壤中稀土元素的含量在 245.07 ~ 500.10 mg/kg 之间,平均值为 321.90 mg/kg。该区域农田土壤中种植的水稻植株不同器官稀土元素含量的差异比较大,其中水稻根部稀土元素含量平均值为 152.63 mg/kg,水稻叶稀土元素含量平均值为 5.03 mg/kg,稻谷颗粒稀土元素含量平均值为 0.64 mg/kg,水稻植株不同器官对稀土元素的累积能力大小依次是:根>叶>稻谷,这表明稀土元素在水稻—土壤系统中的累积量由根向稻谷呈垂直递减的趋势。水稻同样属于生物学研究中的模式生物,其研究成果对于不同稀土生产地区农田种植的农作物具有同样的借鉴意义。

相比较而言,包头市南郊农田土壤稀土元素虽然只是中度污染的程度,与上述三个研究区——山东省微山县轻稀土(氟碳铈矿)矿区、湖南祁阳—郴州和江西赣州等稀土生产矿区及其周边水稻田、福建省长汀县河田镇东部朱溪流域对比,土壤稀土的污染程度虽不足以令人担忧,但对于研究区种植农作物及蔬菜种类,仍然不能掉以轻心,尤其是对于根类蔬菜如萝卜、马铃薯等,更不能种植。

因此,稀土产区的稀土元素,经过稀土工业生产过程排放入环境中,经过长期不断积累和富集,和其他毒性重金属元素(如日本"水俣病"中的 Hg、"痛痛病"中的 Cd)一样,外源稀土元素在生态环境中会通过生物链的传导及其放大作用,而危害当地居民的身体健康,这都类似于缓变型地球化学灾害隐患。

参考文献

包田美,田颖,王丽霞,等.2018.包头市稀土矿周边居民区环境中镧、铈、镨、钕水平的调查[J].环境与职业医学,35(2):158-162.

陈海燕,卢彤岩,富惠光.1998.水中镧在鲤鱼体内富集作用的初步研究[J].水产学杂志,11(1):57-58.

费红梅,杨素春,罗娟,等.2010.稀土铈诱导玉米根尖细胞 hsp70 mRNA 表达研究[J].玉米科学,18(3):101-104.

冯嘉,张辉,朱为方,等.2000.稀土高背景区稀土生物学效应研究:轻稀土区人群血液生化指标[J].中国稀土学报,18(4):356-359.

高建国,李宗芸,朱心才,等.2007.硫酸铈铵对玉米根尖细胞的遗传毒性研究[J].江苏农业科学,256(2):9-12.

郜红建,常江,张自立,等.2004.镧对水稻根分泌物中氨基酸和有机酸含量的影响[J].安徽农业大学学报,31(1):58-61.

贺彦斌,台培东,孙梨宗,等.2018.稀土元素铈对斑马鱼肝脏的遗传毒性[J].生态学杂志,37(9):2786-2793.

洪法水,方能虎,顾月华,等.1999.硝酸铈对水稻种子活力和萌发期间酶活性的影响[J].稀土,20(3):45-47.

胡珊珊,申秀英,许晓路,等.2007.亚慢性钐染毒对小鼠生殖、发育的影响[J].中国环境科学,27(5):648-650.

黄淑峰,李宗芸,傅美丽,等.2007.正交实验设计法检测 6 种硝酸稀土的遗传毒性[J].农业环境科学学报,26(1):150-155.

嵇庆,张锡然.1995.三价铕对蚕豆根尖细胞的遗传毒性研究[J].环境科学学报,15(4):454-460.

孔志明,王永兴,吴庆龙,等.1998.稀土金属离子对蚕豆根尖微核率及对蚕豆早期生长发育的影响[J].农业环境保护,17(3):97-100.

孔志明,王永兴,章敏,等.1998.稀土金属离子对梨形四膜虫(Tetrahymena pyriformis)的生长毒性[J].南京大学学报,34(6):752-755.

李岳丽,王雯,王丽红,等.2015.环境中镧对水稻叶绿体功能元素的影响[J].稀土,36(2):

107 - 112.

刘丹茹,庄茂强,宗金文,等.2017.山东省某轻稀土矿区粮食中稀土元素含量与健康风险[J].
　　环境与健康杂志,34(7):595 - 598.

刘会雪,杨晓达,王夔.2006,稀土离子(La^{3+},Gd^{3+},Yb^{3+})对线粒体产生活性氧的影响[J].高
　　等学校化学学报,27(6):999 - 1002.

刘攀攀,陈正,孙国新,等.2016.稀土矿区及其周边水稻田中稀土元素的生物迁移积累特征
　　[J].环境科学学报,36(3):1006 - 1014.

刘苏静,吴循,周青.2007.稀土铽对辣根的生态毒性[J].中国农业生态学报,15(6):
　　117 - 119.

刘元方,唐任寰,张庆喜,等.1986.生物微量元素与化学元素周期律[J].北京大学学报:自然
　　科学版,(3):101 - 104.

卢韫,汪承润,郭汉卿,等.2006.稀土钆离子溶液对蚕豆根尖细胞的遗传毒性[J].毒理学杂
　　志,20(1):32 - 33.

吕赟,王应军,冷雪,等.2012.稀土铈对水华鱼腥藻生理特性及藻毒素释放的影响[J].农业环
　　境科学学报,31(9):1677 - 1683.

马倩怡,陈志强,陈志彪,等.2018.南方红壤小流域水稻植株中稀土元素的内稳性特征[J].稀
　　土,39(2):57 - 65.

梅启明,谢戎,余金洪.2008.钕(Ⅲ)对杂交水稻线粒体影响的微量热研究[J].湖北农业科学,
　　47(10):1122 - 1124.

孟晓红,贾瑛,付超然.2000.重金属稀土元素污染在水生物体内的生物富集[J].农业环境保
　　护,19(1):50 - 52.

欧红梅,徐玉品,张自立.2009.镧和低 pH 值对拟南芥种子萌发和主根生长的影响[J].安徽
　　农业科学,2009,37(22):10465 - 10467.

欧红梅,张自立,姚大年.2017.镧对小麦巯基化合物的影响[J].稀土,38(1):79 - 84.

祁俊生,付川,王裕玲.2004.稀土在农作物中吸收分布[J].重庆大学学报,27(2):111 - 115.

秦俊法,陈祥友,李增禧.2002.稀土的毒理学效应[J].广东微量稀土元素,9(5):1 - 10.

屈艾,李宗芸,朱卫中,等.2001.稀土多元复合肥和三种稀土元素的遗传毒性研究[J].遗传,
　　23(3):243 - 246.

冉景盛,陈今朝,方平,等.2009.硝酸镧浸种对水稻种子萌发及生理生化特性的影响[J].湖北

农业科学,48(2):283-285.

孙玲,屈艾,胡文静,等.2008.稀土元素镨对蚕豆的遗传毒性和细胞毒性研究[J].癌变·畸变·突变,20(6):441-444.

孙玲,张惠芳,杨瑞卿.2008.硝酸铕对蚕豆根尖细胞遗传毒性的研究[J].环境与健康杂志,25(5):423-425.

汪承润,丁铁林,刘海.2005.硝酸镝对蚕豆根尖的细胞遗传毒性研究[J].淮南师范学院学报,31(7):5-7.

汪承润,汪承刚,吴薇.2004.稀土钬离子对蚕豆根尖细胞的遗传损伤[J].中国公共卫生,20(10):1171-1173.

王春侠.2008.稀土元素铽对蚕豆的遗传毒性和细胞毒性研究[J].南阳师范学院学报,7(3):55-58.

王华婷,孙昊,陈莹,等.1999.稀土元素在鱼体内脏中的富集及对肝脏中酶活性的影响[J].中国环境科学,19(2):141-144.

王立军,胡霭堂,周权锁,等.2006.稀土元素在土壤-水稻体系中的迁移与吸收累积特征[J].中国稀土学报,24(1):91-97.

王芹,孙昊,王华婷,等.1997.2种形态稀土在水稻幼苗体内的富集规律研究[J].环境科学,18(6):50-52,94.

王文学.2002.稀土元素170铥及其毒性[J].中国工业医学杂志,15(5):287-289.

王秀琴,黄淑峰,李宗芸.2007.硫酸铈对果蝇寿命及繁殖力的影响[J].环境与职业医学,24(6):614-615,642.

吴惠丰,张晓宇,李晓晶,等.2005.核磁共振技术及模式识别对硝酸镥急性毒性的研究[J].高等学校化学学报,26(7):1321-1324.

吴惠丰,张晓宇,孙国英,等.2004.硝酸镥急性毒性的体液核磁共振氢谱研究[J].分析化学,32(11):1421-1425.

吴晶,冯秀娟,钱晓燕.2012.稀土钇对蚯蚓的急性毒性及蚓体内蓄积研究[J].环境科学与技术,35(12):46-50.

谢祖彬,朱建国,褚海燕,等.2004.镧对水稻磷吸收及其形态的影响[J].中国稀土学报,22(1):153-157.

徐星凯,王子健,朱望钊,等.2001.混合稀土和镧施加后苗期玉米体内稀土元素分布的剂量/

效应关系研究[J].中国稀土学报,19(5):450-455.

徐星凯,王子健.2005.农用稀土对大田玉米中稀土元素分布的影响[J].农业环境科学学报,24(6):1100-1103.

闫军才,梁涛,张自立,等.2005.PO_4^{3-}和柠檬酸对稀土元素在小麦体内积累和分异的影响[J].环境科学,26(5):169-173.

杨柳燕,杨欣妍,任丽曼,等.2019.太湖蓝藻水华暴发机制与控制对策[J].湖泊科学,31(1):18-27.

尹乃毅,都慧丽,张震南.2016.应用 SHIME 模型研究肠道微生物对土壤中镉、铬、镍生物可给性的影响[J].环境科学,37(06):2353-2358.

中华人民共和国国务院新闻办公室.2012.中国的稀土状况与政策[EB/OL].国务院新闻办公室网站,06-20,http://www.scio.gov.cn/zfbps/ndhf/2012/Document/1175421/1175421_1.htm.

钟广涛,杨简,孔聘颜,等.1997.[160]Tb 同位素示踪研究稀土元素铽在雏鸡体内的分布和转运[J].广东微量元素科学,4(9):29-32.

Zongyun LI, Shufeng HUANG, Xiuqin WANG, et al. 2009. Oxidative stress and cell apoptosis in Drosophila melanogaster induced by oral administration of cerium [J]. Journal of Xuzhou Normal University: Natural Science Edition, 27(4): 1-9.

Xiujuan FENG, Caiyun MA, Feng SUN, et al. 2014. Study on the acute toxicity of rare earth yttrium to earthworm under the stress of leaching agent ammonium sulfate [J]. Agricultural Science & Technology, 15(2): 177-181,190.

第11章 毒性重金属元素及放射性元素
对生物的毒性作用

本章内容主要结合第5章和第9章土壤毒性重金属元素和放射性元素分布规律及土壤质量(污染程度)的研究成果且以第9章为重点,针对土壤毒性重金属元素和放射性元素对生物的毒性作用进行综合、全面的分析与讨论。

由于重金属元素在土壤、水系沉积物等生态环境中难分解、难转化、毒性强,具有累积效应等特点,污染物中过量的重金属元素一旦进入土壤等生态环境后就很难转化为无害化物质,且在生物体内呈有机化趋势。许多重金属元素(如 Cu、Zn、Fe、Mn、Mo 等)都是植物必需的微量元素,但超过最适宜营养浓度,就会对植物产生毒害作用,轻则使植物体内代谢紊乱,生长受到抑制,重则致使植物死亡。如果涉及可食性植物、动物,重金属元素还可能通过食物链持续累积的传导和放大作用而危害人类健康。本项目研究的污水灌溉区农田表层土壤和泄洪渠表层土壤及其土壤剖面中,既有过量累积的 16 个稀土元素,也有伴随稀土矿选冶过程中一起排放、伴随工业污染物进入土壤等生态环境的毒性重金属元素 Cr、Ni、Cu、Zn、Cd、Pb 及放射性元素 U、Th 等过量累积,对当地生态环境具有潜在风险。正如云利萍等(2014)指出,仅 2007 年度,青山区涉及重金属元素排放企业所属行业为汽车制造、金属丝绳制造、稀土金属冶炼,废水排放量共为 145.14 万吨,其中重金属元素 Cr、Pb 排放量分别为 13.36 吨和 0.99 吨,外源毒性重金属元素对当地生态环境的污染可见一斑,这些都是包头市土壤、地下水等环境中爆发毒性重金属元素缓变型地球化学灾害的主要因素。因而本章重点结合泄洪渠毒性重金属元素 Cr、Ni、Cu、Zn、Cd、Pb 及放射性元素 U、Th 的含量特征,重点分析讨论泄洪渠表层土壤及其剖面毒性重金属元素 Cr、Ni、Cu、Zn、Cd、Pb

及放射性元素 U、Th 在泄洪渠土壤剖面中的含量及其分布特征，以及在土壤生态环境中对粮食、蔬菜等潜在毒性影响。

11.1　毒性重金属元素

本节详细分析 Cr、Ni、Cu、Zn、Cd、Pb 元素在泄洪渠土壤和土壤剖面中的含量（见第 9 章表 9 - 1 和表 9 - 2 系列）及其分布特征，以及 Cr、Ni、Cu、Zn、Cd、Pb 元素分别在土壤生态环境中对粮食、蔬菜等可食性农产品的毒性影响。

11.1.1　Cr 元素

泄洪渠表层土壤中 Cr 元素含量在 63.790～73.980 mg/kg 之间，平均值达到 68.932 mg/kg，是内蒙古土壤背景值 39.30 mg/kg 的 1.75 倍。在 10 个重点研究的土壤剖面中，毒性重金属元素 Cr 在土壤剖面 A、B、C 各层的含量范围分别为 51.309～76.790 mg/kg、54.070～140.616 mg/kg、60.220～137.900 mg/kg，其平均值分别为 67.656 mg/kg、82.096 mg/kg 和 87.156 mg/kg，土壤剖面 A、B、C 各层 Cr 含量的平均值分别是内蒙古土壤 A、B、C 各层背景值 36.5 mg/kg、35.2 mg/kg、30.9 mg/kg 的 1.85、2.83、2.82 倍。土壤剖面 Cr 元素在 A、B、C 各层总厚度上的加权含量值范围为 62.013～102.769 mg/kg，其平均值为 79.065 mg/kg，平均值是土壤 A、B、C 各层背景值算术平均值 34.20 mg/kg 的 2.31 倍。Cr 元素在土壤剖面各层平均含量的对比，见图 11 - 1。

从图 11 - 1 可以看出，土壤表层

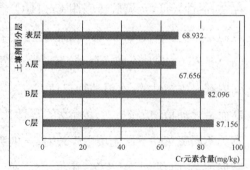

图 11 - 1　土壤剖面 Cr 元素平均含量对比

与土壤 A 层中的 Cr 元素含量非常接近,原因是土壤表层样品的取样深度是 20 cm,而土壤 A 层包含了表层土壤,所以两者含量的接近也反映了其客观实际;土壤剖面 A、B、C 各层的 Cr 元素含量(用 G 表示土壤中某个元素的含量)依次表现为 $G_A < G_B < G_C$,这种分布特征反映了 Cr 元素从土壤表层随着地表水的下渗,在剖面垂直方向逐渐向地下迁移的特点。土壤剖面 Cr 元素具有这种含量特点的原因是,土壤中的氧化—还原作用控制着 Cr 在土壤中的活化迁移,在一定的 pH 和 Eh(土壤氧化还原电位,由土壤溶液中氧化态物质和还原态物质的浓度变化引起土壤溶液的电位也相应变化)范围内,氧化—还原作用促使 Cr^{3+} 和 Cr^{4+} 之间进行互相转化,即 $Cr^{3+} \sim Cr^{4+}$。当土壤 $pH \leqslant 4$ 时,土壤中 Cr 主要以 Cr^{3+} 形式存在,Cr^{3+} 易被土壤胶体吸附;当 pH 在 4~6 之间时,Cr^{3+} 会与土壤胶体和氢氧化物发生吸附与共沉淀作用;当 $pH > 6$ 则形成稳定沉淀(容群等,2018)。在干旱—半干旱地区,随着季节性升温和降水量(也包括污水渠中污水量的不稳定增加)等剧烈变化,使土壤温度和水分含量等也发生剧烈变化,由此引起土壤 pH、Eh 值也随之发生剧烈变化,而 pH、Eh 值变化促使 Cr^{3+} 向 Cr^{4+} 转化,使土壤 Cr^{4+} 含量大大提高,Cr^{4+} 的水溶性进一步提高了 Cr 的迁移能力,且随着表层土壤中水分的下渗,加强了 Cr 在土壤剖面垂直方向上向下迁移的能力。

Cr 在土壤中的化学价态主要有 Cr^{3+} 和 Cr^{4+},Cr^{3+} 和 Cr^{4+} 在土壤中呈现出相反的化学、物理特性。其中土壤 Cr^{3+} 主要以 $Cr(H_2O)_6^{3+}$、$Cr(OH)_2^+$ 等形式存在,活性较低,土壤胶体吸附 $Cr(H_2O)_6^{3+}$、$Cr(OH)_2^+$ 等并沉淀于土壤中,相对稳定,不易被生物吸收,故对生物的毒害作用相对较轻;而 Cr^{4+} 主要以 CrO_4^{2-} 和 $Cr_2O_7^{2-}$ 等形式存在,不易被土壤胶体吸附,Cr^{4+} 在不同的土壤 pH 范围内都是水溶性的,水溶性特点使 Cr^{4+} 具有随水迁移的强大能力,且生物活性高而易被动植物吸附,对动植物的毒性比 Cr^{3+} 大 100 倍左右(容群等,2018)。有关不同蔬菜在不同土壤中生长对 Cr 的吸收特征,有郑向群等(2012)对常见叶菜如油菜、茼蒿、菠菜、生菜、芹菜、空心菜、苋菜、小白菜、油麦菜等研究证实,叶菜属于对重金属 Cr 富集能力较强的蔬菜;叶菜在天津潮土中对 Cr 的富集能力比江西红壤更强,其排序为芹菜>空心菜、小白菜>菠菜、油菜、油麦菜、苋菜>茼蒿,因此,在土壤 Cr 含量超过土壤环境质量标准三级标准的情况下,茼蒿中的 Cr 仍能达到国家食品卫生标准,而芹菜、苋菜和空心菜对土壤质量的要求较高,当土壤 Cr 含量超过一级标准后,可能会出现 Cr 超标。

11.1.2　Ni 元素

泄洪渠表层土壤中 Ni 元素含量在 26.410~38.050 mg/kg 之间,平均值达到 31.890 mg/kg,是内蒙古土壤背景值 18.70 mg/kg 的 1.71 倍。在 10 个重点研究的土壤剖面中,毒性重金属元素 Ni 在土壤剖面 A、B、C 各层的含量范围分别为 21.830~30.500 mg/kg、17.810~27.039 mg/kg、15.380~49.250 mg/kg,其平均值分别为 26.461 mg/kg、22.517 mg/kg 和 24.207 mg/kg,土壤剖面 A、B、C 各层 Ni 含量的平均值分别是内蒙古土壤 A、B、C 各层背景值 17.30 mg/kg、17.11 mg/kg、15.30 mg/kg 的 1.53、1.32、1.58 倍。土壤剖面 Ni 元素在 A、B、C 各层总厚度上的加权含量值范围 21.140~30.791 mg/kg,其平均值为 24.546 mg/kg,平均值是土壤 A、B、C 各层背景值算术平均值 16.57 mg/kg 的 1.48 倍。对于土壤表层及其 A、B、C 各层 Ni 元素平均含量的对比,见图 11-2。

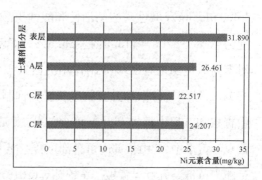

图 11-2　土壤剖面 Ni 元素平均含量对比

徐聪珑等(2016)证实,农田土壤耕作层中,Ni 残渣态占总量的 51.34%~81.24%,有机结合态和铁锰氧化物结合态之和占总量的 9.20%~36.50%,可交换态和碳酸盐结合态各占总量的 0.11%~12.78%、0.79%~7.60%。随着土壤 pH 升高,土壤 Ni 的可交换态显著下降,土壤 Ni 的铁锰氧化物结合态、有机结合态显著增加,总之,土壤 Ni 的各种形态与土壤 Ni 的总量具有最显著的正相关关系。从图 11-2 明显看出,Ni 在土壤表层的含量高于剖面各层,主要是表层土壤外源 Ni 的总量高,处于干旱—半干旱区的泄洪渠表层土壤 pH 平均值为 7.62,且土壤中的黏土尤其是土壤有机质等,是吸附并富集 Ni 的主要因素。在土壤剖面的垂直方向上,土壤表层和 A、B、C 各层的有机质含量的平均值分别是52.277 g/kg 和 37.326 g/kg、6.856 g/kg、5.896 g/kg(表 6-6 到表 6-7 及第6 章末段),故土壤表层包括土壤 A 层土壤中的 Ni 含量高,而土壤 B、C 层有机质含量差异较小,形成了土壤 B、C 层 Ni 含量同样差异较小;另一方面,由于土壤 B、C 层黏土物质减少,砂质含量提高且 C 层以下基本上是砂质层,具有很好的渗水性,而易溶于水的有机结合态 Ni、可交换态 Ni 以及因土壤化学条件变化过程中转化的铁锰氧化物结合态和碳酸盐结合态容易在土壤剖面垂直方向上,向下迁移且一直迁移到地下含水层中富集。

Ni 对土壤生态环境的影响,首先是表层土壤外源 Ni 严重影响土壤酶的活性。蔡信德等(2005)证实,随着土壤外源 Ni 的质量分数增加(100 ~ 1 600 mg/kg),碱性磷酸酶活性和酸性磷酸酶活性均受到较强的抑制,抑制率分别为 15% ~ 67.3%、13.9% ~ 85.3%;脲酶活性抑制率为 -1.6% ~ 21.3%;镍对多酚氧化酶也有明显抑制作用。白玉杰等(2018)证实,当土壤中 Ni 浓度为650 mg/kg 时,青椒和豇豆的生长受到抑制,Ni 在蔬菜各部位含量分布不同,其中青椒和豇豆中根 > 茎叶 > 可食部分,黄瓜的茎叶 > 根 > 可食部分;蔬菜青椒、豇豆和黄瓜中 Ni 由根部向可食部位转运能力是豇豆 > 黄瓜 > 青椒,根部向茎叶转运能力黄瓜 > 豇豆 > 青椒。黄锦孙等(2013)通过对酸性和碱性土壤对比研究结果表明,小麦籽粒和秸秆的生物量随着土壤中 Cu、Ni 添加剂量增加而减少,酸性土壤(祁阳,pH=5.31)和碱性土壤(德州,pH=8.90)中外源 Cu 对小麦的 10% 抑制效应含量(EC10)分别为 55.7 mg/kg 和 499.6 mg/kg,外源 Cu、Ni 在祁阳酸性田间土壤中的毒性显著高于德州碱性田间土壤;随着土壤重金属添加量的增加,Cu 在祁阳酸性田间土壤小麦籽粒中的含量先随着土壤 Cu 添加量的增加而增加,后趋于稳定,而 Ni 在德州碱性田间土壤小麦籽粒中的含量随土壤 Ni 添加量的增加呈线性增加,可见碱性土壤中外源 Ni 转移到小麦籽粒中的含量更高。

11.1.3　Cu 元素

泄洪渠表层土壤中 Cu 元素含量在 33.070～70.550 mg/kg 之间,平均值达到 50.263 mg/kg,是内蒙古土壤背景值 14.20 mg/kg 的 3.54 倍。在 10 个重点研究的土壤剖面中,毒性重金属元素 Cu 在土壤剖面 A、B、C 各层的含量范围分别为 25.872～58.959 mg/kg、11.720～38.414 mg/kg、8.982～56.670 mg/kg,其平均值分别为 36.564 mg/kg、19.158 mg/kg 和 19.705 mg/kg,土壤剖面 A、B、C 各层 Cu 含量的平均值分别是内蒙古土壤 A、B、C 各层背景值 12.90 mg/kg、12.42 mg/kg、11.10 mg/kg 的 1.78、1.54、1.79 倍。土壤剖面 Cu 元素在 A、B、C 各层总厚度上的加权含量值范围 16.891～34.547mg/kg,其平均值为 25.250 mg/kg,平均值是土壤 A、B、C 各层背景值算术平均值 12.14 mg/kg 的 2.09 倍。对于土壤表层及其 A、B、C 各层 Cu 元素平均含量的对比,见图 11-3。

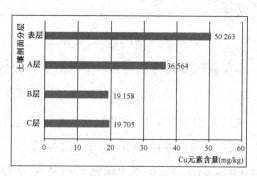

图 11-3　土壤剖面 Cu 元素平均含量对比

从图 11-3 可明显看出,泄洪渠表层土壤 Cu 平均含量大于土壤剖面 A 层,且 A 层 Cu 平均含量(36.564 mg/kg)分别是 B、C 层 Cu 平均含量的 1.91、1.86 倍,B、C 层 Cu 平均含量基本相等。

王立仙等(2007)指出,土壤外源铜含量越高,年降水量条件下表层土壤中铜的淋失迁移量越大,同时表层土壤中沉淀态铜和矿物残留态铜所占的比例平均增加了 31.03%。随着实验褐煤(有机吸附剂)施入量的增加,高铜土壤表层有机结合态铜的含量平均增加 29.42%,施入有机吸附剂使铜向 5～10 cm 土层中的迁移量显著减少。钙含量的增加使高铜土壤中交换态铜的平均降低幅度为 10.23%,铜的迁移量最大可减少 15.54%。由于泄洪渠表层土壤富含有机质

（平均值 52.277 g/kg）、黏土矿物等吸附剂,形成了表层土壤(包括土壤剖面 A 层)Cu 的平均含量明显高于 B、C 层,由于 B、C 层土壤有机质(含量分别是 6.856 g/kg、5.896 g/kg)、黏土矿物含量差异不大,故 B、C 层土壤 Cu 含量相差无几,且迁移到 B、C 层的 Cu 还会继续随着水的下渗,垂直向下一直迁移到地下含水层。

有关土壤 Cu 对农田中农作物的影响,张杰等(2010)研究证实,如果对生长期间的水稻幼苗分别对应加入 100 mg/L 和 200 mg/L $CuSO_4$ 溶液、10 mg/L 和 200 mg/L $La(NO_3)_3$ 时,随着 Cu^{2+} 胁迫时间延长到 3～9 d,抗氧化酶活性逐渐下降,MDA 含量逐渐升高,在第 9 天时,$La(NO_3)_3$ 与 Cu^{2+} 发生协同作用,加剧了 Cu^{2+} 对水稻幼苗的毒害,其中 200 mg/L $CuSO_4$ 溶液的协同作用更为明显,幼苗植株质膜透性明显增大,生长受到抑制。马占强等(2014)指出,稀土元素 La^{3+} 浓度≥160 mg/L 时则与 Cu^{2+} 协同作用加剧对玉米幼苗的伤害;膜脂过氧化的产物 MDA,其积累量及细胞质膜透性反映了膜脂过氧化程度的高低;Cu^{2+} (0.5 mmol 的 $CuSO_4$)胁迫(48 h 后)增加了玉米幼苗叶片 Pro、可溶性糖和 MDA 的含量并提高了细胞质膜透性;当 La^{3+}($LaCl_3$)浓度≥160 mg/L 并处理玉米幼苗 48 h 后,加剧了玉米幼苗细胞内细胞膜的伤害,使膜脂过氧化,膜结构损伤,La^{3+} 与 Cu^{2+} 的协同作用促进了玉米幼苗叶片游离 Pro、可溶性糖和 MDA 的积累,活性氧的增加远远超过正常的歧化能力,细胞内多种功能膜及酶系统被破坏,生理代谢紊乱,POD 和 CAD 活性反而受到抑制而急剧下降,这与 Pro、可溶性糖和 MDA 含量及细胞质膜透性变化呈正相关,因而玉米幼苗受到伤害加重。

11.1.4 Zn 元素

泄洪渠表层土壤中 Zn 元素含量在 346.000～1 199.600 mg/kg 之间,平均值达到 663.433 mg/kg,是内蒙古土壤背景值 53.80 mg/kg 的 12.33 倍。在 10 个重点研究的土壤剖面中,毒性重金属元素 Zn 在土壤剖面 A、B、C 各层的含量范围分别为 127.929～727.769 mg/kg、50.980～114.982 mg/kg、44.040～95.520 mg/kg,其平均值分别为 359.287 mg/kg、72.127 mg/kg、62.035 mg/kg,土壤剖面 A、B、C 各层 Zn 含量的平均值分别是内蒙古土壤 A、B、C 各层背景值 48.60 mg/kg、44.72 mg/kg、44.10 mg/kg 的 7.39、1.61、1.41 倍。土壤剖面 Zn 元素在 A、B、C 各层总厚度上的加权含量值范围 87.714～301.157 mg/kg,其平均值为 164.115 mg/kg,平均值是土壤 A、B、C 各层背景值算术平均值 45.81 mg/kg 的 3.58 倍。对于土壤表层及其 A、B、C 各层 Zn 元素平均含量的对比,见图 11-4。

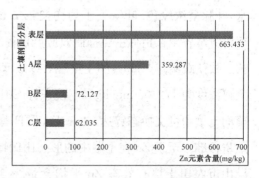

图 11-4　土壤剖面 Zn 元素平均含量对比

从图 11-4 明显看出,表层土壤 Zn 含量 663.433 mg/kg 是土壤 A 层 Zn 含量 359.287 mg/kg 的 1.85 倍,且土壤 A 层 Zn 含量分别是 B 层(72.127 mg/kg)、C 层(62.035 mg/kg)Zn 含量的 4.98、5.79 倍。

邹邦基等(1995)通过研究外源 Zn 在褐土(中国北方旱农区分布面积最大)中的迁移规律,结果证实土壤水分条件是制约外源 Zn 在土壤(褐土)环境中向三维空间迁移进程的主要因素。当土壤水分含量高时,土壤 Zn 进入土壤三维空间的领域广且分布的浓差梯度小;当土壤水分含量低时,土壤 Zn 进入土壤三维空间的领域小且浓差梯度大。在土壤持水量稳定在 30% 的条件下,经过 215 个小时之后测定,土壤外源 ^{65}Zn 的绝大部分仍然集中在研究观测的原点,故 ^{65}Zn 进入土壤(褐土)后在水分充足的条件下物理性迁移运动比化学转化固定迅速,但在本研究区包头这样干旱—半干旱气候条件下,年降水量少(308.9 mm)、年蒸发量大(2 265.7 mm,地表年蒸发量 3 221.1 mm)等砂质土壤水分不足的情况下,土壤中 Zn 的物理性迁移很慢,干旱条件下不可能迁移出土壤。如果再考虑到土壤团粒结构、腐殖质等对外源 Zn 的吸附作用,就形成了沿着土壤剖面的垂直方向,出现土壤 Zn 含量从土壤表层到土壤 A 层、B 层、C 层依次减少的情况;

还有一种情况,那就是迁移到 B、C 层的 Zn 还会继续随着水的下渗,垂直向下一直迁移到地下含水层,这方面还有待于进一步的深化研究。

有关土壤 Zn 对农作物的影响,陈玉真等(2012)证实,锌对黄瓜的毒害症状主要表现为新叶叶片黄化,不能正常舒展,同时伴有叶尖失水灼伤;老叶干枯、失水,叶脉呈浓绿色,叶缘失水灼伤,当 Zn 最高浓度为 200 mg/kg 时甚至死亡。锌对黄瓜各生长指标主要抑制效应严重程度为地上部鲜重＞株高＞根鲜重＞根长。致使蔬菜减产 20% 的土壤有效锌浓度为 27.20 mg/kg,使蔬菜减产 20% 的全锌浓度为 172.05 mg/kg。赵晓东等(2015)指出,山西省祁县污灌区种植向日葵的土壤中可交换态锌达 24.19%,向日葵籽粒中重金属锌含量超出食品中锌限量标准。至于 Zn 在土壤中的形态比例特征,有万红友等(2013)证实,江苏省昆山市农田土壤有效态 Zn 平均含量为 3.73 mg/kg,土壤全 Zn 平均含量为 104.86 mg/kg,土壤 Zn 的活化率平均为 3.56%,土壤重金属 Zn 各形态含量相对大小为残渣态(86.16 mg/kg)＞有机质结合态(8.14 mg/kg)＞铁锰氧化物结合态(6.69 mg/kg)＞碳酸盐结合态(1.97 mg/kg)＞可交换态(1.89 mg/kg),残渣态含量明显高于其他形态,达 82.20%。土壤 pH 是影响土壤可交换态 Zn 含量的最主要因素,二者呈极显著负相关。

11.1.5　Cd 元素

泄洪渠表层土壤中 Cd 元素含量在 0.324~0.753 mg/kg 之间,平均值达到 0.506 mg/kg,是内蒙古土壤背景值 0.045 mg/kg 的 11.24 倍。在 10 个重点研究的土壤剖面中,毒性重金属元素 Cd 在土壤剖面 A、B、C 各层的含量范围分别为 0.137~0.481 mg/kg、0.065~0.404 mg/kg、0.085~0.361 mg/kg,其平均值分别为 0.289 mg/kg、0.188 mg/kg 和 0.192 mg/kg,土壤剖面 A、B、C 各层 Cd 含量的平均值分别是内蒙古土壤 A、B、C 各层背景值 0.0374 mg/kg、0.0359 mg/kg、0.032 mg/kg 的 7.73、5.24、6.00 倍。土壤剖面 Cd 元素在 A、B、C 各层总厚度上的加权含量值范围 0.162~0.292 mg/kg,其平均值为 0.226 mg/kg,平均值是土壤

A、B、C 各层背景值算术平均值
0.0351 mg/kg 的 6.44 倍。对于土壤
表层及其 A、B、C 各层 Cd 元素平均
含量的对比,见图11-5。

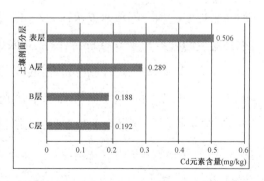

从图 11-5 明显看出,表层土壤
Cd 含量 0.506 mg/kg 是土壤 A 层
Cd 含量 0.289 mg/kg 的 1.75 倍,且
土壤 A 层 Cd 含量分别是 B 层(0.

图 11-5　土壤剖面 Cd 元素平均含量对比

188 mg/kg)、C 层(0.192 mg/kg)Cd 含量的 1.54、1.51 倍。熊愈辉(2008)指出,
土壤中的黏土矿物,有机质,铁、锰、铝等的水合氧化物,碳酸盐,磷酸盐等对外源
Cd 的吸附固定起着主要作用。当外源 Cd 进入酸性、中性和石灰性三大类型土
壤后,高达96.4%～99.9%的 Cd 可被土壤吸持,其中石灰性土壤对外源 Cd 的
吸持速度最快,其次是砂土,而且土壤吸持的外源 Cd 主要积聚富集在土壤表
层,这也就是泄洪渠土壤表层和剖面 A 层 Cd 含量高的原因。另一方面,由分解
速率不同的碳成分组成的复合体称为溶解性土壤有机碳(soil dissolvable
organic carbon,缩写为"DOC"),DOC 中通常有许多重要的螯合基团和络合官
能团,如羰基(—C=O)、羟基(—OH)、羧基(—COOH)和氨基(—NH$_2$)等,主
要包括以胶体状悬浮于土壤溶液中的大分子有机质及溶解于土壤溶液中种类不
同的低分子有机质。因此,土壤 Cd 与其中的 DOC 通过络合作用形成较稳定且
可溶的有机—重金属复合体,加强了 Cd 的迁移,这也是泄洪渠土壤剖面 B、C 层
土壤 Cd 明显低于表土层及土壤剖面 A 层的原因,同时迁移到 B、C 层的 Cd 还
会继续随着水的下渗,垂直向下一直迁移到地下含水层。

当土壤中有大量的 Cd 元素时,土壤 Cd 对土壤生态环境具有很大的危害
性。周国强等(2009)指出,当土壤中的稀土镨[Pr(NO$_3$)$_3$]浓度达到 200 mg/L
时,表现为 Cd 与 Pr 对植物的协同效应,加剧了 Cd 对水稻幼苗的毒害。任艳芳
等(2010)证实,重金属元素胁迫下,农作物根系往往是最直接的受害器官。
50 μmol/L 的 Cd 胁迫能显著抑制水稻幼苗根系的生长,且随着时间的延长而增

加抑制程度；当 Pr 处理浓度达到 230 $\mu mol/L$ 时，稀土与毒性重金属元素 Cd 对水稻幼苗的根系产生双重毒害作用，根长、根表面积和根体积较单 Cd 处理还小。在 Cd 胁迫第 10 d 时，水稻幼苗的根长、根表面积和根体积仅为单 Cd 处理的 90.8%、88.4% 和 88.3%，差异水平达到显著。李庆等（2013）指出，高浓度的 Cd 除了抑制作物根系生长，还会破坏作物体内保护酶系统，使质膜透性加大；当 Cd 在植物组织中含量达到 1 mg/kg 时，就会导致生物产量显著下降；当镉（$CdCl_2$）剂量为 100 mg/L，Ce（$CeCl_3$）剂量为 50 mg/L 时，对玉米生长有协同加重毒害的趋势。植物细胞中的超氧化物歧化酶（SOD）、过氧化物酶（POD）、过氧化氢酶（CAT）对调节生物体内的新陈代谢、清除氧自由基、延缓老化等方面有重要作用。而丙二醛（MDA）是生物膜系统脂质过氧化的产物之一，其浓度的高低反映着脂质过氧化强度和膜系统伤害程度，是一种重要的逆境生理指标。

黄晓华等（2005）证实，在 30 $\mu mol/L$、300 $\mu mol/L$ 镉（Cd^{2+} ＋1/2 Hoagland 混合培养液）剂量胁迫下，严重抑制菜豆、玉米两种作物的生长，主要表现为株高、主根长降低，叶面积锐减，叶、茎、根的鲜重和干重明显下降；生理生化特性的变化是叶绿素含量下降，质膜透性、MDA 含量、过氧化氢酶和过氧化物酶活性均增加，且随镉处理时间的延长，伤害加重。在 Cd 胁迫下的 16 d，菜豆、玉米两种作物体内 Cd 含量显著增加，菜豆根系与茎叶中 Cd 含量分别是对照样品的 1 717.2% 和 745.5%，根系与茎叶中 Cd 含量分别是对照样品的 908.6% 和 440.6%，菜豆和玉米中 Cd 富集规律是地下器官＞地上器官。且 Cd 污染对菜豆的伤害阈值（30 $\mu mol/L$）＜玉米（400 $\mu mol/L$），说明在 Cd 污染区，种植玉米的危险性小于菜豆。张杰等（2007）对水稻幼苗遭受镉胁迫（50 mg/L 和 100 mg/L 两种 $CdCl_2$ 处理）后研究证实，随着镉胁迫程度的加重和胁迫时间的延长，镧[$La(NO_3)_3$]与镉发生协同作用，使水稻幼苗体内的 SOD 和 CAT 活性更低，而 MDA 含量和质膜透性更高，叶绿素质量分数和根系活力也有所下降，加剧了镉对水稻幼苗的毒害。镉在水稻幼苗体内的富集规律是：根系＞地上部，镉的富集与各处理组镉浓度之间有比较明显的剂量效应关系，但是，镧处理并未降低水稻幼苗地上部分及根系中镉的质量分数。La$>$120 μmol/L 时则能促进蚕豆幼苗对 Cd 的吸收和富集,还导致根部组织 Ca、Zn、Cu、Mg、K 和 Fe 等有益矿质元素含量降低(汪承润等,2012)。矿质元素缺失或者不足都能够干扰植物体的正常生长,甚至导致植物体死亡。

镉胁迫对植物的影响,如镉毒害会抑制植物种子的萌发、植物生物量下降以及植物各种生理生化指标发生改变(如植物叶绿素含量、呼吸作用、根系活力下降等),从而影响植物的正常生长。植物幼苗的根长、株高和干物重等性状在重金属元素胁迫下的改变常作为评价植物受害程度的重要指标。根系作为植物的主要吸收器官,可从土壤中吸收各种污染物质,导致植物的生长受阻甚至死亡。

番茄属于对镉毒害较敏感的作物,ISO(International Standard Organization)也将其列为研究化学污染物对高等植物生长影响的测试植物之一,因此研究镉对番茄幼苗根系的毒害临界值具有一定代表性。随着土壤镉添加量的增加,不同土壤中镉对番茄根长和根鲜重的影响存在较大差异,在不同土壤中番茄根长降低 20% 时的毒害效应浓度(EC20,0.1 mol/L CaCl$_2$ 提取的土壤有效镉)介于 0.26~11.61 mg/kg 之间,而不同土壤中番茄根系生物量的 EC20 值介于 0.01~5.07 mg/kg 之间。土壤 pH 值是影响番茄根长 EC20 的主要土壤性质,随着土壤 pH 值的升高,土壤镉的毒害效应降低,EC20 值升高。土壤有机质含量是影响番茄根系生物量 EC20 的主要土壤性质,土壤镉的毒害效应随土壤有机质含量的增加而减弱,EC20 值随之升高(余淑娟等,2014)。

11.1.6　Pb 元素

泄洪渠表层土壤中 Pb 含量在 138.600~675.200 mg/kg 之间,平均值达到 337.417 mg/kg,是内蒙古土壤背景值 13.90 mg/kg 的 24.27 倍。在 10 个重点研究的土壤剖面中,毒性重金属元素 Pb 在土壤剖面 A、B、C 各层的含量范围分别为 35.589~418.644 mg/kg、14.140~78.765 mg/kg、13.820~28.850 mg/kg,其平

均值分别为 195.008 mg/kg、29.351 mg/kg 和 17.150 mg/kg，土壤剖面 A、B、C 各层 Pb 含量的平均值分别是内蒙古土壤 A、B、C 各层背景值 15.00 mg/kg、14.44 mg/kg、14.70 mg/kg 的 13.00、2.03、1.17 倍。土壤剖面 Pb 元素在 A、

B、C 各层总厚度上的加权含量值范围 23.649～226.481 mg/kg，其平均值为 86.641 mg/kg，平均值是土壤 A、B、C 各层背景值算术平均值 14.71 mg/kg 的 5.89 倍。对于土壤表层及其 A、B、C 各层 Pb 元素平均含量的对比，见图 11－6。

从图 11－6 明显看出，表层土壤

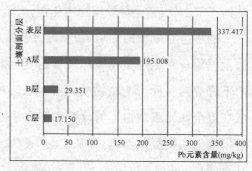

图 11－6 土壤剖面 Pb 元素平均含量对比

Pb 含量 337.417 mg/kg 是土壤 A 层 Pb 含量 195.008 mg/kg 的 1.73 倍，且土壤 A 层 Pb 含量分别是 B 层（29.351 mg/kg）、C 层（17.150 mg/kg）Pb 含量的 6.64、11.37 倍。沿着土壤剖面垂直方向 Pb 含量分布出现这种显著差异的原因是，土壤对 Pb^{2+} 具有非常强大的吸附固定能力，使 Pb^{2+} 在表层土壤中具有很高的富集率。一般情况下，价态相同的离子，离子半径大，其水合离子半径就小，Pb^{2+} 的离子半径为 0.132 nm，Pb^{2+} 的水合能很小，因此吸附固定在土壤中的 Pb^{2+} 随水迁移扩散的能力很低。王亚平等（2009）证实，对 Pb^{2+} 在砂土中随水迁移扩散的实验进行 400 h（半个月以上）后，砂土的土柱 2.5 cm 处土壤溶液中 Pb^{2+} 浓度才达到 5.56 mg/L，778 h（1 个月以上）后，Pb^{2+} 浓度达到 224 mg/L。有关土壤中铅对农作物的影响，以模式植物玉米为例，有王起凡等（2019）证实，在 200 mg/kg 铅胁迫下，随着 La 浓度增加到 200 mg/kg 和 800 mg/kg 时，玉米植株生物量显著降低 46.27%，根冠比显著增加 54.35%；同时玉米地上部和根部 Pb 浓度分别平均显著增加 75.81% 和 30.17%。且在 200 mg/kg 铅胁迫下，当 La 浓度大于 200 mg/kg 时，玉米植株地上部和地下部分别显著发生变化的常量元素中，N 含量平均降低 62.43% 和 53.05%、P 含量平均降低 78.75% 和 79.85%、K 含量平均降低 61.85% 和 48.61%、Ca 含量平均降低 40.03% 和

58.78％、Mg 含量平均降低 69.05％和 49.94％。还有常青等(2017)实验设置低、中、高 3 种程度的 La-Pb 复合污染土壤(La 50 mg/kg, Pb 50 mg/kg; La 200 mg/kg, Pb 200 mg/kg; La 800 mg/kg, Pb 800 mg/kg)对玉米生长发育的影响,结果证实,随着土壤中 La-Pb 复合污染程度的增加,玉米地上部干重、根部干重和总干重都显著降低。玉米地上部 P 和 Mg、根部 P 和 Ca 的含量显著降低,而玉米地上部 N 和 Ca、根部 K 的含量则显著升高;玉米地上部和根部 La 和 Pb 的含量都呈显著上升趋势,Pb 从根到叶的转运率显著提高,玉米植株体内 La、Pb 含量与复合污染土壤中 La、Pb 含量成正相关。

综合上述对泄洪渠土壤毒性重金属元素 Cr、Ni、Cu、Zn、Cd、Pb 的详细分析与讨论可知,各个元素在土壤剖面垂直方向 A、B、C 各层的分布,除了土壤中 Cr 元素的含量(用 G 表示)是 $G_A < G_B < G_C$、Ni 元素在分布差异较小之外,Cu、Zn、Cd、Pb 元素都是 $G_A > G_B > G_C$,且 G_A 至少是 G_B、G_C 的 2 倍以上,而 G_B 和 G_C 的差异较小。形成这种分布特征,主要是由于土壤条件的变化引起重金属元素转化并迁移扩散,从而对生态环境产生毒性作用,其中土壤 pH 值、腐殖酸及重金属元素形态等都是影响重金属元素形态发生转化并迁移的重要因素。

一般单因素条件下,比如重金属元素 Cd^{2+} 等,随着 pH 值升高而减少,pH 值下降时土壤重金属元素就溶解出来。温度对重金属元素的吸附-解吸、氧化还原等有重要影响,一般单因素条件下温度升高有利于重金属元素的释放。王浩等(2009)指出,不同重金属元素对土壤 pH 变化的敏感性不同,Zn 和 Cd 对 pH 的变化很敏感,当 pH 下降至 6 时,其释放潜力明显增加,而 Pb、Cu 和 Cr 在 pH 下降至 5 时,释放潜力也明显增加。王学锋等(2013)指出,当 pH 为 4~7 时,土壤中 Cr、Ni、Zn 的生物活性都随着 pH 的上升而下降,这种土壤环境促使重金属元素积累并富集;当 pH 为 7~9 时,Cr 和 Zn 的生物活性都随着 pH 的上升而上升,Ni 基本不变,这种土壤环境可促使部分重金属元素如 Cr、Zn 活化、迁移,并极易被农作物粮食、蔬菜等吸收。

代杰瑞等(2013)指出,土壤 pH 的变化会极大地影响重金属元素形态的变化,比如 Ni、Zn、Cd、Pb 等多数元素的离子交换态和碳酸盐态对土壤酸碱度的反应最敏感,pH 升高会使离子交换态形成碳酸盐沉淀,当 pH 下降,碳酸盐态、残渣态等向离子交换态、水溶态转化,使其重新释放进入环境,从而易被生物利用。以 Pb 为例,当土壤 pH 为 6.5—8.5 时,Pb 主要以强有机结合态和铁锰氧化态等稳定形态存在,离子交换态含量在 2% 以下,危害性很小;而当土壤 pH<6.5 时,离子交换态 Pb 占总量的比例迅速上升,当 pH 达到 4.5 时,该值可达 8.0% 以上。这是因为弱碱性或中性土壤中 Pb 主要以 $Pb(OH)_2$、$PbCO_3$、PbS 形式沉淀,当土壤 pH 值降低时,H^+ 将已固定的 Pb 重新释放出来,导致可溶性 Pb 含量增加。在土壤碱性范围内,离子交换态 Pb 占总量的比例略有上升趋势,这是由专性吸附的 Pb 开始解吸造成的。在相同的自然条件下,不同重金属元素的形态比例也具有不同的比例关系(王浩和章明奎,2009),比如氧化物结合态比例在 Cr、Cu、Zn、Pb 元素的重金属可提取态属于最高,其中氧化物结合态 Pb 占32.8%、Cd 和 Zn 分别占 27.3% 和 29.9%、Cu 和 Cr 分别为 21.2% 和 19.1%。除 Cu 外(有机质结合态 Cu 占 20.4%),有机质结合态重金属的比例不高,多在5.2%~11.2% 之间。碳酸盐结合态重金属比例在 5.4%~10.2% 之间。而活性较高的交换态重金属比例最低,在 0.3%~4.5% 之间,其中,交换态 Zn 和 Cd比例较高,分别占 4.5% 和 3.9%;Cu 次之,占 2.2%;Pb 和 Cr 很低,分别占0.3% 和 0.4%。这些因素对土壤中重金属元素释放与迁移起到综合影响作用。

所以,进入土壤中的外源重金属元素形态会随着土壤环境的变化而变化。武文飞等(2013)指出,外源可溶性重金属元素进入土壤后形态分布发生明显改变,Cd、Pb、Zn 均为可交换态响应最大,而 Ni 则为铁锰氧化态响应最大,但残渣态响应均最小。Cd、Pb、Zn、Ni 的活性均得到了不同程度的增强,其中以 Pb、Zn的活化程度最大。可见,外源重金属元素进入土壤后,随着作物的生长,其形态分布并不稳定,而是缓慢地向着稳定的方向转变。重金属元素污染对土壤和作物的影响是持久的,并直接危害农作物的安全。

有机质积累对重金属元素释放潜力的影响与 pH 和有机质积累程度有关(赵亚琼,2017),当 pH 在 6 以上时,低量和中量有机质的积累可促进重金属元素的活化;而当 pH 在 5 以下或有机质积累达到很高水平时,有机质的积累降低了重金属元素的有效性。因此,土壤有机质积累和 pH 降低可改变污染土壤重金属元素的化学形态和它们的释放潜力,土壤性质改变可引起重金属元素释放强度的增加和对周围水体的污染。黄腐酸(Fulvicacid)是腐殖酸中分子量较小的一部分,含有多种活性基团,对重金属元素有一定的络合作用。胡敏酸(HA)是影响土壤性质的主要胶体,是一种可变电荷有机胶体,具有很高的反应活性。刘保峰等(2016)指出,HA 是含有不同比率聚合芳香环且结构复杂的多元有机复合体,这些芳香环带有大量的−OH、−COOH 等功能团,具有很高的反应活性,对环境中金属离子具有强烈结合能力,从而对重金属元素在环境中的迁移、转化和生物有效性起到重要的调控作用。总之,腐殖酸与金属离子的反应既包括表面络合作用,也包括金属离子进入腐殖酸分子结构内部固持作用的"两相反应"。王学锋等(2013)指出,随着腐殖酸投加量的增多,由于腐殖酸与土壤 Cr、Ni、Zn 等重金属元素形成难溶的络合物,使土壤中 Cr、Ni、Zn 的生物活性都出现下降趋势,尤其是当腐殖酸的添加量达到 8 g/kg 时,重金属元素 Cr、Zn 的生物活性接近于 0 或者已经是 0。这也从另一方面说明,土壤中随着腐殖酸等有机质含量的增加,外源重金属元素在土壤中的稳定程度增加并因此而持续积累,使得土壤中重金属元素变得越来越富集。

在土壤有机质影响外源毒性重金属元素形态转化、迁移和富集的过程中,毒性重金属元素同样对土壤有机质产生严重影响。章明奎等(2007)以土壤 Cu、Zn、Pb、Cd 为对象研究证实,污染土壤中重金属元素的大量积累,使土壤中颗粒态有机质及其占总有机碳的比例随重金属元素积累的增加而增加,而微生物生物量碳占总碳的比例却随土壤重金属元素污染水平的提高而下降。重金属元素污染除了可改变土壤有机质的矿化速率,影响土壤有机质的积累与分配之外,还会影响土壤生物相的变化,比如线郁等(2014)指出,土壤酶和微生物量碳是土壤生物相活跃的组成成分,是地球物质化学循环和能量转换的主要参与者,是土壤健康状况重要、灵敏的微生物指标。参与土壤氮循环的土壤酶之一脲酶对土壤重金属元素污染响应敏感,是土壤重金属元素污染生态毒性效应研究的重要指示物,土壤 Ni、Cd、Cu、Zn、Pb、Cr 污染均会导致土壤脲酶活性显著降低。比如当土壤 Cd、Pb、Zn 浓度分别达到 $2.4\sim61.3\ \mu g/g$,$113\sim7\ 000\ \mu g/g$,$249\sim12\ 000\ \mu g/g$ 时,土壤重金属元素显著抑制了土壤脲酶活性。

11.2 放射性元素

本节详细分析放射性元素 Th 和 U 在泄洪渠土壤剖面中的含量及其分布特征,以及对粮食、蔬菜等可食性农产品的毒性作用和人体健康的影响。

11.2.1 Th 元素

泄洪渠表层土壤中 Th 含量在 $41.290\sim169.000\ mg/kg$ 之间,平均值达到 $80.087\ mg/kg$,是内蒙古土壤背景值 $8.78\ mg/kg$ 的 9.12 倍。在 10 个重点研究的土壤剖面中,放射性元素 Th 在土壤剖面 A、B、C 各层的含量范围分别为 $13.653\sim70.140\ mg/kg$、$8.449\sim97.275\ mg/kg$、$5.332\sim22.830\ mg/kg$,其平均值分别为 $43.992\ mg/kg$、$23.120\ mg/kg$ 和 $12.281\ mg/kg$,土壤剖面 A、B、C 各层 Th 含量的平均值分别是内蒙古土壤 A、B、C 各层背景值 $8.41\ mg/kg$、$8.41\ mg/kg$、$8.41\ mg/kg$ 的 5.23、2.75、1.46 倍。土壤剖面 Th 元素在 A、B、C 各层总厚度上的加权含量值范围 $12.204\sim46.200\ mg/kg$,其平均值为 $26.159\ mg/kg$,平均值是土壤 A、B、C 各层背景值算术平均值 $8.41\ mg/kg$ 的 3.11 倍。对于土壤表层及其 A、B、C 各层 Th 元素平均含量的对比,见图11-7。

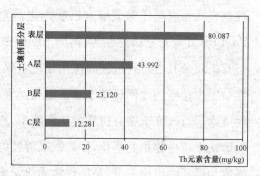

图 11-7 土壤剖面 Th 元素平均含量对比

从图 11-7 明显看出,表层土壤 Th 含量 80.087 mg/kg 是土壤 A 层 Th 含量 43.992 mg/kg 的 1.82 倍,且土壤 A 层 Th 含量分别是 B 层(23.120 mg/kg)、C 层 (12.281 mg/kg)Th 含量的 1.90、3.58 倍。本章分析的放射元素只有 Th 和 U 元素,从图 11-7 和下一小节图 11-8 可以看出各自在土壤剖面垂直方向的分布,与前面讨论的 Cu、Zn、Cd、Pb 元素分布特征类似,Th、U 和 Cu、Zn、Cd、Pb 同属于重金属元素,在土壤环境地球化学中具有相似的性质,因此在土壤剖面垂直方向上具有相似的分布特征。

有关 Th 元素对人体健康的危害,曾昭华等(1999)指出,中国部分地区的胃癌、食管癌、宫颈癌、肺癌、鼻咽癌死亡率与 Th 元素有关。因此,有关农田土壤中 Th 元素对农作物的影响,郭鹏然等(2009)指出,小麦根际土壤中 Th 的质量分数较原质土壤低,根际土壤和原质土壤中 Th 的形态分布存在一定差别,根际土壤中非残留态量较原质土壤中高。土壤中主要的吸附材料中,Th 对小麦吸收的贡献指数由大到小的顺序为高岭土>碳酸钙>腐殖酸>无定形氧化铁>无定形氧化锰>蒙脱土;Th 各形态的小麦可利用性由大到小的顺序为离子交换态>碳酸盐结合态>有机质吸附态>无定形铁锰氢氧化物共沉淀态>晶形铁锰氢氧化物结合态。

11.2.2　U 元素

泄洪渠表层土壤中 U 含量在 2.933～5.181 mg/kg 之间,平均值达到 4.111 mg/kg,是内蒙古土壤背景值 2.21 mg/kg 的 1.86 倍。在 10 个重点研究的土壤剖面中,放射性元素 U 在土壤剖面 A、B、C 各层的含量范围分别为 2.275～ 5.191 mg/kg、1.690～5.395 mg/kg、1.592～3.828 mg/kg,其平均值分别为 3.875 mg/kg、2.959 mg/kg 和 2.505 mg/kg,土壤剖面 A、B、C 各层 U 含量的平均值分别是内蒙古土壤 A、B、C 各层背景值 2.05 mg/kg、2.05 mg/kg、2.05 mg/kg 的 1.89、1.44、1.22 倍。土壤剖面 U 元素在 A、B、C 各层总厚度上的加权含量值范围 2.369～3.728 mg/kg,其平均值为 3.149 mg/kg,平均值是土壤 A、B、

C各层背景值算术平均值2.05 mg/kg的1.54倍。对于土壤表层及其A、B、C各层U元素平均含量的对比，见图11-8。

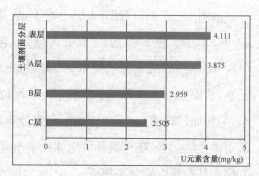

图11-8　土壤剖面U元素平均含量对比

从图11-8明显看出，表层土壤U含量4.111 mg/kg是土壤A层U含量3.875 mg/kg的1.06倍，且土壤A层U含量分别是B层（2.959 mg/kg）、C层（2.505 mg/kg）U含量的1.31、1.55倍。

人体受到铀的直接辐射后，会使人体免疫系统受损害，并诱发人体发生类似白血病的慢性放射病以及癌症等。以江西某铀矿田为例，其矿区土壤铀含量值见表11-1（樊骅等，2018）。

表11-1　江西某铀矿田矿区土壤铀含量

土层深度范围	地　表	地下20 cm	地下40 cm	地下60 cm	地下80 cm	地下100 cm
铀含量范围（$\mu g/g$）	1.34～13.39	3.28～12.70	11.26～13.39	1.69～11.63	1.42～8.59	0.08～6.17
平均值（$\mu g/g$）	7.37	7.99	12.33	6.66	5.01	3.13

铀矿区稻田表层土壤中核素铀含量介于1.34～13.39 $\mu g/g$，且随着土壤深度的增加，土壤中铀含量总体呈现先增加后降低的趋势。在0～20 cm和80～100 cm深度范围内，土壤中铀含量较低。80 cm土壤铀含量在1.42～8.59 $\mu g/g$；在40 cm处，土壤铀含量11.26～13.39 $\mu g/g$，平均值为12.33 $\mu g/g$。稻田土壤垂向剖面铀含量分布特征，主要与铀在土壤中迁移以及土壤对铀的吸附、有机络合作用有关。土壤铀对种植蔬菜的影响，有王帅等（2016）指出，蕹菜对铀的富集系数在0.5左右且主要是根部，与其他重金属元素有类似的生物学特征，即大量富集在植物的根部。

综上所述,进入土壤中的外源重金属元素含量的高低,直接决定着土壤中重金属元素各种形态比例的高低,两者之间呈极显著的正相关关系。重金属元素形态中有机质结合态、可交换态既是被植物吸收的主要金属形态,也是极易随水体迁移的主要形态。重金属元素的残渣态是土壤中的主要富集形式,一旦土壤条件发生变化,重金属元素就由残渣态转化为其他形态,也就是相对稳定的重金属元素被活化、迁移或被植物吸收,并通过生物链的传导和放大作用,危害人体健康。毒性重金属元素 Cr、Ni、Cu、Zn、Cd、Pb 和放射性元素 Th、U 通过在粮食、蔬菜等可食性植物中的富集等方式,再通过食物链的传导和放大作用,会严重危害人体健康。而且当过量的毒性重金属元素 Cr、Ni、Cu、Zn、Cd、Pb 和放射性元素 Th、U 迁移到地下含水层时,这些元素是爆发缓变型地球化学灾害的隐患。

结合研究区外源稀土元素、毒性重金属元素 Cr、Ni、Cu、Zn、Cd、Pb 和放射性元素 Th、U 在泄洪渠土壤表层及其剖面的分布结果,以及随着地表经过长期水下渗迁移到地下含水层并在其中富集,和其他毒性重金属元素,如日本"水俣病"中的 Hg、"痛痛病"中的 Cd 一样,成为发生缓变型地球化学灾害的重要隐患。

11.3　缓变型地球化学灾害典型案例分析
——美国拉夫运河事件

本研究中之所以要比较详细地分析拉夫运河事件的发生、发展及其危害过程,是因为该事件对当代重大的借鉴意义在于提醒人们。本研究区泄洪渠及其流域外源稀土、毒性重金属元素 Cr、Ni、Cu、Zn、Cd、Pb 和放射性元素 Th、U 的污染状况,截至目前所经历的前期阶段非常类似于运河事件的前三个阶段(第一阶段—第三阶段),建议当地政府特别注意稀土、毒性重金属元素 Cr、Ni、Cu、Zn、Cd、Pb 和放射性元素 Th、U 的防治工作,不要让拉夫运河事件后期即"第四阶段—第六阶段"成为现实。

震惊全球的生态灾难案例之一，美国拉夫运河事件是拉夫运河工业污染物扩散并危害人体健康的环境灾难事件(环卫百科,2016)。它永远提醒人们,昔日不加任何处理或防护而被遗忘的工业污染物,当污染物扩散的自然条件成熟时,它就通过食物链等放大效应,对当地居民的身体健康造成严重危害,这属于缓变型地球化学灾害。缓变型地球化学灾害是由于重金属、持久性有机污染物等工业污染物排放入土壤、地下水等生态环境中,污染治理具有持续时间长、污染隐蔽、无法被生物降解等特点,并具有生物积累性、远距离迁移性且在不同地域反映出不同的污染特点,经过一定时间后,缓慢通过食物链的传导而严重危害人体健康,危害病症一旦在当地居民人群中大量发现时,已经对当地居民身体健康造成严重危害的灾害性效应。拉夫运河事件从开始到最后爆发生态灾难,大致经历了如下六个阶段。

11.3.1 第一阶段:烂尾工程留下废弃河道

拉夫运河位于美国纽约州,靠近尼亚加拉大瀑布。1892 年,一个名叫威廉·拉夫(William T. Love)的开发商到纽约州,计划出资修建一条连接尼亚加拉河上下游的运河,并在运河中修筑水力发电设施,以满足城镇居民的用电需求。然而运河只开挖了长 1.6 千米、宽 15 米、深 3∼12 米的河槽,就因种种原因不得不中断了运河的修建,成为名副其实的烂尾工程。起初,荒废、低洼且汇聚自然降水的拉夫运河河槽是当地儿童夏季戏水的天然游泳池、冬季娱乐的露天滑冰场,后来演变成市政当局和当地驻军倾倒废弃物的垃圾场。

11.3.2 第二阶段:倾倒工业垃圾

由于尼亚加拉大瀑布周边自然资源丰富,从 20 世纪上半叶开始就已经成为该地区的重工业中心,而且还临近工业高度一体化的美国“铁锈工业带”,尼亚加拉河沿线建起了大量的化工厂。工业城市快速兴起,也吸引来了大量想要在工厂工作的劳动力。1920 年,驻该区的美国胡克电化学公司购买了这条 1.6 千米长的废弃运河及其两岸 70 米宽的土地,当作工业垃圾场所,往河槽中倾倒大量的工业废弃物。一直到 1953 年共 33 年期间,胡克电化学公司向河道内倾倒了 2.18 万吨化学物质,包括美国明令禁止使用的杀虫剂、DDT 杀虫剂、复合溶剂、电路板和重金属等多种有害物质,填埋区里能够确定的化学废物有 82 种,其中能够确定的致癌物质有 12 种。

11.3.3　第三阶段:填埋垃圾场并转变土地用途

1954 年,胡克电化学公司将垃圾埋藏封存在拉夫河道之后,将土地卖给了当地政府的教育委员会,并附有关于有毒物质的警告。但是纽约市政府不考虑地下的有毒物质,而是对该区进行开发,建立起一所小学和大量住宅,并陆续开发房地产。不久之后,小学周边的地区开始繁盛起来,逐渐形成了热闹繁荣的拉夫运河小区。到了 1978 年,拉夫运河社区已经有近 800 套单亲家庭住房和 240 套低工薪族公寓。然而,新来的居民,根本不知道他们所在居住区的地下,填埋了大量的工业污染物。

11.3.4　第四阶段:污染物扩散

当居民们在拉夫运河小区长期生活的同时,掩埋在地下拉夫河道的工业污染物等有毒物质,不声不响地通过地下水等载体,正在无声无息地扩散到土壤生态环境中,并通过食物链进入拉夫运河社区居民的日常生活中。这期间,拉夫运河小区一度被美国政府认为是城镇发展的典范,那里风景优美宜人,是工薪阶层的小天地。

11.3.5　第五阶段:危害当地居民健康

从 1977 年开始,拉夫运河小区的居民群体中不断出现各种怪病,如孕妇流产、儿童夭折、婴儿畸形、癫痫、直肠出血等病症都频频发生,昔日的繁华社区逐渐被伤病的阴霾笼罩。在 1974 年到 1978 年之间出生的孩子,有 56% 存在生育缺陷,搬进拉夫运河社区的妇女流产概率增加了 3 倍,患泌尿系统疾病的风险也增加近 3 倍,很多孩子同样被这些疾病感染。1978 年 4 月,纽约市当时的卫生局局长罗伯特·万雷亲自前往拉夫运河小区视察,他亲眼见到以前埋在地下的金属容器已经露出了地面,流出黏糊糊的液体,又黑又稠像重油一样。当年,由于当地地下水位上升,将填埋的化学污染物冲到污水管道里、大街上,甚至流入居民住宅的地下室,几乎每一栋房屋地下室地面上都有污染沉淀物。

这件事激起当地居民的愤慨,当时的美国总统卡特宣布封闭当地住宅,关闭学校,并将居民撤离,但为时已晚,地下污染物已经严重损害了当地大量居民的身体健康。拉夫运河河槽工业污染物影响的范围,1 英里(1.61 千米)半径内将近 1 万人,3 英里半径内将近 7 万人。

后来,时任美国总统卡特颁布了紧急令,允许联邦政府和纽约州政府为尼亚加拉瀑布区的拉夫运河小区近 700 户人家实行暂时性的搬迁。

11.3.6　第六阶段:善后处理工作及其对社会的启示

美国卡特政府于 1980 年 12 月 11 日,颁布了《综合环境反应、赔偿和责任法》(又名《超级基金法》),创立了"超级备用金"。根据《超级基金法》,胡克电化学公司和纽约州政府被认定为加害方,共赔偿受害居民经济损失和健康损失费 30 亿美元,这是联邦资金第一次被用于清理泄漏的化学物质和有毒垃圾场。此后的 30 多年时间,纽约州政府花费了 4 亿多美元处理拉夫运河里的有毒废物。总共 34 亿美元的支出,远远大于当初化工企业为降低生产成本随意排放污染物而"节省"的费用！拉夫运河有毒废物对当地居民健康的危害以及对当地生态环境的破坏性损害,更不是简单地能用"美元"所能计算的。

拉夫运河事件唤醒了全世界对工业化学废弃物处理方式的深刻认识。拉夫运河事件既是对人类的警告,也提醒排污企业不要企图隐瞒实际污染状况而不承担社会责任。拉夫运河事件就属于典型的缓变型地球化学灾害。

11.3.7　美国"拉夫运河事件"提醒我们类似的思考

缓变型地球化学灾害是通过长期积累而存在于土壤或沉积物中,包括重金属和有机污染物在内的环境污染物,因自然变化或人类活动引起环境地球物理条件(如气候变化引起湿度、降水量的变化,地震引起地层形变使地下受到污染的含水层水位发生急剧升降等)、环境地球化学条件(土壤 pH 值、有机质含量等)的变化,改变了环境地球化学系统的平衡,使某种或某些形态的污染物被重新大量活化和集中释放,且活化释放量大于当地环境容量,并通过生物链的传导和放大作用造成严重生态和环境损害的灾害现象(陈明等,2005)。缓变型地球化学灾害在上世纪 90 年代到 2010 年之前曾经被普遍称为"化学定时炸弹",不少专家学者针对"化学定时炸弹"的分类、形成机理和触爆因素及其在中国陆地、湖泊或城市等生态环境中发生的可能性等内容进行了一系列详细的研究,到 2005 年陈明等在大量研究成果的基础上提出了更切合实际、更加科学的"缓变型地球化学灾害"概念并建立起对应的评价模型。

近十多年来,随着中国社会普遍对生态环境安全关注程度的日益提高,有关缓变型地球化学灾害的预警等研究成果很多,比如单一、连续的农业蔬菜品种种植也会引起土壤环境中毒性重金属元素快速释放,如张颖慧等(2009)指出,合肥市梁园镇地区分别约有 89.97％、57.21％面积的土壤,各具有爆发 Cu、Zn 缓变型地球化学灾害的可能性,这可能与该区的油菜种植有关。针对矿产资源开采与选冶地区排入环境的毒性重金属元素,对当地生态环境产生潜在风险的代表性研究有王晓亮等(2013),研究指出,德兴铜矿区大坞河上游祝家村附近和中游德铜医院附近土壤 Cd 元素活动性污染相对于缓变型地球化学灾害而言,土壤 Cd 总浓度具有随着污染物可释放总量增加而增加的特点。还有李霖杰等 (2014)证实,福建海西经济区 43%～71%的土壤样品可利用总汞具有爆发 Hg 缓变型地球化学灾害的可能性,这与该地区原来金矿大规模的开采和冶炼(混汞 法提金)有关。针对某一区域数个毒性重金属元素在当地可能爆发地球化学灾 害的综合性研究,如方楚凝等(2016)指出,广东省普宁市有毒有害元素 As、Cd、 Pb、Cu、Ni、Zn 具有缓变型地球化学灾害特征,其地球化学灾害爆发临界点分别 为 2.86 mg/kg、81.48 mg/kg、41.44 mg/kg、10.17 mg/kg、5.42 mg/kg 和 0.69 mg/kg,其中 60%土壤样品中的 Cu、35%土壤样品中的 Cd 和 Pb 可释放 总量超过临界值,这些元素在普宁地区有产生地球化学灾害的潜力。

作为重金属系列中的稀土元素及包头市这样主要的稀土产区,稀土生产的 早期阶段,不重视对生态环境的保护,尤其是 2005 年之前的稀土企业中,有大部 分选冶稀土矿的作坊式中、小型企业,肆意排放稀土工业"三废",最严重的行为 是将稀土工业废水非法渗入地下沉积砂岩层中,这种非常规处理方式对生产区 土壤环境造成严重污染的同时,还严重污染了当地的地下水资源。目前,当地居 民对于地下水资源遭受污染的认识比较明确,有意识地避免开采使用浅层地下 水。但如果再过去 50～100 年(即 2070 年—2120 年)之后,当地居住的所有居 民都不了解浅层地下水的水质状况,不知不觉中开采使用早已被工业污水严重 污染的浅层地下水;或者由于地下水位上升、断层活动活跃或地震引起地层变 动、人类工程引起地下水系统失去平衡等因素,改变了当地的环境地球物理条件 和环境地球化学条件,使地下受到外源稀土、毒性重金属元素和放射性元素等污 染物严重污染的水体,以地下水、土壤等为载体无声无息地扩散到与人类生活关 系密切的空间环境中,尤其是外源稀土、毒性重金属元素和放射性元素等污染物 通过食物链进入人体,经过食物链的放大作用对人体健康造成危害。这种对人 体健康产生危害的病症,一旦在当地居民群体中大量出现,就属于缓变型地球化 学灾害的爆发,必然属于严重的生态灾难。

所以,稀土确实不是普通的重金属材料,而是具备稀少、稀缺和稀奇三大突

出特点的战略金属材料。包头稀土对全球科技革命和产业变革做出突出贡献的
同时,稀土对产区生态环境的不良影响是包头市城市可持续发展与生态文明建
设中必须考虑的因素,国际社会应该能够对此理解。当然国际社会尤其是进口
包头稀土的国家应该提供大量的科技力量和资金力量,大力支持包头市因稀土
污染引起的环境保护与环境治理工程。

参考文献

白玉杰,沈根祥,陈小华,等.2018.三种蔬菜对镍累积转运规律及食用安全研究[J].农业环境
　　科学学报,37(8):1619 - 1625.

蔡信德,仇荣亮,汤叶涛,等.2005.外源镍在土壤中的存在形态及其与土壤酶活性的关系[J].
　　中山大学学报:自然科学版,44(5):93 - 97.

曾昭华,曾雪萍.1999.中国土壤环境中 Th 元素与癌症的关系[J].湖南地质,18(4):
　　245 - 248.

常青,郭伟,潘亮,等.2017.镧-铅复合污染下 AM 真菌对玉米生长和镧、铅吸收的影响[J].环
　　境科学,38(9):3915 - 3926.

陈明,冯流,周国华,等.2005.缓变型地球化学灾害:特征、模型和应用[J].地质通报,24(10 -
　　11):916 - 921.

陈玉真,王果.2012.土壤锌对黄瓜幼苗的毒害效应及临界值研究[J].热带作物学报,33(11):
　　1960 - 1965.

代杰瑞,郝兴中,庞绪贵,等.2013,典型土壤环境中重金属元素的形态分布和转化——以山东
　　烟台为例[J].矿物岩石地球化学通报,32(6):713 - 719,728.

樊骅,张春艳,李艳梅,等.2018.基于 IPC-OES 分析的某尾矿库土壤铀分布特征与污染评价
　　[J].光谱学与光谱分析,38(5):1563 - 1566.

方楚凝,吴丽霞,曾凡龙.2016.基于生态地球化学调查的广东省普宁市土壤地球化学环境预
　　警[J].地球与环境,44(3):353 - 358.

郭鹏然,贾晓宇,段太成,等.2009.稀土工业区土壤中钍形态的植物可利用性评价[J].生态环
　　境学报,18(4):1274 - 1278.

环卫百科.2016 - 07 - 05.美国"拉夫运河事件"与垃圾填埋[EB/OL].环卫科技网,http://

www. cn-hw. net/html/baike/201607/54131. html

黄锦孙,韦东普,郭雪雁,等. 2012. 田间土壤外源铜镍在小麦中的累积及其毒害研究[J]. 环境科学,33(4):1369-1375.

黄晓华,周青. 2005. 镧对水培菜豆和玉米幼苗镉胁迫的缓解作用[J]. 中国稀土学报,23(2):245-249.

李霖杰,张佳文,冯流,等. 2014. 福建某地土壤中 Hg 元素缓变型地球化学灾害特征[J]. 江西农业学报,26(9):34-36.

李庆,王应军,宗贵仪,等. 2013. 铈缓解镧对玉米种子的毒害效应研究[J]. 稀土,34(6):1-6.

刘保峰,魏世强. 2016. 土壤胡敏酸对镍离子吸附特征研究[J]. 环境卫生工程,24(3):31-35.

马占强,李娟,侯典云. 2014. 镧对铜胁迫下玉米幼苗叶片抗氧化系统的影响[J]. 广东农业科学,46(23):7-10.

任艳芳,何俊瑜,周国强,等. 2010. 镨对镉胁迫下水稻幼苗根系生长和根系形态的影响[J]. 生态环境学报,19(1):102-107.

容群,罗栋源,边鹏洋,等. 2018. 土壤中铬的迁移转化研究进展[J]. 四川环境,37(2):156-160.

万红友,周生路,赵其国,等. 2013. 江苏省昆山市农田土壤锌的形态组成及其影响因素研究[J]. 土壤通报,44(5):1234-1239.

汪承润,卢韫,李月云,等. 2012. 镉胁迫下稀土镧对蚕豆幼苗根尖细胞分裂和吲哚乙酸氧化酶的影响[J]. 农业环境科学学报,31(4):679-684.

王浩,章明奎. 2009. 有机质积累和酸化对污染土壤重金属释放潜力的影响[J]. 土壤通报,40(3):0538-0541.

王立仙,马文丽,杨广怀,等. 2007. 铜在土壤中的淋溶迁移特征研究[J]. 水土保护学报,21(4):21-24.

王起凡,郭伟,常青,等. 2019. 不同浓度镧处理对铅胁迫下玉米生长和铅吸收的影响[J]. 环境科学,40(1):480-487.

王帅,黄德娟,黄德超,等. 2016. 蕹菜对铀的富集特征及其形态分析[J]. 江苏农业科学,44(8):266-268.

王晓亮,赵元艺,柳建平,等. 2013. 德兴铜矿大坞河流域土壤中 Cd 的环境地球化学特征及意义[J]. 地质论评,59(4):781-788.

王学锋,尚菲,马鑫,等.2013. pH 和腐殖酸对镉、镍、锌在土壤中的形态分布及其生物活性的影响[J].科学技术与工程,13(27):8082-8086,8092.

王亚平,王岚,许春雪,等.2009.土壤中 Cd、Pb、Hg 离子的地球化学行为模拟实验[J].地质通报,28(5):659-666.

武文飞,南忠仁,王胜利,等.2013.干旱区绿洲土壤镉、铅、锌、镍的形态转化[J].环境化学,32(3):475-480.

线郁,王美娥,陈卫平.2014.土壤酶和微生物量碳对土壤低浓度重金属污染的响应及其影响因子研究[J].生态毒理学报,9(1):63-70.

熊愈辉.2008.镉在土壤-植物系统中的形态与迁移特性研究进展[J].安徽农业科学,36(30):13355-13357,13414.

徐聪珑,贾丽,张文卿,等.2016.吉林省镍矿区土壤重金属 Cu、Ni、Pb、Zn 的形态分布特征及活性[J].吉林农业大学学报,38(3):313-319.

余淑娟,高树芳,屈应明,等.2014.不同土壤条件下镉对番茄根系的毒害效应及其毒害临界值研究[J].农业环境科学学报,33(4):640-646.

云利萍,李政红.2014.包头市地下水重金属污染分布特征及来源[J].南水北调与水利科技,12(5):81-85.

张杰,黄永杰,刘雪云.2007.镧对镉胁迫下水稻幼苗生长及生理特性的影响[J].生态环境,16(3):835-841.

张杰,黄永杰,周守标.2010.铜胁迫下镧对水稻幼苗生长及抗氧化酶活性的影响[J].环境化学,29(5):932-927.

张颖慧,袁峰,李湘凌,等.2009.合肥梁园镇地区土壤中 Cu、Zn 元素缓变型地球化学灾害研究[J].土壤通报,40(6):1402-1405.

章明奎,王丽平.2007.重金属污染对土壤有机质积累的影响[J].应用生态学报,18(7):1479-1483.

赵晓东,谢英荷,李廷亮,等.2015.植物对污灌区土壤锌形态的影响[J].应用与环境生物学报,21(3):477-482.

赵亚琼,唐彬,秦普丰,等.2017.利用响应面法分析不同条件下土壤中镉的释放规律[J].作物研究,31(4):420-425.

郑向群,郑顺安,李晓辰.2012.叶菜类蔬菜土壤铬(Ⅲ)污染阈值研究[J].环境科学学报,

32(12) 3039 - 3044.

周国强,何俊瑜,任艳芳,等. 2009. 硝酸镨对镉胁迫下水稻种子萌发的缓解效应[J]. 华北农学
报,24(3):112 - 116.

邹邦基,李书鼎,朱玺. 1995. 外源痕量 Zn 进入土壤迁移转化的过程[J]. 应用生态学报,6(4):
397 - 400.

第12章 土壤稀土及重金属元素
聚类分析和相关系数分析

根据第 7 章到第 9 章关于垂直方向上对泄洪渠土壤剖面稀土元素、部分毒性重金属元素和放射性元素分布规律的研究发现,土壤 Ce 元素在研究的所有元素中含量特征明显,故在本章主要针对泄洪渠土壤剖面 A、B、C 各层及对 A、B、C 各层加权之后的剖面整体稀土元素、毒性重金属元素及放射性元素进行聚类分析和相关系数分析(分析方法的详细内容见第 3 章),进一步确认稀土元素 Ce 可否作为土壤稀土和部分重金属元素污染预警、评价稀土工业生产区土壤稀土及部分重金属元素污染水平的标志性指示元素。

12.1 土壤稀土及重金属元素聚类分析

对研究区土壤剖面 A、B、C 各层及剖面整体稀土元素和毒性重金属元素、放射性元素进行聚类分析,聚类谱系图见图 12-1 和图 12-2。

土壤剖面 A 层(图 12-1 左图)垂直轴方向稀土元素和毒性重金属元素、放射性元素谱系图表明,土壤元素共分为 3 组,Ce 元素独立为一组,La 和 Nd 为一组,其他元素为一组。

土壤剖面 B 层(图 12-1 右图)垂直轴方向的稀土元素和毒性重金属元素、放射性元素谱系图表明,土壤元素共分为 3 组,Ce、La 元素为一组,Nd、Pr、Zn、Cr、Th 为一组,其他元素为一组。

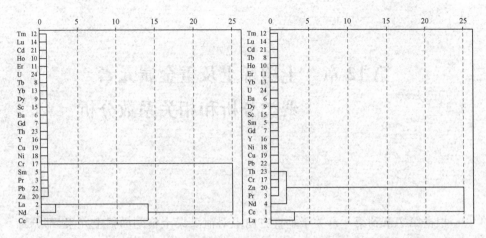

图 12‑1　土壤剖面 A 层(左图)、B 层(右图)稀土元素和其他重金属元素聚类谱系图

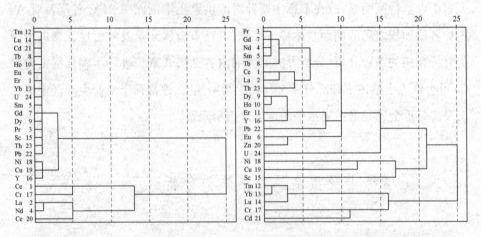

图 12‑2　土壤剖面 C 层(左图)和整体(右图)稀土元素和其他重金属元素聚类谱系图

　　土壤剖面 C 层(图 12‑2 左图)垂直轴方向的稀土元素和毒性重金属元素、放射性元素谱系图表明,土壤元素共分为 3 组,Ce、Cr 元素为一组,La、Nd、Zn 为一组,其他元素为一组。

　　土壤剖面整体(图 12‑2 右图)综合聚类分析,垂直轴方向的稀土元素和毒性重金属元素、放射性元素谱系图表明,土壤元素共分为两大组,Cd、Cr、Lu、Yb、Tm 元素为一组,Ce、La、Th 为一组。由此可见,土壤剖面整体聚类谱系图中目标元素的分组反而复杂化,故主要采用土壤剖面 A、B、C 各层稀土元素和毒性重金属元素、放射性元素聚类分析结果。

综上所述,通过土壤剖面 A、B、C 各层稀土元素和毒性重金属元素、放射性元素聚类分析结果对比可知,稀土元素 Ce 独立成组并与其他元素的区分度最大,同时以 A、B、C 各层为研究对象的聚类分析的区分度比剖面整体聚类分析结果的准确度、区分度更高,更切合实际。土壤剖面 A、B、C 各层稀土元素和毒性重金属元素、放射性元素的谱系图表明,Ce 元素与其他各元素具有高度相关性,因而下面对土壤剖面 A、B、C 各层专门进行 Ce 元素与其他各元素之间的相关分析。

12.2　铈与其他元素的相关系数分析

在上述聚类分析的基础上,本节主要对泄洪渠土壤剖面 A、B、C 各层 Ce 元素与其他稀土元素、毒性重金属元素及放射性元素进行相关系数分析。

在进行稀土元素 Ce 与其他稀土元素、毒性重金属元素 Cr、Ni、Cu、Zn、Cd、Pb 和放射性元素 Th、U 的相关系数分析中,R^2(R 平方)的值是趋势线拟合程度的指标,R^2 也称为决定系数。R^2 值大小可以反映趋势线估计值与对应实际数据之间的拟合程度,拟合程度越高,趋势线的可靠性就越高。R^2 是取值范围在 $0\sim1$ 之间的数值,即 $0<R^2\leqslant1$,当趋势线的 $R^2\to1$(接近于 1)或 $R^2=1$ 时,其可靠性最高,反之则可靠性较低。

12.2.1　土壤剖面 A 层

下面进行泄洪渠土壤剖面 A 层 Ce 元素分别与其他稀土元素、毒性重金属元素和放射性元素的相关系数分析。

1. A 层 Ce 元素与其他稀土元素相关系数分析

土壤剖面 A 层 Ce 元素与其他稀土元素的相关性见表 12-1。

表 12-1　土壤剖面 A 层 Ce 元素与其他稀土元素的相关性

元素	Ce	La	Pr	Nd	Sm	Eu	Gd	Tb
r	1	0.992**	0.985**	0.966**	0.928**	0.786**	0.986**	0.971**
显著性		0	0	0	0	0.007	0	0

元素	Dy	Ho	Er	Tm	Yb	Lu	Sc	Y
r	0.941**	0.927**	0.891**	0.820**	0.779**	0.708*	0.569	0.808**
显著性	0	0	0.001	0.004	0.008	0.022	0.086	0.005

上表中，* 在 0.05 水平(双侧)上显著相关，** 在 0.01 水平(双侧)上显著相关。

根据表 12-1，完成土壤剖面 A 层 Ce 元素与其他稀土元素相关系数大小对比曲线，见图 12-3。

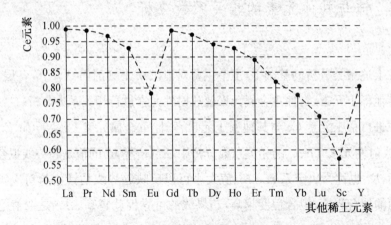

图 12-3　Ce 元素与其他稀土元素相关系数对比

从图 12-3 明显看出，土壤剖面 A 层 Ce 元素与其他稀土元素相关系数，$r > 0.8$ 的元素有 La、Ce、Pr、Nd、Sm、Gd、Tb、Dy、Ho、Er、Tm 和 Y，属于高度正相关；$0.5 < r < 0.8$ 的元素有 Eu、Yb、Lu、Sc，属于中度正相关。稀土元素 Ce 与其他各个稀土元素的相关分析曲线及曲线方程、R^2 值，详见组图 12-4。

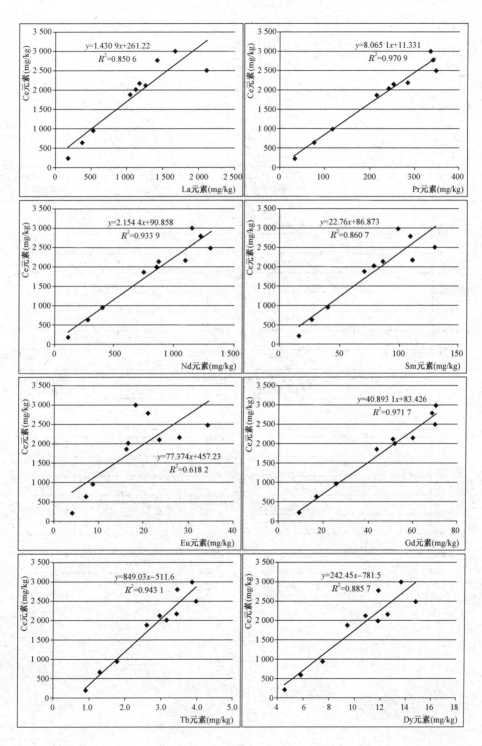

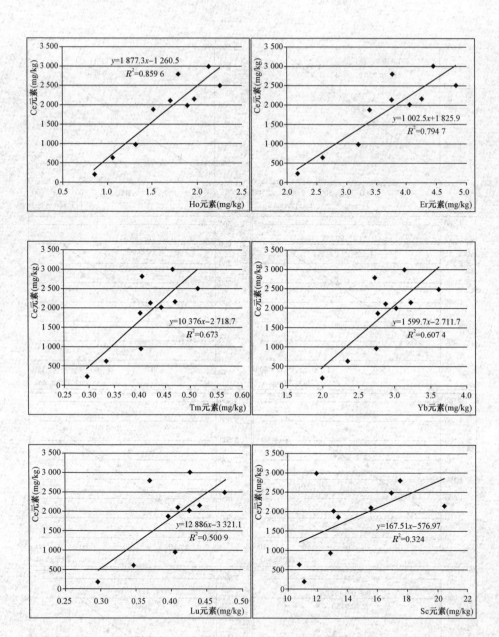

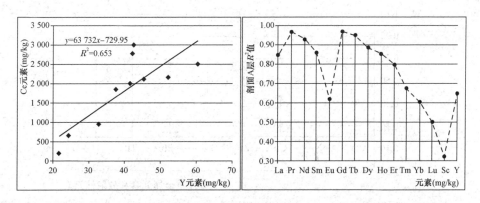

图 12 - 4　Ce 元素与其他稀土元素相关分析曲线和曲线方程及 R^2 值对比

从以上各图可见,土壤剖面 A 层 Ce 元素除了与 Sc 元素相关分析的 R^2 值 (0.324)较小外,与其他稀土元素相关分析的 R^2 值都大于 0.5,且只有 Eu、Yb、Lu 和 Y 的 $0.5 < R^2 < 0.7$,Ce 元素与其他稀土元素相关分析的 R^2 值都大于 0.7。可见,稀土元素 Ce 与其他稀土元素相关分析方程趋势线与实际数据之间拟合程度的可靠性,除了 Sc 元素以外,与其他稀土元素的可靠性都很高。Ce 元素与其他稀土元素相关分析 R^2 值大小对比详见组图 12 - 4 最后一幅图。

2. A 层 Ce 元素与重金属元素相关系数分析

土壤剖面 A 层 Ce 元素与毒性重金属元素和放射性元素的相关性见表 12 - 2。

表 12 - 2　土壤剖面 A 层 Ce 元素与重金属-放射性元素的相关性

元素	Ce	Cr	Ni	Cu	Zn	Cd	Pb	Th	U
r	1	0.281	−0.186	0.347	0.611	0.691**	0.661	0.913*	0.668
显著性		0.431	0.607	0.326	0.061	0.027	0.037	0	0.035

上表中,* 在 0.05 水平(双侧)上显著相关,** 在 0.01 水平(双侧)上显著相关。

根据表 12 - 2,完成土壤剖面 A 层 Ce 元素与毒性重金属元素和放射性元素的相关系数大小对比曲线,见图 12 - 5。

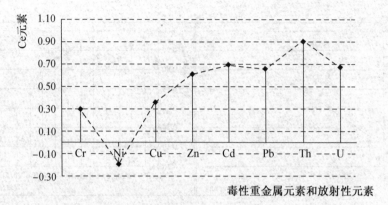

图 12‑5 Ce 元素与毒性重金属元素和放射性元素相关系数对比

从图 12‑5 明显看出，相关系数 $r>0.8$ 的元素有 Th，属于高度正相关；$0.5 \leqslant r < 0.8$ 的元素有 Zn、Cd、Pb 和 U，属于中度正相关；$0.3 \leqslant r < 0.5$ 的元素是 Cu，属于低度正相关；$|r| < 0.3$ 的元素有 Cr、Ni，属于低度相关，即相关程度极弱，其中与 Cr 呈正相关、与 Ni 呈负相关关系。稀土元素 Ce 与毒性重金属元素和放射性元素的相关分析曲线及曲线方程、R^2 值，详见组图 12‑6。

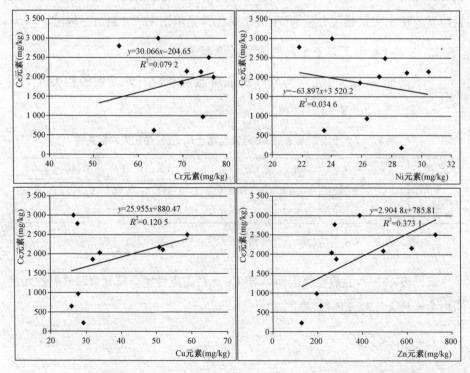

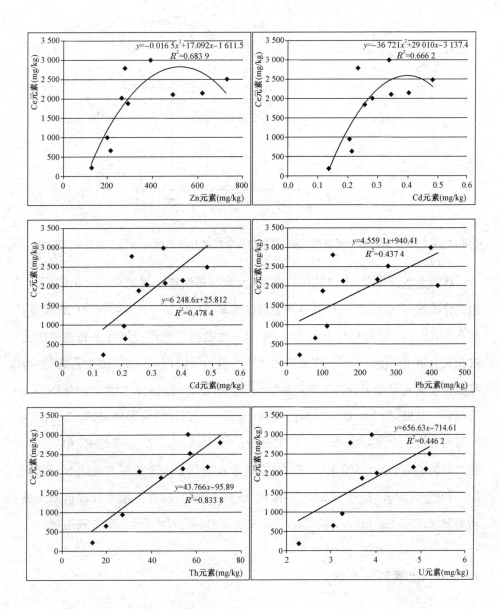

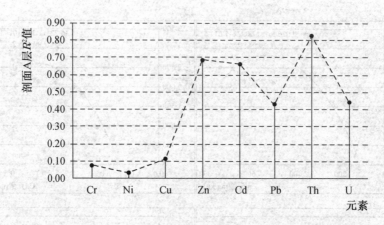

图 12-6　Ce 元素与毒性重金属元素、放射性元素相关分析曲线和曲线方程及 R^2 值对比

从以上各图可见，土壤剖面 A 层 Ce 元素与毒性重金属元素 Cr、Ni、Cu 元素相关分析的 $R^2 < 0.2$，与 Zn、Cd 和放射性元素 Th 的 $R^2 > 0.6$ 且与 Th 的 R^2 达到 0.833 8，与 Pb 和 U $0.4 < R^2 < 0.6$。Ce 元素与毒性重金属元素和放射性元素相关分析 R^2 值大小对比详见组图 12-6 最后一幅图。可见，稀土元素 Ce 与其他重金属元素相关分析方程趋势线与实际数据之间的拟合程度，与 Cr、Ni、Cu 的可靠性最低，与 Pb、U 的可靠性较高，与 Zn、Cd、Th 的可靠性最高。同时，Ce 元素与毒性重金属元素 Zn、Cd 相关分析曲线中，一元二次方程的 R^2 值（与 Zn 相关分析的 R^2 是 0.683 9，Cd 的 R^2 是 0.666 2）明显大于直线方程的 R^2 值（与 Zn 相关分析的 R^2 是 0.373 1，Cd 的 R^2 是 0.478 4），故在土壤实际评价或土壤污染预警工作中，分析 Ce 与 Zn、Cd 相关关系时，可应用一元二次方程曲线。

12.2.2　土壤剖面 B 层

下面对泄洪渠土壤剖面 B 层进行 Ce 元素分别与其他稀土元素、毒性重金属元素和放射性元素的相关系数分析。

1. B 层 Ce 元素与其他稀土元素相关系数分析

土壤剖面 B 层 Ce 元素与其他稀土元素的相关性见表 12-3。

表 12 - 3　土壤剖面 B 层 Ce 元素与其他稀土元素的相关性

元素	Ce	La	Pr	Nd	Sm	Eu	Gd	Tb
r	1	0.998**	0.998**	0.995**	0.982**	0.961**	0.997**	0.937**
显著性		0	0	0	0	0.007	0	0
元素	Dy	Ho	Er	Tm	Yb	Lu	Sc	Y
r	0.762*	0.632*	0.515	0.313	0.260	0.103	−0.025	0.604
显著性	0.010	0.050	0.127	0.379	0.468	0.778	0.944	0.064

上表中，* 在 0.05 水平(双侧)上显著相关，** 在 0.01 水平(双侧)上显著相关。

根据表 12 - 3，完成土壤剖面 B 层 Ce 元素与其他稀土元素相关系数大小对比曲线，见图 12 - 7。

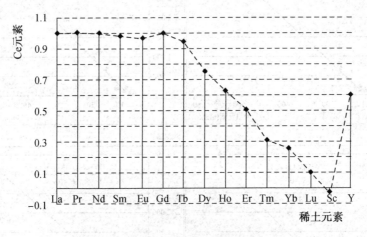

图 12 - 7　Ce 元素与其他稀土元素相关系数对比

从图 12 - 7 明显看出，土壤剖面 B 层 Ce 元素与其他稀土元素相关系数，$r >$ 0.8 的元素有 La、Ce、Pr、Nd、Sm、Eu、Gd、Tb，属于高度正相关；$0.5 \leqslant r < 0.8$ 的元素有 Dy、Ho、Er 和 Y，属于中度正相关；$0.3 \leqslant r < 0.5$ 的元素有 Tm 元素，属于低度正相关；$|r| < 0.3$ 的元素有 Yb、Lu、和 Sc，属于相关程度极弱，其中与 Sc 元素为负相关。稀土元素 Ce 与其他各个稀土元素的相关分析曲线及曲线方程、R^2 值，详见组图 12 - 8。

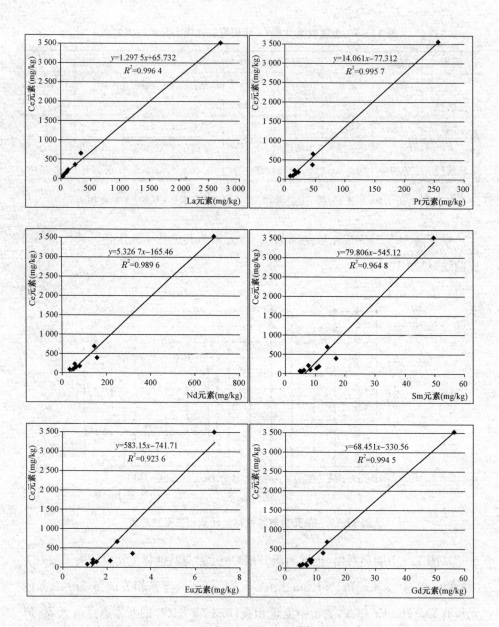

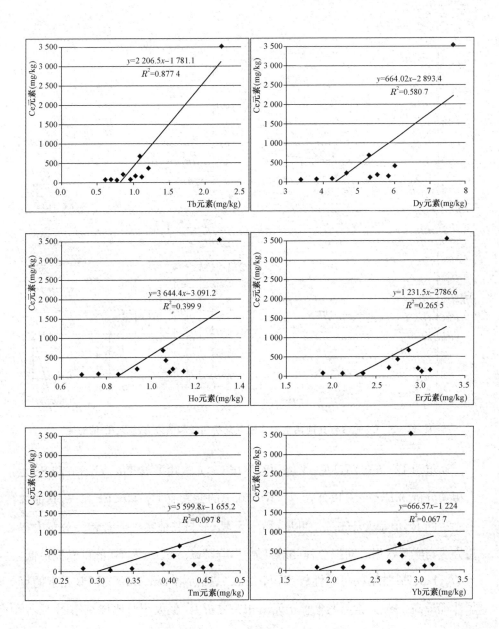

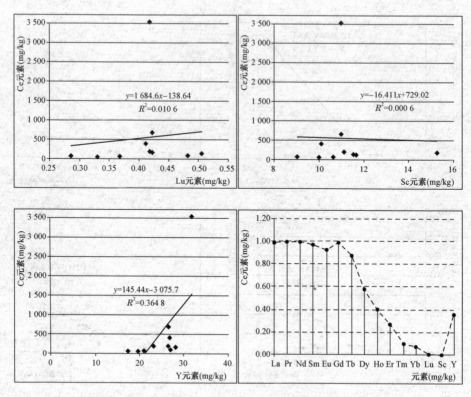

图 12-8　Ce 元素与其他稀土元素相关分析曲线和曲线方程及 R^2 值对比

从组图 12-8 各图可见,土壤剖面 B 层 Ce 元素除了与 Tm、Yb、Lu 和 Sc 元素相关分析的 $R^2 < 0.2$ 以外,$0.2 < R^2 < 0.7$ 的元素有 Dy、Ho、Er 和 Y,其他稀土元素的 R^2 值都大于 0.7。可见,稀土元素 Ce 与其他稀土元素相关分析方程趋势线与实际数据之间拟合程度的可靠性,与 Tm、Yb、Lu 和 Sc 的可靠性最低,与 Dy、Ho、Er 和 Y 的可靠性较高,与 La、Ce、Pr、Nd、Sm、Eu、Gd、Tb 元素的可靠性都最高。Ce 元素与其他稀土元素相关分析 R^2 值大小对比详见组图 12-8最后一幅图。

2. B 层 Ce 元素与重金属元素相关系数分析

土壤剖面 B 层 Ce 元素与毒性重金属元素和放射性元素的相关性见表12-4。

表 12‐4　土壤剖面 B 层 Ce 元素与毒性重金属元素和放射性元素的相关性

元素	Ce	Cr	Ni	Cu	Zn	Cd	Pb	Th	U
r	1	−0.223	0.540	0.909**	0.781	−0.085	0.525	0.973	0.813
显著性		0.536	0.107	0	0.008	0.816	0.12	0	0.004

上表中，** 在 0.01 水平(双侧)上显著相关。

　　根据表 12‐4,完成土壤剖面 B 层 Ce 元素与毒性重金属元素和放射性元素的相关系数大小对比曲线,见图 12‐9。

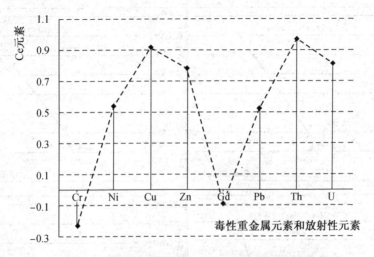

图 12‐9　Ce 元素与毒性重金属元素和放射性元素相关系数对比

　　从图 12‐9 明显看出,$r>0.8$ 的元素有 Cu 和 Th、U,属于高度正相关,其中与 Th 元素的相关系数高达 0.973;$0.5{\leqslant}r{<}0.8$ 的元素有 Ni、Zn、Pb,属于中度正相关;没有 $0.3{\leqslant}r{<}0.5$ 的元素;$|r|{<}0.3$ 的元素有 Cr、Cd,相关程度极弱,且都属于负相关。稀土元素 Ce 与毒性重金属元素和放射性元素的相关分析曲线及曲线方程、R^2 值,详见组图 12‐10。

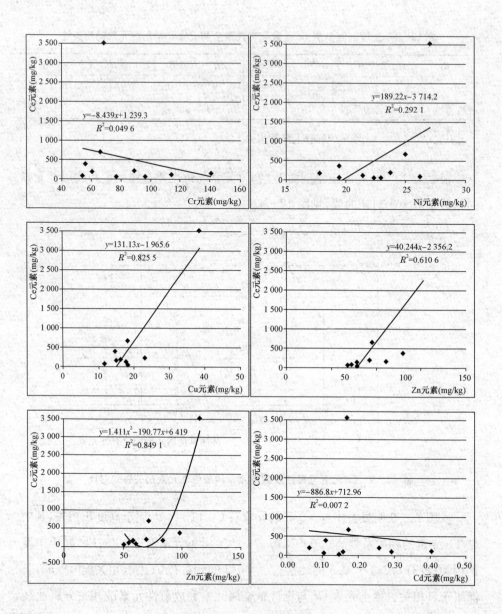

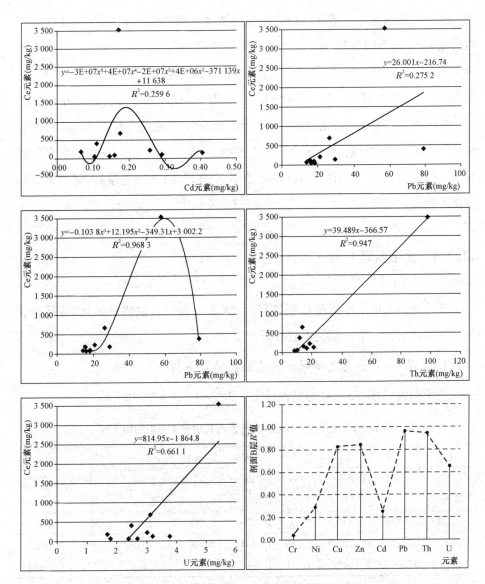

图 12 - 10　Ce 元素与毒性重金属元素、放射性元素相关分析曲线和曲线方程及 R^2 值对比

　　从以上各图可见,土壤剖面 B 层 Ce 元素与毒性重金属元素 Cr 元素相关分析的 $R^2 < 0.2$,与 Ni、Cd 元素的相关分析 $0.2 < R^2 < 0.4$,与 Cu、Zn、Pb 和 Th、U 元素相关分析的 $R^2 > 0.6$。Ce 元素与毒性重金属元素和放射性元素相关分析 R^2 值大小对比详见组图 12 - 10 最后一幅图。稀土元素 Ce 与其他重金属元素相关分析方程趋势线与实际数据之间拟合程度的可靠性,与 Cr、Ni、Cd 的可靠性最低,与 Cu、Zn、Pb 和 Th、U 元素的可靠性都很高。同时,Ce 元素与毒性重金属元素 Zn、Pb 相关分析曲线中,直线方程的 R^2 值(与 Zn 相关分析的 R^2 是 0.610 6,Cd 的 R^2 是 0.007 2,Pb 的 R^2 是 0.275 2)明显小于高次曲线方程的 R^2 值(与 Zn 相关分析一元二次方程的 R^2 是 0.849 1,Cd 相关分析一元五次方程的 R^2 是 0.259 6,Pb 相关分析一元三次方程的 R^2 是 0.968 3)。故在土壤实际评价或土壤污染预警工作中,分析 Ce 与 Zn、Cd 和 Pb 的相关关系时,可考虑应用高次方程。

12.2.3 土壤剖面 C 层

下面对泄洪渠土壤剖面 C 层进行 Ce 元素分别与其他稀土元素、毒性重金属元素和放射性元素的相关系数分析。

1. C 层 Ce 元素与其他稀土元素相关系数分析

土壤剖面 C 层 Ce 元素与其他稀土元素的相关性见表 12-5。

表 12-5　土壤剖面 C 层 Ce 元素与其他稀土元素的相关性

元素	Ce	La	Pr	Nd	Sm	Eu	Gd	Tb
r	1	0.990**	0.996**	0.991**	0.976**	0.631**	0.965**	0.915**
显著性		0	0	0	0	0.05	0	0
元素	Dy	Ho	Er	Tm	Yb	Lu	Sc	Y
r	0.849**	0.785**	0.741*	0.715*	0.682*	0.647*	0.391	0.769**
显著性	0.002	0.007	0.014	0.02	0.03	0.043	0.264	0.009

上表中,* 在 0.05 水平(双侧)上显著相关,** 在 0.01 水平(双侧)上显著相关。

根据表 12-5,完成土壤剖面 C 层 Ce 元素与其他稀土元素相关系数大小对比曲线,见图 12-11。

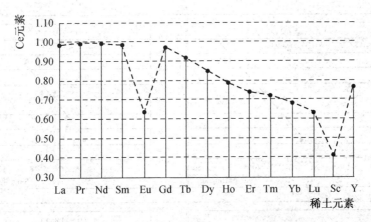

图 12 - 11 Ce 元素与其他稀土元素相关系数对比

从图 12 - 11 明显看出,土壤剖面 C 层 Ce 元素与其他稀土元素的相关系数,$r > 0.8$ 的元素有 La、Ce、Pr、Nd、Sm、Gd、Tb、Dy,属于高度正相关,除 Dy 外,其他元素的相关系数都接近于 1;$0.5 \leqslant r < 0.8$ 的元素有 Eu、Ho、Er、Tm、Yb、Lu 和 Y,属于中度正相关;$0.3 \leqslant r < 0.5$ 的元素只有 Sc,属于低度正相关。稀土元素 Ce 与其他各个稀土元素的相关分析曲线及曲线方程、R^2 值,详见组图 12 - 12。

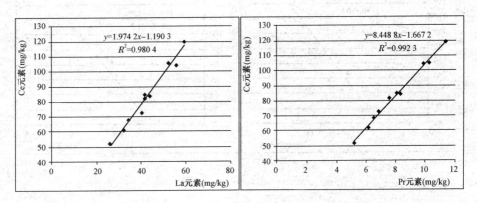

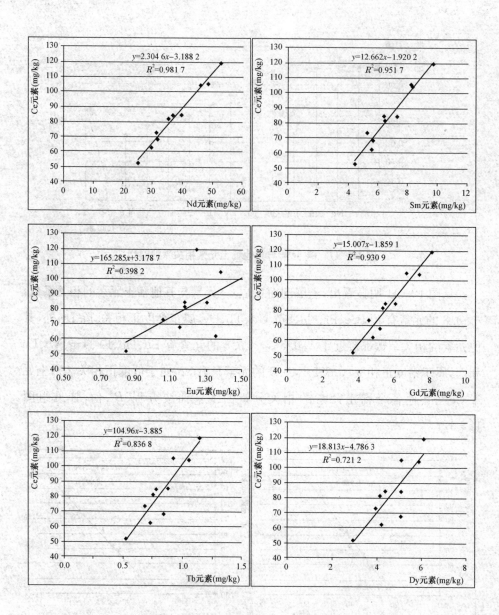

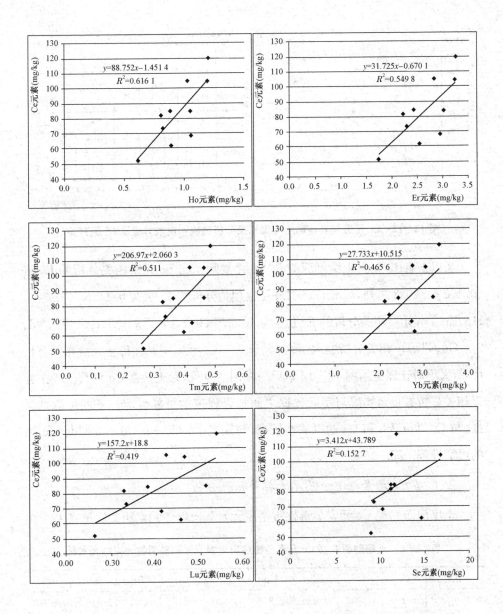

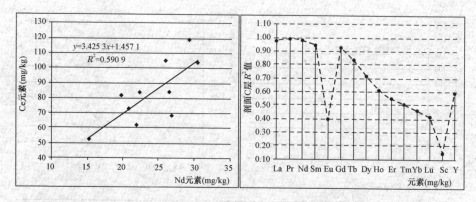

图 12 - 12   Ce 元素与其他稀土元素相关分析曲线和曲线方程及 R^2 值对比

从以上各图可见，土壤剖面 C 层 Ce 元素除了与 Sc 元素相关分析的 R^2 值 (0.152 7)<0.2 之外，与 Eu、Yb、Lu 元素相关分析的 R^2 值为 $0.4<R^2<0.5$，与 Ho、Er、Tm 元素相关分析的 R^2 值为 $0.5<R^2<0.7$，Ce 元素与 La、Ce、Pr、Nd、Sm、Gd、Tb、Dy 相关分析的 R^2 值都大于 0.7，Ce 元素与其他稀土元素相关分析 R^2 值大小对比详见组图 12 - 12 最后一幅图。可见，稀土元素 Ce 与其他稀土元素相关分析方程趋势线与实际数据之间拟合程度的可靠性，与 Sc 的可靠性最低，与 Eu、Tm、Yb 和 Lu 的可靠性较高，与元素 La、Ce、Pr、Nd、Sm、Gd、Tb、Dy 的可靠性都最高。

2. C 层 Ce 元素与重金属元素相关系数分析

土壤剖面 C 层 Ce 元素与毒性重金属元素和放射性元素相关性见表 12 - 6。

表 12 - 6   土壤剖面 C 层 Ce 元素与毒性重金属元素和放射性元素的相关性

元素	Ce	Cr	Ni	Cu	Zn	Cd	Pb	Th	U
r	1	0.303	0.386	0.326	0.400	0.674*	0.411	0.944**	0.908**
显著性		0.394	0.27	0.359	0.252	0.033	0.238	0	0

上表中，* 在 0.05 水平（双侧）上显著相关，** 在 0.01 水平（双侧）上显著相关。

根据表 12 - 6，完成土壤剖面 C 层 Ce 元素与毒性重金属元素和放射性元素的相关系数大小对比曲线，见图 12 - 13。

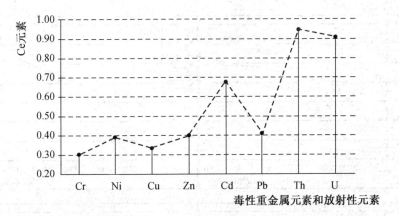

图 12－13　Ce 元素与毒性重金属元素和放射性元素相关系数对比

　　从图 12－13 明显看出,相关系数 $r>0.8$ 的元素有 Th、U,属于高度正相关; $0.5 \leqslant r < 0.8$ 的元素有 Cd,属于中度正相关;$0.3 \leqslant r < 0.5$ 元素有 Cr、Ni、Cu、Zn、Pb,属于低度正相关。稀土元素 Ce 与毒性重金属元素和放射性元素的相关分析曲线及曲线方程、R^2 值,详见组图 12－14。

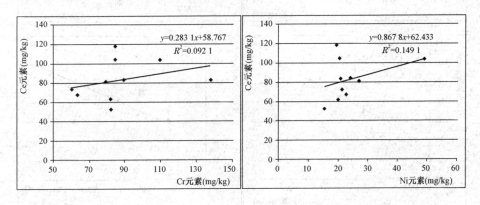

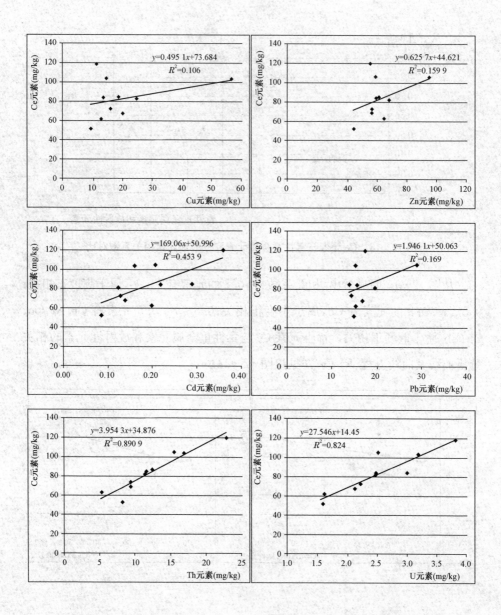

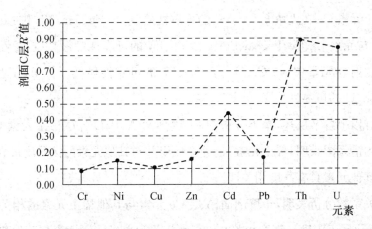

图 12-14　Ce 元素与毒性重金属元素、放射性元素相关分析曲线和曲线方程及 R^2 值对比

　　从以上各图可见,土壤剖面 C 层 Ce 元素与毒性重金属元素 Cr、Ni、Cu、Zn、Pb 的相关分析 $0 < R^2 < 0.2$,和 Cd 元素相关分析的 R^2 值是 0.453 9,和放射性元素 Th、U 的相关分析 $0.8 < R^2 < 0.9$。Ce 元素与毒性重金属元素和放射性元素相关分析 R^2 值大小对比详见组图 12-14 最后一幅图。可见,稀土元素 Ce 与其他重金属元素相关分析方程趋势线与实际数据之间拟合程度的可靠性,与 Cr、Ni、Cu、Zn、Pb 的可靠性最低,与 Cd 的可靠性较高,与 Th、U 的可靠性最高。

　　综上所述,通过土壤剖面 A、B、C 各层稀土元素 Ce 与其他稀土元素、毒性重金属元素和放射性元素相关分析方程趋势线与实际数据之间拟合程度的可靠性对比分析可得出以下结论。

　　稀土元素 Ce 在土壤 A 层除了 Sc 元素以外,与 La、Ce、Pr、Nd、Sm、Eu、Gd、Tb、Dy、Ho、Er、Tm、Yb、Lu 和 Y 元素的可靠性都很高;在毒性重金属元素和放射性元素中,与 Cr、Ni、Cu 的可靠性最低,与 Pb、U 的可靠性较高,与 Zn、Cd、Th 的可靠性最高。

　　稀土元素 Ce 在土壤 B 层与 Tm、Yb、Lu 和 Sc 的可靠性最低,与 Dy、Ho、Er 和 Y 的可靠性较高,与 La、Ce、Pr、Nd、Sm、Eu、Gd、Tb 元素的可靠性都最高;在毒性重金属元素和放射性元素中,与 Cr、Ni、Cd 的可靠性最低,与 Cu、Zn、Pb 和 Th、U 元素的可靠性都很高。

稀土元素 Ce 在土壤 C 层与 Sc 的可靠性最低,与 Eu、Tm、Yb 和 Lu 的可靠性较高,与元素 La、Ce、Pr、Nd、Sm、Gd、Tb、Dy 的可靠性都最高;在毒性重金属元素和放射性元素中,与 Cr、Ni、Cu、Zn、Pb 的可靠性最低,与 Cd 的可靠性较高,与 Th、U 的可靠性最高。

综合以上各节所述,聚类分析中,土壤剖面 A、B、C 各层稀土元素 Ce 与其他元素的谱系图表明,稀土元素 Ce 独立成组并与其他元素的区分度最大,且 Ce 元素与其他元素具有高度相关性。

相关系数分析表明,土壤剖面 A 层 Ce 元素与其他稀土元素的相关系数都大于 0.55,属于中度—高度相关并以高度相关为主,且 Ce 元素与其他稀土元素相关分析的 R^2 值除 Sc 以外,其他稀土元素都是 $R^2 > 0.5$,Ce 与其他稀土元素相关分析方程趋势线与实际数据之间拟合程度的可靠性(除 Sc 外)都很高。与重金属元素的相关系数 $r > 0.8$ 的元素有 Th,属于高度正相关;$0.5 \leqslant r < 0.8$ 的元素有 Zn、Cd、Pb 和 U,属于中度正相关;$0.3 \leqslant r < 0.5$ 的元素是 Cu,属于低度正相关;$|r| < 0.3$ 的元素有 Cr、Ni,属于低度相关,即相关程度极弱,其中与 Cr 呈正相关、与 Ni 呈负相关关系。Ce 与其他重金属元素相关分析方程趋势线与实际数据之间拟合程度,与 Cr、Ni、Cu 的可靠性最低,与 Pb、U 的可靠性中较高,与 Zn、Cd、Th 的可靠性最高。

土壤剖面 B 层 Ce 元素与其他稀土元素相关系数,$r > 0.8$ 的元素有 La、Ce、Pr、Nd、Sm、Eu、Gd、Tb,属于高度正相关;$0.5 \leqslant r < 0.8$ 的元素有 Dy、Ho、Er 和 Y,属于中度正相关;$0.3 \leqslant r < 0.5$ 的元素有 Tm 元素,属于低度正相关;$|r| < 0.3$ 的元素有 Yb、Lu 和 Sc,属于相关程度极弱,其中与 Sc 元素为负相关。稀土元素 Ce 与其他稀土元素相关分析方程趋势线与实际数据之间拟合程度的可靠性,与 Tm、Yb、Lu 和 Sc 的可靠性最低,与 Dy、Ho、Er 和 Y 的可靠性较高,与 La、Ce、Pr、Nd、Sm、Eu、Gd、Tb 元素的可靠性都最高。与重金属元素的相关系数 $r > 0.8$ 的元素有 Cu 和 Th、U,属于高度正相关;$0.5 \leqslant r < 0.8$ 的元素有 Ni、Zn、Pb,属于中度正相关;$|r| < 0.3$ 的元素有 Cr、Cd,相关程度极弱,且都属于负相关。稀土元素 Ce 与其他重金属元素相关分析方程趋势线与实际数据之间拟

合程度的可靠性,与 Cr、Ni、Cd 的可靠性最低,与 Cu、Zn、Pb 和 Th、U 元素的可靠性都很高。

土壤剖面 C 层 Ce 元素与其他稀土元素的相关系数,$r>0.8$ 的元素有 La、Ce、Pr、Nd、Sm、Gd、Tb、Dy,属于高度正相关,除 Dy 外,其他元素的相关系数都接近于 1;$0.5 \leqslant r < 0.8$ 的元素有 Eu、Ho、Er、Tm、Yb、Lu 和 Y,属于中度正相关;$0.3 \leqslant r < 0.5$ 的元素只有 Sc,属于低度正相关。稀土元素 Ce 与其他稀土元素相关分析方程趋势线与实际数据之间拟合程度的可靠性,与 Sc 的可靠性最低,与 Eu、Tm、Yb 和 Lu 的可靠性较高,与元素 La、Ce、Pr、Nd、Sm、Gd、Tb、Dy 的可靠性都最高。与重金属元素相关系数 $r>0.8$ 的元素有 Th、U,属于高度正相关;$0.5 \leqslant r < 0.8$ 的元素有 Cd,属于中度正相关;$0.3 \leqslant r < 0.5$ 元素有 Cr、Ni、Cu、Zn、Pb,属于低度正相关。稀土元素 Ce 与其他重金属元素相关分析方程趋势线与实际数据之间拟合程度的可靠性,与 Cr、Ni、Cu、Zn、Pb 的可靠性最低,与 Cd 的可靠性较高,与 Th、U 的可靠性最高。

所以,土壤 Ce 元素除了与 Sc 为低度相关外,与其他稀土元素都属于中度—高度相关并以高度相关为主,且 Ce 与其他稀土元素相关分析方程趋势线与实际数据之间拟合程度的可靠性,与 Sc 的可靠性最低外,与其他稀土元素的可靠性都属于较高—最高;土壤 Ce 元素与重金属元素相关分析方程趋势线与实际数据之间拟合程度的可靠性,在 A、B、C 各层都属于最高的元素是 Th、U,这也符合白云鄂博稀土矿物中伴生放射性元素尤其是 Th 元素的实际情况;可靠性在 A 层最高的元素还有 Zn、Cd、Pb,在 B 层最高的元素还有 Ni、Cu、Zn、Pb,在 C 层最高的元素还有 Cd。

因此,对比土壤剖面 A、B、C 各层稀土元素 Ce 与其他稀土元素、毒性重金属元素和放射性元素相关分析成果可知,以 A、B、C 各层为研究对象进行相关系数分析的准确度和区分度高且切合实际,故土壤稀土元素 Ce 可以作为土壤稀土污染预警和评价稀土工业生产区土壤污染水平的标志性指示元素。

后 记

在国家自然科学基金(41461074)按计划完成研究项目,并对本书稿完成全面、详细的校对之后,还要衷心感谢近年来包头师范学院资源与环境学院地理科学(地科)、人文地理与城乡规划(城规)、地理信息科学(地信)专业 2009 级至 2015 级的同学们。他们在实施科研计划的不同区域、不同阶段,不辞劳苦、热情积极并且多次参加野外调查与采集样品、室内样品加工、化验分析、资料的综合整理等费力、费心、耗时的大量基础性研究工作。参与本项目的学生(共 107 人)名单如下:

参与科研项目的人员名单

姓名	班级	姓名	班级	姓名	班级	姓名	班级
郭殿繁	2009 地信	温照宇	2013 地科	温 慧	2014 地科	屈新春	2015 地信
王 铭	2009 地信	马立媛	2013 地科	侯 征	2014 地科	李欣涛	2015 地信
杨德彬	2009 地信	滕叶文	2013 地科	王雨微	2014 地科	李慧敏	2015 地科
金慧亮	2010 地科	刘志朋	2013 地科	孟祥宇	2014 地科	高 丹	2015 地科
穆卓宇	2010 地科	萨其拉	2013 地科	白 雪	2014 地科	张谷多	2015 地科
刘媛媛	2010 地科	杨 晖	2013 地科	李 想	2014 地科	王亚琴	2015 地科
冯林婷	2010 地科	李彦良	2013 地科	王鑫悦	2014 地科	王芳苏	2015 地科
苏 龙	2010 地科	王玉文	2013 地科	刘月旋	2014 地科	杨 楠	2015 地科
刘 强	2010 城规	丁 健	2013 地科	崔 颖	2014 地科	蔡彤生	2015 地科
吕 伟	2010 城规	安格力玛	2013 地科	明海匣	2014 地科	杨昌富	2015 地科
安呈祥	2010 地信	丁竹慧	2013 城规	赵臣包	2014 地科	郭茹茹	2015 地科
皇学良	2010 城规	李广大	2013 城规	杨 昕	2014 地科	张佳伟	2015 地科
杭韦韦	2011 地科	高 鹏	2014 地信	贾晓燕	2014 地科	杨美晓	2015 地科

（续表）

姓名	班级	姓名	班级	姓名	班级	姓名	班级
高文邦	2011 地科	常丽月	2014 地信	安国如	2014 地科	李瑞英	2015 地科
张 宇	2011 地信	郭丹丹	2014 地信	赵宇凡	2014 地科	郭 鑫	2015 地科
宫亚男	2012 地科	李 敏	2014 地信	伊亭燃	2014 地科	袁晓芳	2015 地科
李永生	2012 地科	韩文君	2014 地信	于佳乐	2014 地科	张 乐	2015 地科
刘雪莹	2012 地科	张国庆	2014 地信	王 楠	2014 地科	张志聪	2015 地科
孟靖歌	2012 地科	高 鑫	2014 地信	闫 华	2014 地科	苗佳琪	2015 地科
王云凤	2012 地科	马第芮	2014 地信	刘子贺	2014 地科	李丽红	2015 地科
杨飞宇	2012 地科	王 晴	2014 地信	朱淑娟	2014 地科	陶城峰	2015 地科
蔺佳琪	2012 地信	贾旭东	2014 地科	郑 岩	2014 地科	王洪米	2015 地科
冯茂华	2012 地信	张 娇	2014 地科	徐 瑞	2014 地科	常 帅	2015 地科
杜鑫源	2012 地信	周 敏	2014 地科	赵臣包	2014 地科	厉彦哲	2015 地科
鲁 存	2012 地信	刘俊兰	2014 地科	薛皓然	2014 地科	邓 蕾	2015 地科
张宇卓	2013 地科	白玉梅	2014 地科	李 锦	2015 地信	李嘉欣	2015 地科
贾学峰	2013 地科	徐瑶栋	2014 地科	张航鹏	2015 地信		

因工作匆忙、时间紧张，上表中对参与科研工作的同学们若有遗漏者请多多包涵。衷心感谢包头师范学院宝石学会、天文气象学会、湿地学会等专业团体的广大会员们以及其他同学们在科研工作方面直接或间接的帮助和无私奉献！

感谢中国科学院广州地球化学研究所涂湘林高级工程师及其样品分析团队对土壤样品化验成果质量控制方面的积极贡献和热情帮助！

感谢包头稀土研究院理化检测中心主任郝茜工程师及其样品分析团队对本研究项目中粮食、蔬菜样品化验分析成果所做的贡献！

由于本研究涉及面广，研究工作有较大的难度，且囿于能力、水平以及对研究区的研究程度，本研究成果尚存在不足，难免有许多不当之处，在此欢迎专家学者和同仁们批评指正！

张庆辉

2020 年 9 月于包头师范学院